中电联电力发展研究院

发电工程后评价

FADIAN GONGCHENG HOU PINGJIA

董士波　主　编

韩　超　何　佳　副主编

U0260769

中国电力出版社
CHINA ELECTRIC POWER PRESS

内 容 提 要

为加强发电工程投资管控，实现精准投资和精益管理，促进发电领域进一步提质、降本和增效，中电联电力发展研究院结合多年来的研究成果和大量的发电工程后评价实证案例，编写了《发电工程后评价》。

本书共分为发电工程后评价总述、火力发电工程后评价和新能源发电工程后评价三部分，全面阐述了后评价概念、方法论、工作组织与管理，火力发电工程和新能源发电工程后评价评价内容及实用案例，具有较强的指导性和实用性。

本书适用于火力发电工程及新能源发电工程项目，可供上述项目工程人员及后评价人员参考。

图书在版编目（CIP）数据

发电工程后评价／董士波主编. —北京：中国电力出版社，2019.1
ISBN 978–7–5198–2930–8

Ⅰ.①发… Ⅱ.①董… Ⅲ.①发电—项目评价 Ⅳ.①TM6

中国版本图书馆 CIP 数据核字（2019）第 011232 号

出版发行：中国电力出版社
地　　址：北京市东城区北京站西街 19 号（邮政编码 100005）
网　　址：http://www.cepp.sgcc.com.cn
责任编辑：张　瑶（010–63412503）
责任校对：黄　蓓　太兴华
装帧设计：赵丽媛　左　铭
责任印制：石　雷

印　　刷：三河市百盛印装有限公司
版　　次：2019 年 1 月第一版
印　　次：2019 年 1 月北京第一次印刷
开　　本：787 毫米 × 1092 毫米　16 开本
印　　张：18.25
字　　数：353 千字
印　　数：0001—2000 册
定　　价：73.00 元

本书编审人员

主　　编　董士波

副主编　韩　超　何　佳

主　　审　李端开　吴建军　周文冬　高　超

　　　　　苟全峰　赵晓芳　孙春晖

参编人员　王秀娜　郭永成　刘　芳

自改革开放以来，为整体提高发电建设项目效益，我国也开始开展发电建设项目实施后评价。伴随着电源装机规模的突飞猛进、装机结构持续优化，发电工程后评价也取得了长足的进步，已经初步形成了适用于我国国情的发电工程后评价体系。如今，我国火力发电发展更趋清洁高效、风电与光伏发电规模占比不断攀升，发电工程后评价已从以煤电机组后评价占绝对主体发展为火力发电与新能源（风力和光伏）发电工程后评价并举。在加强发电工程投资管控、实现精准投资、精益管理的需求基础上，持续开展项目后评价是一条切实有效的途径，也是促进发电领域进一步提质、降本和增效的主要方法。

本书由中电联电力发展研究院编撰，全书分三篇七章。根据《中央企业固定资产投资项目后评价工作指南》（国资发规划〔2005〕92号）、《中央政府投资项目后评价管理办法（试行）》（发改投资〔2008〕2959号）、《建设项目经济评价办法与参数》（第三版，2006）、《国家发展改革委关于印发中央政府投资项目后评价管理办法和中央政府投资项目后评价报告编制大纲（试行）的通知》（发改委投资〔2014〕2129号）以及《火力发电工程项目后评价导则》（DL/T 5531—2017）等规范性文件的相关要求，结合编写团队多年来的研究成果和大量的发电工程后评价实证案例编制而成。

本书力求深入浅出、突出重点、重在实用，以典型的火力发电项目和新能源（风力和光伏）发电项目为对象，兼顾理论性与实用性，全面阐述了发电工程后评价的概念、起源与发展历程、编制依据和方法、后评价组织与管理等，从项目全寿命周期角度，对项目概况、项目实施过程评价、项目生产运营评价、项目经济效益评价、项目环境效益评价、项目社会效益评价、项目可持续性评价、项目后评价结论以及对策建议等评价内容进行了系统介绍。同时结合火电、风电、光伏发电项目各自的特点，引入典型火力发电工程后评价实证案例以及单项风力发电工程后评价实证案例，使读者能够更好地将不同类型发电工程后评价的基本理论与实际评价流程相结合，加深理解，对发电工程后评价形成一种系统、全面的整体性认识，掌握核心的发电工程后评价方法与评价要点。

本书旨在投砾引珠，希望能够对读者有所启发和帮助。限于编写组的学识水平和认知能力，书中不足之处在所难免，恳请广大读者批评指正，帮助我们持续改进和不断完善。

中电联电力发展研究院

2018年12月于北京

目 录

前 言

第一篇　发电工程后评价总述

第一章　后评价概述   2

    第一节　后评价的概念   2

    第二节　后评价的起源与发展   5

    第三节　中国火力发电工程后评价发展历程   7

    第四节　中国新能源发电工程后评价发展历程   7

第二章　后评价方法   9

    第一节　调查收资方法   9

    第二节　市场预测方法   11

    第三节　对比分析方法   12

    第四节　综合评价方法   14

第三章　后评价工作组织与管理   25

    第一节　后评价工作组织流程   25

    第二节　后评价工作方式及成果主要形式   35

    第三节　后评价成果应用方式   37

第二篇　火力发电工程后评价

第一章　火力发电工程后评价内容　　40

第一节　项目概况　　40

第二节　项目实施过程评价　　41

第三节　项目生产运营评价　　63

第四节　项目经济效益评价　　69

第五节　项目环境效益评价　　79

第六节　项目社会效益评价　　83

第七节　项目可持续性评价　　85

第八节　项目后评价结论　　90

第九节　对策建议　　92

第二章　火力发电工程后评价实用案例　　94

第一节　项目概况　　94

第二节　项目实施过程评价　　99

第三节　项目生产运营评价　　142

第四节　项目经济效益评价　　162

第五节　项目环境效益评价　　168

第六节　项目社会效益评价　　174

第七节　项目可持续性评价　　176

第八节　项目后评价结论　　180

第九节　对策建议　　187

第三篇　新能源发电工程后评价

第一章　风力及光伏发电工程后评价内容　　190

第一节　项目概况　　190

第二节　项目实施过程评价　　191

第三节　项目生产运营评价　　208

第四节　项目经济效益评价　　214

第五节　项目环境效益评价　　　　　　　　　221

第六节　项目社会效益评价　　　　　　　　　223

第七节　项目可持续性评价　　　　　　　　　225

第八节　项目后评价结论　　　　　　　　　　228

第九节　对策建议　　　　　　　　　　　　　230

第二章　单项风力发电工程后评价实用案例　　　232

第一节　项目概况　　　　　　　　　　　　　232

第二节　项目实施过程评价　　　　　　　　　234

第三节　项目生产运营评价　　　　　　　　　247

第四节　项目经济效益评价　　　　　　　　　252

第五节　项目环境效益评价　　　　　　　　　254

第六节　项目社会效益评价　　　　　　　　　255

第七节　项目可持续性评价　　　　　　　　　256

第八节　项目后评价结论　　　　　　　　　　257

第九节　对策建议　　　　　　　　　　　　　260

附录1　火力发电工程后评价参考指标集　　　262

附录2　火力发电工程后评价收资清单　　　　265

附录3　火力发电工程后评价报告大纲　　　　268

附录4　新能源发电工程后评价参考指标集　　272

附录5　新能源发电工程后评价收资清单　　　275

附录6　单项新能源发电工程后评价报告大纲　278

参考文献　　　　　　　　　　　　　　　　　282

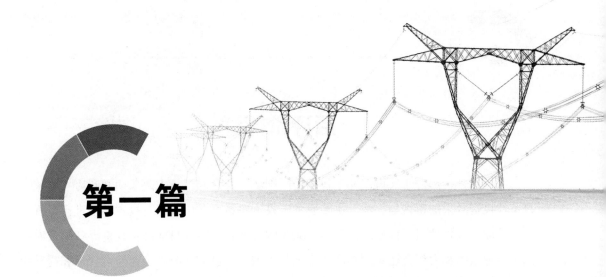

第一篇

发电工程后评价总述

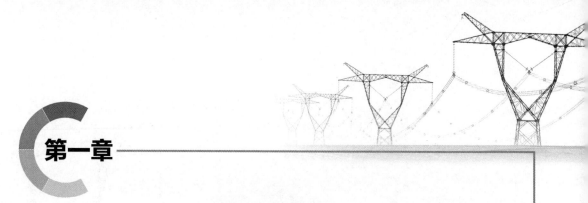

第一章

后评价概述

项目后评价起源于20世纪30年代的美国国会和公众对经济大萧条期间政府"新政"政策性投资效果的审视与关注，主要服务于投资决策，是出资人对投资活动进行监管的重要手段。投资项目后评价理念经过近80年的发展和实践，目前已得到世界各国政府、国际金融组织和大型企业集团的广泛重视与采纳，而且成为改善企业经营管理和提升投资决策能力的一大助力。项目后评价引入中国，进入电力行业后，因其对工程本身未来运营提供参考反馈效益的同时，前馈于项目投资决策阶段，为今后建设同类工程提供借鉴经验，因此在电力工程中运用广泛。

第一节 后评价的概念

一、项目后评价的定义

项目后评价是指在项目投资完成之后所进行的，对项目的投资目标、项目的实施过程、项目的投资效益、项目的作用和项目的影响等方面，按照不同的层次、内容和要求进行全面、系统、客观的分析和总结，并且与原计划目标进行对照，对其实施的合理性和有效性进行判断，从而得出经验和教训，并在此基础上，提出相关的改进措施或建议，反馈给决策部门，以期改善项目的运营和管理水平，指导未来的决策活动。

项目后评价遵循的是一种全过程管理的理念，是在项目周期的各个阶段实践中分析总结出成功的经验和失误的教训，对已完成项目所进行的一种系统而又客观的分析评价，以确定项目的目标、目的、效果和效益的实现程度。从项目周期来看，项目后评价位于项目周期的末端，如图1-1-1所示。

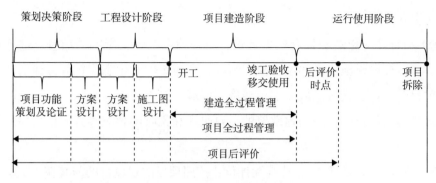

图1-1-1　项目全过程建设程序

从项目寿命周期和项目投资管理方面而言，项目后评价也是对项目进行诊断。项目后评价具有透明性和公开性的特点，可以通过对投资活动成绩和失误的主客观原因分析，比较客观公正地确定投资决策者、管理者和建设者在工作中存在的实际问题，从而进一步提高工作水平，完善和调整相关政策和管理程序。项目后评价对完善已建项目、改进在建项目和指导待建项目都具有重要的意义，已成为项目全寿命周期中的重要环节和加强投资项目管理的重要手段。

二、项目后评价的主要内容

项目后评价，一般需要总结与回顾项目全过程（含项目前期、准备阶段、实施阶段、生产运行阶段等）的基本情况，根据各阶段的工作要求进行程序合规性、合法性评价，管理合理性、有效性评价，实施效果实现度、持续性评价。具体评价内容如下：

（1）项目前期工作评价：根据有关规程和规定，评价可行性研究报告质量、项目评估或评审意见的科学性、项目核准（审批）程序的合法性、项目决策的科学性。

（2）项目准备阶段工作评价：对照初步设计内容深度规定、招投标制度和开工条件等有关管理规定，评价工程建设准备阶段相关工作的充分性、合规性。

（3）项目实施过程评价：从建设工期、投资管理、质量控制、安全管理及文明施工等方面，评价项目建设实施的"四控"质量与水平，建设实施过程的科学合理性。

（4）项目运营情况评价：从技术和设备的先进性、经济性、适用性和安全性评价项目技术水平。从项目实施相关者管理、项目管理体制和机制、投资监管成效等方面评价项目经营管理评价。

（5）项目经济效益评价：经济效益评价根据项目实际发生的财务数据，进行财务分析，计算成本利润率、资产回报率、资产负债率、利息备付率和偿债备付率，评价项目的获利能力和偿债能力。

（6）项目环境影响和社会效益评价：对环境存在较大影响的项目，进行环境达标情况、项目环境设施建设和制度执行情况、环境影响和生态保护等方面的环境影响评。从项目的建设实施对区域（宏观经济、区域经济）发展的影响，对区域就业和人民生活水平提高的影响，对当地政府的财政收入和税收的影响等方面评价项目的社会效益。

（7）项目目标实现程度和持续性评价：按照项目的建设目的与其在生产运行中发挥的作用，以及前期预测的财务指标与运营中实际的财务指标对比，评价项目目标实现程度。从项目内部因素和外部条件等方面评价整个项目的持续发展能力。

（8）评价结论及建议：对项目进行综合评价，找出重要问题，总结主要经验教训，提出有借鉴意义和可操作性的对策建议及措施。

三、项目后评价的作用和意义

项目后评价在项目竣工验收投产后进行，其目的是为了总结经验教训，以改进决策和管理，提高投资效益服务。具体来说项目后评价具有以下特点：

（1）现实性。项目后评价分析是对项目实际情况的研究，所用到的数据、资料都是实际发生的真实数据或根据实际情况重新预测的数据，分析该项目存在的问题或不足，提出实际可行的对策，改善该项目的管理水平，提高新项目的决策水平。

（2）全面性。在进行项目后评价时，不仅要分析项目投资过程，还要分析经营过程；不仅要分析项目投资经济效益，还要分析项目的社会效益、环境效益及项目的运营管理状况和发掘项目的潜力。

（3）探索性。项目后评价的目的是对现有情况进行总结和回顾，反馈信息，以改善该项目的管理水平，为新项目的建设提供依据和借鉴，提高投资效益，并及时发现该项目中存在的问题，研究解决问题的方法，从而对未来的发展方向、发展趋势进行探索。因而要求项目后评价人员具有较高的素质和创造性，抓住影响项目的主要因素，并为该项目提出切实可行的改进措施。

（4）反馈性。项目后评价的最终目标是将评价结果反馈到决策部门，作为新项目立项和评估的基础，以及调整投资规划和政策的依据。如果评价结果不能反馈到决策部门，项目后评价就等于没有发挥效用，无法达到提高投资效益的目的。

（5）合作性。项目后评价涉及范围广，参与人员多，工作难度大，因此，需要有关各方和人员的通力合作，齐心协力，项目后评价工作才能顺利完成。

第二节 后评价的起源与发展

项目后评价作为公共项目部门管理的一种工具，其基本原理产生于20世纪30年代，处于经济大萧条时期的美国，主要是对由政府控制的新分配投资计划进行的后评价。1936年，美国颁布《全国洪水控制法》，正式规定运用"成本-效益"分析方法评价洪水控制项目和水资源开发项目。到了20世纪70年代中期，该方法才慢慢被许多国家和世界银行在其资助活动中使用。迄今为止，已得到众多国家，包括国际金融组织越来越多的重视与应用。项目后评价理论的发展主要可以分为三个时期：

第一个时期是1830~1930年的产生与发展的初级阶段，古典派经济学者从亚当·斯密到米歇尔基本上都集中对私有企业追求最高利润的行为进行分析；而富兰克林是最早使用项目的费用-效益分析方法来进行项目评价的；1844年，法国工程师杜皮特发表论文《公共工程项目效用的度量》，首次提出消费者剩余和公共工程社会效益的概念。

第二个时期是1930~1968年的传统社会费用-效益方法的发展与应用阶段，代表方法是基于福利经济学和凯恩斯理论的社会费用效益分析方法；1960年以前，传统的成本-效益分析法在美国水利和公共工程领域得到应用与初步发展，而在1960年以后，成本-效益分析法在方法上进一步深化和完善。对它的应用从公共工程部门开始向农业、工业和其他经济部门发展，并向欧洲和发展中国家推广。在发展中国家，项目评价引起了人们的极大兴趣，并取得了显著的改进。

第三个时期是从1968年至今的新方法产生与应用阶段；1971年，联合国工业发展组织在《项目评估指南》中提出新方法；1980年，又出版了《工业项目评估手册》一书，并提出以项目对国民收入的贡献作为判断项目价值的标准；目前，项目评价理论已得到世界各国越来越广泛的重视与采用，并成为西方发达国家及一些发展中国家管理过程中必不可少的一部分，而且国外项目评价已经形成了较为完善的体系。

美国是全球项目后评价发展最早、最快的国家之一。20世纪30年代，美国为监督国会"新政"政策实施效果，产生了项目后评价的维形。20世纪60年代，美国在"向贫困宣战"中投入巨额公共资金，使项目后评价快速发展，并逐步推广到地方和企业，促进了项目后评价理论及其体系在国际金融组织和世界各国项目投资监督与管理中的广泛应用。大部分发达国家在其国家预算中有一部分资金用于向第三世界投资，为了保证该项资金使用的效果，各国国会在项目后评价部门中设立一个相对独立的办公室，专门从事对海外援助项目的后评价。

目前，世界各地的后评价机构主要是对国家预算、计划和项目进行评价。随着全球社会与经济发展的变化，各国在后评价机构中设置了各种法律法规明确的管理运行机制、行之有效的方法与程序。

我国在20世纪80年代中后期引入项目后评价，由原国家计划委员会首先提出开展后评价工作，并选择部分项目作为试点，同时委托人大开展项目后评价理论、方法的研究。自此，国家各部门开始相继重视后评价，国家各部委、各行业部门、各高等院校以及研究机构陆续承担国家主要项目的后评价工作。我国相关部门和单位出台的项目后评价文件见表1-1-1。

表1-1-1　我国相关部门和单位出台的项目后评价文件

时间	部门/单位	项目后评价文件名称
1988年	国家计划委员会	关于委托进行利用国外贷款项目后评价工作的通知
1991年	国家计划委员会	国家重点建设项目后评价工作暂行办法（讨论稿）
	国家审计署	涉外贷款资助项目后评价办法
1992年	中国建设银行	中国建设银行贷款项目后评价实施办法（试行）
1993年		贷款项目后评价实用手册
1996年	国家计划委员会	国家重点建设项目管理办法
	交通部	公路建设项目后评价工作管理办法
2002年	原国家电力公司	关于开展电力建设项目后评价工作的通知
2004年	国务院	国务院关于投资体制改革的决定
2005年	国资委	中央企业固定资产投资项目后评价工作指南
2008年	国家发展改革委	中央政府投资项目后评价管理办法（试行）
2014年	国资委	中央企业固定资产投资项目后评价工作指南
2014年	国家发展改革委	中央政府投资项目后评价管理办法和中央政府投资项目后评价报告编制大纲（试行）的通知

经过近30年的发展，由于各部门项目后评价工作的组织和开展，相应的后评价方法也得到制定，学术界也一直在做相关研究并取得一定的成果。在参考国际有关组织的后评价工作与方法及其他评价方法的基础上，我国的后评价体系初步形成，并且许多中央大型企业都设立了投资项目后评价工作管理的兼职和专职机构，已经或正在编制自己行业或企业具体的投资项目后评价实施细则和操作规程。

第三节　中国火力发电工程后评价发展历程

我国电力工程后评价工作是在1988年，由国家计划委员会在吸取、消化国外发达国家经验的基础上后确定的，并起草发布了《关于开展1990年国家重点建设项目后评价工作的通知》（计建设〔1990〕54号）文件。随后，原能源部制定了《火电厂后评价工作自我评价阶段内容》，并在石横、邹县、莱阳、华能大连、福州以及石洞口二厂进行试点。1994年，国家计划委员会又以计建设〔1994〕754号文安排平圩、北仑港二期工程进行后评价。依据《国家重点建设项目管理办法》的文件精神，"国家重点建设项目竣工验收合格的，经过运营，应当按照国家有关规定进行项目后评价"，据此，原电力工业部在总结以上8个火电工程实践经验的基础上，提出了《电力工程项目后评价管理办法》，要求被列入国家计划建设的发电、输电、变电工程，在按照国家批准的本期建设规模建成投产并经两年左右的运营期后，均应进行后评价工作。根据上述规定，电规总院制定了《电力工程后评价工作实施细则》，统一了电力建设项目后评价的内容和深度，以规范电力建设项目的后评价工作，并通过广安一期、邯峰一期、吴泾八期和河津一期等工程的实践，对安装300～600MW等级国产和进口机组的工程如何进行后评价积累了经验。

继国家政府相关部门陆续发布的一系列指导文件后，以及随着火力发电后评价工作的进一步开展，国有大型电力企业均根据企业发展现状及企业特点陆续出台了各自的火力发电工程后评价工作指导文件，以适应开展形式多样、内容丰富的后评价业务需求。例如，2009年中国电力工程顾问集团公司发布了《火电工程项目后评价导则》（Q/DG1-E001-2009），中国大唐集团公司先后发布了《中国大唐集团公司火电项目后评价实施细则》《火电项目后评价工作手册》，中国国电集团公司发布了《中国国电集团公司投资项目后评价工作指南》，为火力发电工程后评价的有序高效开展提供了依据，使火力发电工程后评价工作更加完善。

第四节　中国新能源发电工程后评价发展历程

我国新能源发电工程后评价工作起步较晚，风电项目后评价的开展主要是为了更好地发现和解决新能源发电项目开发、建设、运营中出现的问题，为后续新能源发电项目提供经验教训，由此，新能源发电项目的后评价工作开始受到国家和电力投资商的重视。对于风力发电工程后评价，国家能源局于2012年9月下发了《风电场项目后评价管理暂行管理办法》，国家发展改革委于2014年9月下发了《中央政府投资项目后评价管理办法》与《中央政府投资项目后评价报告编制大纲（试行）》，风电项目企业根据以上管理办法也纷纷出台相关的后评价管理制度。例如：中国大唐集团公司发布了《中国大唐集团公司大中型基本建设风电项目后评价实施细则》，国电电力发展股份有限公司发布了《中国国电集团公司投资项目后评价工作指南》，使风力发电项目后评价的开展得到有力支撑。对于光伏发电工程后评价，由于我国的光伏电站项目投资是2011年以后快速发展的，因此，相对于国外太阳能光伏发电项目后评价理论研究异彩纷呈的局面而言，国内该领域的研究起步相对较晚，目前仍处于起步阶段，大部分研究成果还主要集中在转述西方学者优秀成果的基础上，而借鉴这些优秀理论成果解决国内太阳能光伏发电过程中存在的实际问题的研究还处于探索阶段。

但是整体来看，新能源发电工程后评价工作的发展主要分为两个阶段：单个项目后评价和区域项目群后评价。

一、单个项目后评价

单个项目后评价是针对单个新能源发电项目全生命周期中的各个时段分别进行评价，主要围绕项目概况、项目实施过程评价、项目生产运营评价、项目经济效益评价、项目环境效益评价、项目社会效益评价、项目可持续性评价、项目后评价结论和对策建议九个部分，深入浅出地介绍典型单项新能源发电工程的具体评价内容和评价指标，形成单项新能源发电工程后评价报告。

二、区域项目群后评价

随着新能源发电项目的不断建设，新能源发电项目在固定区域内发挥的作用愈加明显，表现在项目与项目之间的影响、项目对电网的影响、项目对周边环境的影响等，单纯对单个新能源发电项目进行评价并不能十分客观的反映一些问题，因此，区域项目群后评价应运而生。区域项目群后评价更加侧重关注整体外部条件对项目决策的影响、各个项目的主要实施情况、项目之间的生产运营和财务效益对比情况，以及项目群的共性问题、经验与个性问题、亮点。

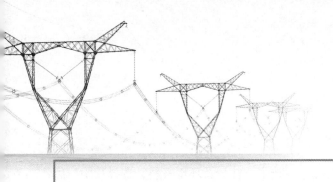

第二章

后评价方法

后评价方法是开展后评价的理论支撑和工作前提，其基础理论是现代系统工程与反馈控制的管理理论。项目后评价的具体方法分类广泛，常用方法主要有调查收资方法、市场预测方法、对比分析方法和综合评价方法。调查收资方法是采集对比信息资料的主要方法，包括资料收集、访谈、现场调查和问卷调查等，是开展项目后评价的最基础方法。市场预测方法是对影响市场供求变化的各因素进行调查研究，分析和预见其发展趋势，掌握市场供求变化的规律，为经营决策提供可靠的依据。对比分析方法包括定量维度对比分析和方式维度对比分析，其主要是根据后评价调查得到的项目实际情况，对照项目立项时所确定的直接目标和宏观目标，以及其他指标，找出偏差和变化，分析原因，得出评价结论和经验教训。综合评价方法，是对项目多目标、多属性、多维度的综合评价，主要方法有项目成功度评价和多属性综合评价方法。除上述常用方法外，也可根据项目类型特点和评价重点，具体选用其他科学的评价方法，以达到支撑评价的目的。

第一节　调查收资方法

一、方法综述

调查收集资料和数据采集的方法很多，有资料收集法、现场观察法、访谈法、专题调查会、问卷调查、抽样调查等。一般视工程项目的具体情况，后评价的具体要求和资料收集的难易程度，选用适宜的方法。条件许可时，往往采用多种方法对同一调查内容相互验证，以提高调查成果的可信度和准确性。

工程收资是项目后评价的重要基础工作，有时需要多次收资并对资料的完整性和准确性进行确认。工程后评价工作方案确定后，根据工程项目特点制定工程资料收集表，在现场收资期间需要逐条确认。

二、方法详述

1. 资料搜集法

资料搜集法是一种通过搜集各种有关经济、技术、社会及环境资料，选择其中对后评价有用的相关信息的方法。就发电项目后评价而言，工程前期资料以及报批文件、工程建设资料、工程招投标文件、监理报告、工程调试资料、工程竣工验收资料、设备运行资料和相关财务数据等都是后评价工作的重要基础资料。

2. 现场观察法

通常，后评价人员应到项目现场实际考察，例如到集控车间对比相关数据与生产月报是否相符，进行环境实时检测记录，查看设备维护保养情况等，从而发现实际问题，客观地反映项目实际情况。

3. 访谈法

通过采访员和受访人面对面地交谈来了解受访人的心理和行为的心理学基本研究方法之一。访谈以一人对一人为主，但也可以在集体中进行。访谈也是一种直接调查方法，有助于了解工程涉及的较敏感的经济、技术、环境、社会、文化、政治等方面的问题。更重要的是直接了解访谈对象的观点、态度、意见、情绪等方面的信息。例如火电项目对社会影响和社会公平等的调查可以采用访谈法。

4. 专题调查法

针对后评价过程中发现的重大问题，邀请有关人员共同研讨，揭示矛盾，分析原因。要事先通知会议的内容，提出探讨的问题。各个部门的人员在会上从不同角度分析产生问题的原因，从而有助于项目后评价人员了解到从其他途径很难得到的信息。例如对于建设过程中的一些重大安全事故和质量事故，运行过程中的停机等故障可以采用专题调查会方法。

5. 问卷调查法

问卷调查法也称"书面调查法"，或称"填表法"。用书面形式间接搜集研究材料的一种调查手段。通过向调查者发出简明扼要的征询单（表），请示填写对有关问题的意见和建议来间接获得材料和信息的一种方法，要求全体被调查者按事先设计好的意见征询表中的问题和格式回答所有同样的问题，是一种标准化调查。问卷调查所获得的资料信息易于定量，便于对比。

第二节　市场预测方法

一、方法综述

所谓市场预测，就是运用科学的方法，对影响市场供求变化的各因素进行调查研究，分析和预见其发展趋势，掌握市场供求变化的规律，为经营决策提供可靠的依据。在发电项目后评价工作中，需要对影响项目可持续性的宏观经济形势，区域电力负荷预测（短期和中长期预测），其他用电行业的发展趋势等因素做出科学准确的预测，把握经济发展或者未来市场变化的有关动态，减少未来的不确定性，降低决策可能遇到的风险，使决策目标得以顺利实现。

经济预测的方法一般可以分为定性预测和定量预测两大类。

二、方法详述

1. 定性预测法

定性预测法也称直观判断法，是市场预测中经常使用的方法。定性预测主要依靠预测人员所掌握的信息、经验和综合判断能力，预测市场未来的状况和发展趋势。这类预测方法简单易行，特别适用于那些难以获取全面的资料进行统计分析的问题。因此，定性预测方法在市场预测中得到广泛的应用。

2. 定量预测法

定量预测是利用比较完备的历史资料，运用数学模型和计量方法，来预测未来的市场需求。定量预测基本上分为两类：一类是时间序列模式，另一类是因果关系模式。定量预测的方法很多，主要有以下两种：

（1）趋势外推法。用过去和现在的资料推断未来的状态，多用于中、短期预测。有时间序列的趋向线分析和分解法、指数平滑法、鲍克斯-詹金斯模型、贝叶斯模型等。

（2）因果和结构法。通过找出事物变化的原因及因果关系，预测未来。有回归分析：一元线性回归方程模型和联立方程模型、模拟模型、投入产出模型、相互影响分析等。

第三节　对比分析方法

一、方法综述

数据或指标对比是后评价分析的主要方法，常用于单一指标的比较。根据是否量化，对比分析可分为定量分析和定性分析两种。根据对比方式的不同，对比分析包括有无对比分析、前后对比分析和横向对比分析等。

在项目后评价中，宜采用定量分析和定性分析相结合，以定量计算为主，定性分析为补充的分析方法。与定量计算一样，定性分析也要在可比的基础上进行"设计效果"与"实际效果"对比分析，以及"有工程"与"无工程"的对比分析。

二、方法详述

（一）量化维度对比分析法

1. 定量分析法

定量分析法是指运用现代数学方法对有关的数据资料进行加工处理，据以建立能够反映有关变量之间规律性联系的各类预测模型的方法体系。各项生产指标，经济效益、社会影响、环境评价方面，凡是能够采用定量数字或定量指标表示其效果的方法，统称为定量分析法。

2. 定性分析法

定性分析法亦称"非数量分析法"。主要依靠预测人员的丰富实践经验以及主观的判断和分析能力，推断出事物的性质、优劣和发展趋势的分析方法。这类方法主要适用于一些没有或不具备完整的历史资料和数据的事项。在发电后评价中，有些指标例如宏观经济态势、管理水平、宗教影响、拆迁移民影响等指标一般很难定量计算，只能进行定性分析。

（二）方式维度对比分析法

对比法是后评价的主要分析方法，也叫比较分析法，是通过实际数与基数的对比来提示实际数与基数之间的差异，借以了解经济活动的成绩和问题的一种分析方法。对比分析方法有有无对比法、前后对比法和横向对比法。

1．有无对比法

有无对比法是通过比较有无项目两种情况下项目的投入物和产出物可获量的差异，识别项目的增量费用和效益。其中，"有""无"是指"未建项目"和"已建项目"，有无对比的目的是度量"不建项目"与"建设项目"之间的变化。通过有无对比分析，可以确定项目建设带来的经济、技术、社会及环境变化，即项目真实的经济效益、社会和环境效益的总体情况，从而判断该项目对经济、技术、社会、环境的作用和影响。对比的重点是要分清项目的作用和影响与项目以外因素的作用和影响。对比分析法的关键，是要求投入的代价与产出的效果口径一致，亦即所度量的效果要真正归因于项目。

2．前后对比法

前后对比法是项目实施前后相关指标的对比，用以直接估量项目实施的相对成效。一般情况下，前后对比是指将项目实施之前与完成之后的环境条件以及目标加以对比，以确定项目的作用与效益的一种对比方法。在项目后评价中，则是指将项目前期的可行性研究和评估等建设前期文件对于技术、经济、环境以及管理等方面的预测结论与项目的实际运行结果相比较，以发现变化和分析原因。例如项目建设前期关于环境影响方面需要编制环境影响报告书，工程竣工后需要根据实际测量结果出具环境影响验收报告，这两组数据一个是建设前的预测数据，一个是建设后的实际数据，这种对比用于揭示计划，决策和实施的质量，是项目过程评价应遵循的原则。对于发电项目，外部经济环境，自然环境，市场竞争环境、技术环境以及人力资源环境在项目建设前后都会发生变化，都会直接或间接影响项目的输出效果，因此，前后对比法作为有无对比法的辅助分析方法，有利于反映项目建设的真实效果与预期效果的差距，有利于进一步分析变化的原因，提出相应的对策和建议。

3．横向对比法

横向对比法是指同一行业内类似项目相关指标的对比，用以评价企业（项目）的绩效或竞争力，横向对比一般包括标准对比和水平对比。标准对比是指项目建设和运行数据是否符合行业标准和国家标准，是否符合国家或行业行政审批、环境保护等政策、法规和标准。水平对比主要是为了更好地评价项目的技术先进性，需要与相同容量等级的类似工程的技术、经济、环境和管理等方面的指标进行对比，例如发电标煤耗（火电）、节约标准煤量（新能源）、厂用电率、年利用小时数、投资节余率、停机次数、停机时间等，除了需要进行行业对比外，还应与国际先进指标对比，发现差距和不足，

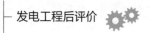

提出进一步改进的措施。

第四节　综合评价方法

一、方法综述

项目后评价在对经济、社会、环境效益和影响进行定量与定性分析评价后，还需进行综合评价，求得工程的综合效益，从而确定工程的经济、技术、社会、环境总体效益的实现程度和对工程所在地的经济、技术、社会及环境的影响程度，得出后评价结论。项目后评价的综合评价方法有项目成功度评价法和多属性综合评价法两种。

成功度法是后评价的常用的综合评价方法，项目成功度评价是指依靠评价专家的经验，综合后评价各项指标的评价结果；或者用打分的方法，对项目的成功度做出定性结论。后评价根据项目实际情况，在判定项目成功度时，对于指标赋权和多属性综合评判常用的方法有层次分析法、模糊综合评价方法和基于数据处理智能评价方法。

二、方法详述

（一）项目成功度评价法

项目后评价需要对项目的总体成功度进行评价，即项目成功度评价。该方法需对照项目可行性报告和前评估所确定的目标和计划，分析项目实际实现结果与其差别，以评价项目目标的实现程度。在做项目成功度评价时，要十分注意项目原定目标的合理性、可实现性以及条件环境变化带来的影响并进行分析，以便根据实际情况评价项目的成功度。

成功度评价是依靠评价专家或专家组的经验，对照项目立项阶段以及规划设计阶段所确定的目标和计划，综合各项指标的评价结果，对项目的成功程度做出定性的结论。成功度评价是以用逻辑框架法分析的项目目标的实现程度和经济效益分析等方法的评价结论为基础，以项目的目标和效益为核心所进行的全面、系统的评价。

成功度评价法的关键在于要根据专家的经验建立合理的指标体系，结合项目的实际情况，并采取适当的方法对各个指标进行赋权，对人的判断进行数量形式的表达和处理。常用的赋权法有主观经验赋权法、德尔菲法、两两对比法、环比评分法、层次分析法等。

1. 项目成功度的标准

项目后评价的成功度可以根据项目的实现程度定性地分为5个等级：成功、基本成功、部分成功、不成功、失败，见表1-2-1。

表1-2-1　工程项目后评价成功度标准

评定等级	成功度	成功度标准	分值
A	成功	（1）项目的各项目标都全面实现或超过； （2）相对成本而言，取得巨大的效益	80~100
B	基本成功	（1）项目的大部分目标已经实现； （2）相对成本而言，达到了预期的效益和影响	60~79
C	部分成功	（1）项目实现了原定的部分目标，相对成本而言，只取得了一定的效益和影响； （2）项目在产出、成本和时间进度上实现了项目原定的一部分目标，项目获投资超支过多或时间进度延误过长	40~59
D	不成功	（1）项目在产出、成本和时间进度上只能实现原定的少部分目标； （2）按成本计算，项目效益很小或难以确定； （3）项目对社会发展没有或只有极小的积极作用或影响	20~39
E	失败	（1）项目原定的各项目标基本上都没有实现； （2）项目效益为零或负值，对社会发展的作用和影响是消极或有害的，或项目被撤销、终止等	0~19

2. 项目成功度的测定

项目成功度是通过成功度表来进行测定的，成功度表里设置了评价项目的主要指标。在评价具体项目的成功度时，不一定要测定所有指标。评价者需要根据项目的类型和特点，确定表中的指标和项目相关程度，将它们分为"重要""次重要""不重要"三类，在表中第二栏（项目相关重要性）中填注。一般情况下，"不重要"的指标不用测定，只需测定重要和次重要的指标。根据项目具体情况，一般项目实际测定的指标选在10项左右。

在测定指标时采用评分制，可以按照上述评定标准中第1~5的五个级别，分别用A、B、C、D、E表示。通过指标的重要性分析和各单项成功度的综合，可得到项目总的成功度指标，也用A、B、C、D、E表示，填入表中最末一行的"项目总评"栏内。

项目的成功度评价法使用的表格是根据项目后评价任务的目的与性质确定的，我国各个组织机构的表格各有不同，表1-2-2为国内比较典型的项目成功度评价分析表。

表1-2-2　国内比较典型的项目成功度评价分析表

序号	评定项目指标	项目相关重要性	评定等级
1	宏观目标和产业政策		
2	决策及其程序		
3	布局与规模		
4	项目目标及市场		
5	设计与技术装备水平		
6	资源和建设条件		
7	资金来源和融资		
8	项目进度及其控制		
9	项目质量及其控制		
10	项目投资及其控制		
11	项目经营		
12	机构和管理		
13	项目财务效益		
14	项目经济效益和影响		
15	社会和环境影响		
16	项目可持续性		
17	项目总评		

（二）多属性综合评价法

综合评价要解决三方面的问题：第一是指标的择选和处理，即指标的筛选，指标的一致化和无量纲化；第二是指标的权重计算；第三是计算综合评价值。

综合评价是指对被评价对象所进行的客观、公正、合理的全面评价。如果把被评价对象视为系统，上述问题可抽象地表述为：在若干个（同类）系统中，如何确认哪个系统的运行（或发展）状况好，哪个系统的运行（或发展）状况差，这是一类常见的所谓的综合判断问题，即多属性（或多指标）综合评价问题。对于有限多个方案的决策问题来说，综合评价是决策的前提，而正确的决策源于科学的综合评价。甚至可以这样说，没有（对各可行方案的）科学的综合评价，就没有正确的决策。因此，多属性综合评价的理论、方法在管理科学与工程领域中占有重要的地位，已成为经济管理、工业工程及决策等领域中不可缺少的重要内容，且有着重大的实用价值和广泛的应用前景，由此可见综合评价的重要性（特别是针对那些诸如候选人排队、重大企业方案的选优等问题，更是如此）。

1. 构成综合评价问题的要素

（1）被评价对象。同一类被评价对象的个数要大于1，可以假定被评价的对象或系统分别计为s_1，s_2，$\cdots$，s_n（$n>1$）。

（2）评价指标。各系统的运行（或发展）状况可用一个向量x表示，其中每一个分量都从某一个侧面反映系统的现状，故称x为系统的状态向量，它构成了评价系统运行状况的指标体系。每个评价指标都是从不同的侧面刻画系统所具有某种特征大小的度量。评价指标体系的建立，要视具体评价问题而定，这是毫无疑问的。但一般来说，在建立评价指标体系时，应遵守的原则是：系统性；科学性；可比性；可测取（或可观测）性；相互独立性；不失一般性，设有加项评价指标，并依次记为x_1，x_2，$\cdots$，x_m（$m>1$）。

（3）权重系数。相对于某种评价目的来说，评价指标之间的相对重要性是不同的。评价指标之间的这种相对重要性的大小可用权重系数来刻画，即权重系数确定得合理与否，关系到综合评价结果的可信程度。

（4）综合评价模型。所谓多指标（或多属性）综合评价，就是指通过一定的数学模型（或算法）将多个评价指标值"合成"为一个整体性的综合评价值。在获得n个系统的评价指标值$\{x_{ij}\}$（$i=1, 2, \cdots, n$；$j=1, 2, \cdots, m$）后构造的评价函数通常表示为

$$y=f(\omega, x) \tag{1-2-1}$$

式中　ω——指标权重向量，$\omega=(\omega_1, \omega_2, \cdots, \omega_m)^\tau$；

　　　x——系统的状态向量，$x=(x_1, x_2, \cdots, x_m)^\tau$。

由式（1-2-1）可求出各系统的综合评价值$y_i=f(w, x_i)$，$x_i=(x_{i1}, x_{i2}, \cdots, x_{im})^\tau$为第$i$个系统的状态向量（$i=1, 2, \cdots, n$），并根据$y_i$值的大小（或由小到大或由大到小）将这$n$个系统进行排序或分类。

2. 常用的评价指标的处理方法

可持续发展的评价指标可以分为两大类：定性指标和定量指标。其中，定性指标是难以量化的指标，例如政治经济环境、企业管理水平、企业的文化影响等指标，难以进行量化比较或测量。对于定量指标，由于量纲不同，很难建立统一的评价标准，需要进行无量纲化，使各个指标能在一个统一的平台进行计算。

（1）定性指标的量化。在可持续发展的指标中有一些是定性指标，需要量化。量化方法有许多，常用的是采用模糊综合评判来进行无量纲化。

模糊综合评价原理如下：

对于难以用精确的语言表述的指标，可以应用模糊综合评价。假设用因素集

$U=(u_1, u_2, \cdots, u_n)$ 来刻画事物，从每个因素的角度对该事物可得到一个评价，用 $V=(v_1, v_2, \cdots, v_m)$ 表示，它们的元素个数和名称均可根据实际问题由人们主观规定。对每个u_i进行综合评判，构造判断矩阵

$$R=\begin{bmatrix} r_{11} & r_{12} & \cdots & r_{1m} \\ r_{21} & r_{22} & \cdots & r_{2m} \\ \vdots & \vdots & \vdots & \vdots \\ r_{n1} & r_{n2} & \cdots & r_{nm} \end{bmatrix} \qquad (1\text{-}2\text{-}2)$$

确定各指标的权重集$A=(a_1, a_2, \cdots, a_n)$，因为对于$m$种评价是不确定的，所以综合评判应是$V$上的一个模糊子集$B_1=A\circ R=(b_{11}, b_{12}, \cdots, b_{1m})$。对$B_1$进行归一化处理，得到$B_2=(b_{21}, b_{22}, \cdots, b_{2m})$，其中

$$b_{2j}=\frac{b_{1j}}{\sum\limits_{j=1}^{m} b_{1j}} \qquad (1\text{-}2\text{-}3)$$

此结果为一向量，它反映了评价对象在$v_1, v_2, \cdots, v_m$上的隶属度。为了得到总目标的综合评价，往往要将向量化为点值，如采用模糊向量单值化方法给每种等级赋以分值，将其用1分制数量化，然后用B中对应的隶属度将分值加权平均，获得点值。一般地，定量指标的量化为避免主观判断所引起的失误，增加定性指标的准确性，可采用语义差别隶属度赋值方法将定性指标分成1~5个档次：很好、较好、一般、较差、很差，并对每个档次内容所反映指标的趋向程度提出明确、具体的要求，建立各档次与隶属度之间的对应关系。根据对应关系，将指标评价值定为100、90、75、60、40五等。

（2）指标的一致化。对于极小型指标，令

$$x'_{iik}=M_{ii}-x_{iik} \qquad (1\text{-}2\text{-}4)$$

对于居中型指标，令

$$x'_{ij}=\begin{cases} \dfrac{2(x_{ij}-m_{ij})}{M_{ij}-m_{ij}}, \text{if} \quad m_{ij}\leqslant x_{ij}\leqslant \dfrac{M_{ij}+m_{ij}}{2} \\ \dfrac{2(M_{ij}-x_{ij})}{M_{ij}-m_{ij}}, \text{if} \quad \dfrac{M_{ij}+m_{ij}}{2}\leqslant x_{ij}\leqslant M_{ij} \end{cases} \qquad (1\text{-}2\text{-}5)$$

其中，i和j代表指标的阶数，x_{ij}为测量值，M_{ij}、m_{ij}分别为指标的允许上、下限或测量样本的极大值和极小值，x'_{ij}为x_{ij}一致化的结果。

（3）指标的无量纲化。测量指标$x_1, x_2, \cdots, x_m$之间由于单位或量级的不同而存在不公度性，需要对评价指标作无量纲化处理。无量纲化也叫做指标数据的标准化、规范化，它是通过数学变换来消除原始指标单位影响的方法。常用的方法有标准化法、极值处理法、功效系数法。

1）标准化法：即取

$$x^*_{ij}=\frac{x_{ij}-\overline{x_j}}{s_j}$$（1-2-6）

显然，x^*_{ij} 的（样本）平均值和（样本）均方差分别为0和1，x^*_{ij} 称为标准观测值。式中 $\overline{x_{ij}}$、s_j（$j=1$，2，$\cdots$，m）分别为第 j 项指标观测值的（样本）平均值和（样本）均方差。

2）极值处理法：如果令 $M_j=\max_i\{x_{xj}\}$，$m_j=\min_i\{x_{xj}\}$，则有

$$x^*_{ij}=\frac{x_{ij}-m_j}{M_j-m_j}$$（1-2-7）

x^*_{ij} 是无量纲的，且 $x^*_{ij}\in[0,1]$。

3）功效系数法：采用功效系数法对指标进行无量纲化。

$$x^*_{ij}=c+\frac{x_{ij}-m_{ij}}{M_{ij}-m_{ij}}\times d$$，通常 $c=60$，$d=40$（1-2-8）

式中　x^*_{ij}——x_{ij} 的无量纲化结果。

对于指标的一致化，本书采用极值处理法。

4）无量纲化方法的选择原则。计算中发现，不同的无量纲化方法得到的对相同的评价样本的排序，评价结果是不同的；同时，一致化和无量纲化的顺序变化也会对评价结果造成影响。那么怎样才是正确的结果呢？这里仅给出选择无量纲化方法的原则：在评价模型、评价指标的权重系数、指标类型的一致化方法都已取定的情况下，应选择能尽量体现被评价对象 $y_1,y_2,\cdots,y_n$ 离差平方和 $\sum_{i=1}^{n}(y_i-\overline{y})^2$ 最大的无量纲化方法。

3. 多层次指标权重的计算

目前国内外提出的综合评价方法已有几十种之多，在后评价工作中，例如项目的成功度评价、项目可持续性评价以及社会影响评价都属于多属性综合评价问题，其关键是确定评价指标的权重。权重的确定方法总体上可归为三大类：①主观赋权评价法，多是采取定性的方法，有专家根据经验进行主观判断而得到权数，包括层次分析法、模糊综合评判法等；②客观赋权评价法，根据指标之间的相关关系和各项指标的变异系数来确定权数，包括TOPSIS法、灰色关联度法、主成分分析法等；③智能算法，通过智能评价模型有效模拟专家和以往的经验，从而得到合理的评价结果。

客观赋权评价法中：

（1）TOPSIS评价法。在基于归一化后的原始矩阵中，找出有限方案中的最优方案和最劣方案（分别用最优向量和最劣向量表示），然后分别计算出评价对象与最优方案和最劣方案间的距离，获得该评价对象与最优方案的相对接近程度，以此作为评价优劣的依据，其缺点同样不能解决评价指标间相关造成的评价信息重复问题。

（2）灰色关联度分析法：灰色关联度分析法认为，若干个统计数列所构成的各条曲线几何形状越接近，即各条曲线越平行，则它们的变化趋势越接近，其关联度就越大，因此，可利用各方案与最优方案之间关联度的大小对评价对象进行比较、排序。该方法首先是求各个方案与由最佳指标组成的理想方案的关联系数矩阵，由关联系数矩阵得到关联度，再按关联度的大小进行排序、分析，得出结论。该方法计算简单、通俗易懂，数据不必进行归一化处理，而用原始数据进行直接计算，并且其无需大量样本，也不需要经典的分布规律，只要有代表性的少量样本即可，但是该方法不能解决评价指标间相关造成的评价信息重复问题，因而指标的选择对评判结果影响很大。

（3）主成分分析法。主成分分析法是利用降维的思想，把多指标转化为几个综合指标的多元统计分析方法。它是一种数学变换的方法，把给定的一组相关变量通过线性变换转成另一组不相关的变量，这些新的变量按照方差依次递减的顺序排列。在数学变换中保持变量的总方差不变，使第一变量具有最大的方差，称为第一主成分；第二变量的方差次大，并且和第一变量不相关，称为第二主成分；依次类推，K个变量就有K个主成分。通过主成分分析方法，可以根据专业知识和指标所反映的独特含义对提取的主成分因子给予新的命名，从而得到合理的解释性变量。在主成分分析法中，各综合因子的权重不是人为确定的，而是根据综合因子的贡献率大小确定的。这就克服了某些评价方法中人为确定权数的缺陷，使得综合评价结果唯一，而且客观、合理，但是该方法假设指标之间的关系都为线性关系，在实际应用时，若指标之间的关系并非线性关系，就有可能导致评价结果的偏差。

（4）人工智能方法。人工智能方法包括基于支持向量机的综合评价、基于小波神经网络的综合评价方法等。这类评价方法的优点在于可以有效处理非线性影射问题，可以通过机器学习的过程模拟专家或以往的评价经验。通过对给定样本模式的学习，获取评价专家的经验、知识、主观判断及对目标重要性的倾向。当需要对有关评价对象做出综合评价时，该方法便可再现评价专家的经验、知识和直觉思维。智能评价法既能充分考虑评价专家的经验和直觉思维模式，又能降低综合评价过程中人为的不确定因素；既具备综合评价方法的规范性，又能体现出较高的问题求解效率，也较好地保证了评价结果的客观性，是一种较为先进的综合评价方法。

下面介绍项目后评价综合评价中最常用的两种评价方法——层次分析法和模糊综合评价法。

1）层次分析法。20世纪70年代，美国著名运筹学家萨蒂提出了一种多目标、多准则的决策方法——层次分析法（AHP）。该方法能将一些量化困难的定性问题在严格数学运算的基础上定量化，还能将一些定量、定性混杂的问题综合为统一整体进行综合分析。特别是采用这种方法解决问题时，可对定性、定量之间转换和综合计算等解决问题过程中人们所作判断的一致性程度等问题进行科学检验。

在多指标评判中，既可用层次分析法对评价指标体系的多层次、多因子进行分析排序以确定其重要程度，又能对复杂系统进行综合评判，还可以用于多目标、多层次、多因素的决策问题。

a. 构建可持续发展指标体系的递阶层次结构。递阶层次结构就是在一个具有H层结构的系统中，其第一层只有一个元素，各层次元素仅属于某一层次，且结构中的每一元素至少与该元素的上层或下层某一元素有某种支配关系，而属于同一层的各元素间以及不相邻两层元素间不存在直接的关系。

在任何一个综合指标体系中，由于所设置指标承载信息的类型不同，各指标子系统以及具体指标项在描述某一社会现象或社会状况过程中所起作用的程度也不同，因此，综合指标值并不等于各分指标简单相加，而是一种加权求和的关系，即

$$S=\sum_{i=1}^{n} w_i f_i\left(I_i\right) \qquad i=1, 2, \cdots, n \qquad (1-2-9)$$

式中 $f_i\left(I_i\right)$——指标I_i的某种度量（指标测量值）；

w_i——各指标权重值，满足$\sum_{i=1}^{n} w_i=1$，$0 \leqslant w_i \leqslant 1$。下述层次分析法的有关运算过程主要是针对如何科学、客观地求取递阶层次结构综合指标体系的权重值展开。

b. 基于层次分析法的评级指标权重确定：

a）根据影响评价对象的主要因素，建立系统的递阶层次结构以后，需要运用层次分析法确定各评级指标的权重：以上一层次某因素为准，它对下一层次诸因素有支配关系，两两比较下一层次诸因素对它的相对重要性，并赋予一定分值，一般采用萨蒂教授提出的1~9标度法，见表1-2-3。

表1-2-3 标度的含义

标度	含义
1	表示两个元素相比，具有同样的重要性
3	表示两个元素相比，前者比后者稍微重要
5	表示两个元素相比，前者比后者明显重要
7	表示两个元素相比，前者比后者强烈重要
9	表示两个元素相比，前者比后者极端重要
2、4、6、8	表示上述相邻判断的中间值
上述值的倒数	若元素i与元素j的重要性之比为a_{ij}，那么元素j与元素i的重要性之比为$a_{ji}=1/a_{ij}$

b）由判断矩阵计算被比较元素对于该准则的相对权重。依据判断矩阵求解各层次指标子系统或指标项的相对权重问题，在数学上也就是计算判断矩阵的最大特征根及其对应的特征向量问题。以判断矩阵H为例，即是由

$$HW=\lambda W \tag{1-2-10}$$

解出max（λ）及对应的W。将max（λ）所对应的最大特征向量归一化，就得到下一层相对于上一层的相对重要性的权重值。式中，H为判断矩阵，λ为特征根，W为特征向量。

c）由于判断矩阵是人为赋予的，故需进行一致性检验，即评价矩阵的可靠性。对判断矩阵的一致性检验的步骤如下：

萨蒂在AHP中引用判断矩阵最大特征根以外其余特征根的负平均值，作为度量人们在建立判断矩阵过程中所做的所有两两比较判断偏离一致性程度的指标CI。

$$CI=\frac{\lambda_{\max}-n}{n-1} \tag{1-2-11}$$

式中　　n——判断矩阵阶数；

$\lambda_{\max}$——判断矩阵最大特征根。

判断矩阵一致性程度越高，CI值越小。当$CI=0$时，判断矩阵达到完全一致。根据式（1-2-11），可以把一系列定性问题定量化过程中认知判断的不一致性程度用定量的方式予以描述，实现了思维判断的准确性、一致性等问题的检验。

在建立判断矩阵的过程中，思维判断的不一致只是影响判断矩阵一致性的原因之一，用1~9比例标度作为两两因子比较的结果也是引起判断矩阵偏离一致性的另一个原因，且随着矩阵阶数的提高，所建立的判断矩阵越难趋于完全一致。这样，对于不同阶数的判断矩阵，仅仅根据CI值来设定一个可接受的不一致性标准是不妥当的。为了得到一个对不同阶数判断矩阵均适用的一致性检验临界值，就必须消除矩阵阶数的影响。因此，萨蒂在进一步研究的基础上，提出用与阶数无关的平均随机一致性指标RI来修正CI值，用一致性比例$CR=CI/RI$代替一致性偏离程度指标CI，作为判断矩阵一致性的检验标准。

RI值是用于消除由矩阵阶数影响所造成的判断矩阵不一致的修正系数，其数值见表1-2-4。

表1-2-4　1~10阶判断矩阵RI值

阶数	1	2	3	4	5	6	7	8	9	10
RI	0.00	0.00	0.58	0.90	1.12	1.24	1.32	1.41	1.45	1.49

在通常情况下，对于$n\geq3$阶的判断矩阵，当$CR\leq0.1$时，就认为判断矩阵具有可接

受的一致性；否则，当$CR \geqslant 0.1$时，说明判断矩阵偏离一致性程度过大，必须对判断矩阵进行必要的调整，使之具有满意的一致性为止。

AHP中，对于所建立的每一判断矩阵，都必须进行一致性比例检验。这一过程是保证最终评价结果正确的前提。

当$CR<0.1$时，认为判断矩阵的一致性是可以接受的，否则应对判断矩阵做适当修正。

d）计算各层因素对系统的组合权重，并进行排序。

前面已阐明，可持续发展指标体系的综合计量值为

$$S = \sum_{i=1}^{n} w_i f_i(I_i) \quad i=1, 2, \cdots, n \qquad （1-2-12）$$

S是指标体系最末层各具体指标项相对于最高层A的组合权重值。而由各判断矩阵求得的权重值，是各层次指标子系统或指标项相对于其上层某一因素的分离权重值。因此，需要将这些分离权重值组合为各具体指标项相对于最高层的组合权重值。组合权重计算公式为

$$w_i = \prod_{j=1}^{k} w_j \qquad （1-2-13）$$

式中　　w_j——第i个指标第j层的权重值；

　　　　k——总层数。

每个判断矩阵的一致性检验通过并不等于整个递阶层次结构所做判断具有整体满意的一致性，因此还要进行整体一致性检验。

2）模糊综合评价法。模糊综合评价是通过构造等级模糊子集把反映被评事物的模糊指标进行量化，即确定隶属度，然后利用模糊变换原理对各指标综合，一般需要按以下步骤进行：

a. 确定评价对象的因素论域

$$U = \{u_1, u_2, \cdots, u_p\} \qquad （1-2-14）$$

也就是p个评价指标。

b. 确定评语等级论域

$$V = \{v_1, v_2, \cdots, v_m\} \qquad （1-2-15）$$

即等级集合，每一个等级对应一个模糊子集。

c. 进行单因素评价，建立模糊关系矩阵R。在构造了等级模糊子集后，就要逐个对被评事物从每个因素u_i（$i=1, 2, \cdots, p$）上进行量化，也就是确定从单因素来看被评事物对各等级模糊子集的隶属度，进而得到模糊关系矩阵

$$R=\begin{pmatrix} r_{11} & r_{12} & \cdots & r_{1m} \\ r_{21} & r_{22} & \cdots & r_{2m} \\ \cdots & \cdots & \cdots & \cdots \\ r_{p1} & r_{p2} & \cdots & r_{pm} \end{pmatrix}_{p\times m} \tag{1-2-16}$$

矩阵R中元素r_{ij}表示某个被评事物的因素u_i对v_j等级模糊子集的隶属度。

d. 确定评价因素的模糊权向量$A=(a_1, a_2, \cdots, a_p)$。一般情况下，$p$个评价因素对被评事物并非是同等重要的，各单方面因素的表现对总体表现的影响也是不同的，因此在合成之前要确定模糊权向量。

e. 利用合适的合成算子将A与各被评事物的R合成得到各被评事物的模糊综合评价结果向量B。

R中不同的行反映了某个被评价事物从不同的单因素来看对各等级模糊子集的隶属度。用模糊权向量A将不同的行进行综合，就可得该被评事物从总体上来看对各等级模糊子集的隶属度，即模糊综合评价结果向量B。模糊综合评价的模型为

$$A \cdot B=(a_1, a_2, \cdots, a_p)\begin{pmatrix} r_{11} & r_{12} & \cdots & r_{1m} \\ r_{21} & r_{22} & \cdots & r_{2m} \\ \cdots & \cdots & \cdots & \cdots \\ r_{p1} & r_{p2} & \cdots & r_{pm} \end{pmatrix}=(b_1, b_2, \cdots, b_m) \cdot B \tag{1-2-17}$$

其中b_j是由A与R的第j列运算得到的，它表示被评事物从整体上看对v_j等级模糊子集的隶属度。

f. 对模糊综合评价结果向量进行检验并分析。每一个被评事物的模糊综合评价结果都表现为一个模糊向量，这与其他方法中每一个被评事物得到一个综合评价值是不同的，它包含了更丰富的信息。如果要进行排序，可以采用最大隶属度原则、加权平均原则或模糊向量单值化方法对评价结果向量进行排序对比。

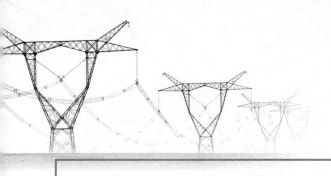

第三章

后评价工作组织与管理

发电工程后评价是一项系统性、复杂性工程，其评价的开展也是一个涉及面广、多阶段性的工作。发电工程后评价工作的开展有两个主要责任主体：一是后评价委托单位，即后评价工程项目单位（以下统称项目单位）；二是后评价咨询单位，通常为咨询单位（以下统称咨询单位）。咨询单位接受工作委托后，一般在委托同一年度出具评价成果，期间需要规划前期、投资计划、基建生产、财务营销等多个发电公司相关部门的密切配合，经历项目启动、报告编制、评审验收等多个阶段。清晰明确的工作组织流程、丰富多样的报告形式、切实有效的成果应用方式，能从后评价工作开展的角度提升后评价报告质量，提高后评价组织与管理的科学化程度，从而实现"评有依据、评有计划、评有效果、改有方法"。

第一节　后评价工作组织流程

一、后评价工作流程

发电工程后评价工作的开展，主要涉及项目立项、项目委托、项目启动、报告编制、评审验收和成果应用六个阶段。在不同阶段，两大责任主体的工作内容围绕具体实施要求有所差异。

各阶段项目单位工作内容主要包括项目计划申报、下达年度计划、委托咨询机构、配合编制报告、验收评价报告、反馈评价意见和成果推广运用等，具体见图1-3-1。

各阶段咨询单位工作内容主要包括接受后评价委托任务、成立后评价项目组和制订工作计划、编制收资清单、召开启动会和收集资料、现场调研和座谈、编制报告和报告评审验收等环节，具体见图1-3-2。

各阶段项目单位与咨询单位的工作虽有差异，但形成交互与互动，见图1-3-3。

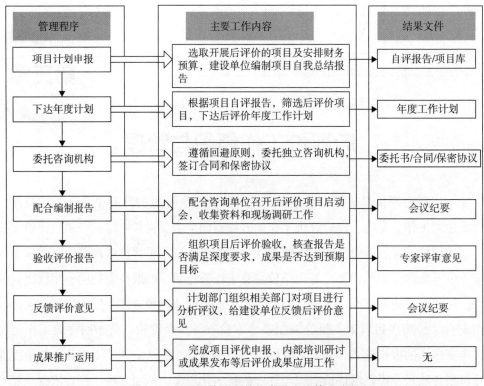

图1-3-1 后评价项目单位常见组织管理流程

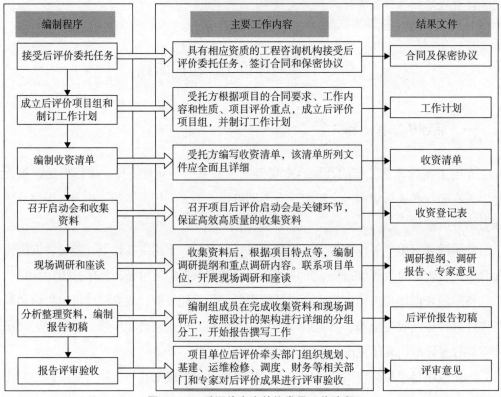

图1-3-2 后评价咨询单位常见工作流程

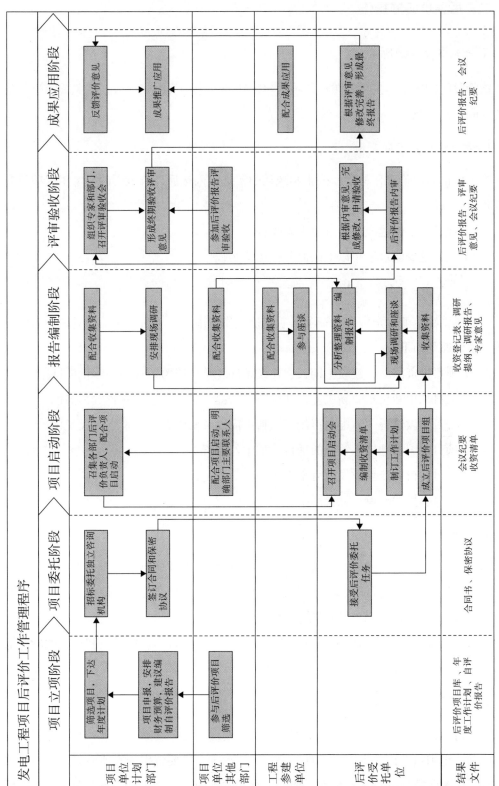

图1-3-3　后评价工作流程图

二、后评价实施操作

（一）项目立项阶段

该阶段的责任主体是项目单位，项目单位按照国家、发电集团公司相关规定进行项目的选取，并立项。

1. 后评价项目选取范围

为了保证后评价工作科学、公正和顺利的实施，入选后评价范围的发电工程项目应该具备如下条件：

（1）项目已全部建成并通过竣工验收；

（2）项目至少通过半年以上的商业化运营实践。

2. 后评价项目选取原则

根据《中央企业固定资产投资项目后评价工作指南》，项目单位筛选具体的后评价工程，主要原则如下：

（1）项目投资巨大，建设工期长、建设条件复杂，或跨行业的一体化项目；

（2）项目采用新技术、新工艺、新设备，对提升企业竞争力有较大影响；

（3）项目建设过程中，电力市场、燃料供应以及融资条件等发生重大变化；

（4）项目组织管理体系复杂的项目（如中外合资）；

（5）项目对行业或企业发展有重大影响；

（6）项目引发的环境、社会影响较大。

3. 开展自评工作

为突出工程特点和存在的问题，项目建设单位可以先开展自评工作，编制《项目自我总结评价报告》，报告框架参考《项目后评价报告》的格式并适当简化。该项工作非项目后评价工作的必需环节，项目单位可选择开展。

项目单位投资计划部门根据各所属单位提交的自评报告内容的重点和存在的问题筛选后评价项目，并下达后评价年度工作计划。

4. 经费安排及取费标准

后评价所需经费在相应的工程中列支或列入建设单位年度财务预算，专款专用。

目前，电力行业内火力发电工程后评价费用确定，主要依据国家能源局发布的相关火力发电工程预算标准与计算标准，按工程类别的不同，有所区别；新能源发电工程后评价费用由发电集团公司与分公司、子公司根据项目具体情况确定。

国家能源局《火力发电工程建设预算编制与计算规定》（2013年版）中，发电工程后评价费在其他费用/项目建设技术服务费中列支，计算公式为

$$项目后评价费=取费基数 \times 费率$$

发电工程项目后评价费费率见表1-3-1。

表1-3-1　发电工程项目后评价费费率

工程类别	取费基数	容量等级及费率	
		300MW及以下	600MW及以上
发电	建筑工程费+安装工程费	0.15%	0.11%

目前的后评价费用确定方式无下限相关标准，导致部分后评价项目根据定额取费方式测算出来的后评价项目费用低于咨询单位后评价工作开展成本费用，后评价工作要搭建与项目单位各职能部门、工程参建单位之间的沟通管理平台，协调工作量大，收资工作量大，深度要求高，过低的后评价项目费用将影响后评价收资的全面性，影响后评价报告评价深度，从而无法准确达到后评价立项初衷。

（二）项目委托阶段

该阶段的责任主体是项目单位，项目单位通过公开招标等方式选择独立咨询机构开展后评价工作，并签订委托合同。

1. 选择咨询机构

后评价报告编制工作应委托有资质的独立咨询机构承担。选择咨询机构应遵循回避原则，即凡是承担项目可行性研究报告编制、评估、设计、监理、项目管理、工程建设等业务的机构不宜从事该项目的后评价工作。

2. 签订委托合同

在确定后评价咨询机构后，双方签订后评价合同及保密协议。

合同中应该约定的内容（应包括但不限于）：后评价的内容和深度要求、资料的提供及协作事项、咨询团队的人员构成、合同履行期限、研究成果的提交和验收等内容。

保密协议中应该约定的内容（应包括但不限于）：保密信息及范围、双方权利及义务、违约责任、保密期限和争议解决等。

（三）项目启动阶段

该阶段的责任主体是咨询单位和项目单位。咨询单位接受项目单位后评价委托后，应根据项目的合同要求、工作内容和性质、项目评价重点等，充分考虑满足项目单位的质量和进度要求，成立后评价项目组，并制订详细的工作计划和收资清单，督促项目单位召开启动会。项目单位在启动会上明确各相关部门联系人，厘清收资清单的科学性和可行性。

1. 成立后评价项目组

咨询单位首先要确定一名项目负责人或项目经理，然后组建后评价项目组。项目组组建可采用图1-3-4所示组织结构。

编制组成员要尽可能涵盖项目实施中所有专业，包括规划、电气、热机（火电）、结构、水工、技术经济和环保等。专家组成员构成应分为内部专家及外聘专家，且不应是参与过此项目前评估或项目实施工作的人员，涵盖系统规划专业、设计、质检、运检、环保等相关专业方面的专家。内部专家即为咨询单位内部的专家，他们熟悉项目后评价过程和程序，了解后评价的目的和任务，便于项目后评价工作的顺利实施；外聘专家即为咨询单位机构以外的独立咨询专家，他们具有丰富的特长及经验，可弥补咨询单位内部专业人员的不足。

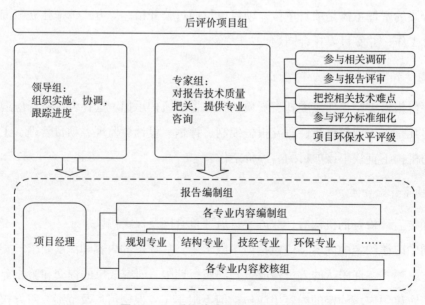

图1-3-4 后评价项目组组织结构图

2. 制订工作计划

项目经理根据合同要求，主要是进度和成果要求，制订工作计划，并经项目组评审，以明确分工、落实责任。工作计划内容包括项目计划进度、项目组成员分工、工作重点、质量目标、研究路线和方法。评审内容包括工作计划是否充分、技术路线是否可行、研究方法是否合理、研究内容是否完整。工作计划是后评价工作的龙头，编制要尽可能详尽，明确每一步工作计划的相关要求，以指导项目启动、现场调研、收集资料、编写报告和项目验收等工作。

3. 编制收资清单

编制组成员根据工作计划分工以及原已完成类似项目或以往同一项目单位的资料收集经验，编写收资清单。收资清单应说明拟收集资料的文件内容、提资部门和重要程度等，且清单中所列文件应全面且详细。收资清单格式可参考表1-3-2。

表1-3-2　收资清单参考格式

序号	文件	提资部门（参考）	备注
1	项目可行性研究报告	投资计划相关部门	必须提供
2	规划总结报告	投资计划相关部门	如有请提供
…	……	……	……

项目经理根据各编制成员所列收资清单，修改补充完善，避免清单所列文件遗漏和重复，形成最终"××项目后评价收资清单"。

4. 召开启动会

项目后评价最重要的基础工作为收集资料。收集资料能否顺利开展，决定了咨询单位能否按进度保质保量地完成后评价报告。为高效率地收集资料，召开项目后评价启动会是关键环节。

一方面，通过召开启动会，项目单位后评价工作牵头部门可以召集各部门后评价具体负责人，明确主要联系人，便于针对收资工作责任到人；另一方面，咨询单位可以通过启动会，和项目单位各部门建立联系，方便在后评价工作中沟通；第三，通过启动会，项目单位和咨询单位可以逐项落实收资清单文件和提资部门，同时确认提资的完成时间。

（四）报告编制阶段

该阶段的责任主体是咨询单位和项目单位。咨询单位开展资料收集、现场调研和座谈，编制后评价报告。项目单位各相关部门在报告编制阶段积极配合收资和调研，共同开展资料甄别及释疑工作。

1. 资料收集

咨询单位编制组成员按照工作计划的要求开展有关信息、数据、资料的收集和整理等工作，填写收资登记表，具体格式见表1-3-3。

表1-3-3　收资登记表

序号	资料编号	资料名称	提交时间	提交部门	提交人	接收人	是否需归还	资料形式
1								
2								
…	……	……	……	……	……	……	……	……

后评价编制组资料收集完成后，应对各种资料进行分类、整理和归并，去粗取精，去伪存真，总结升华，使资料具有合理性、准确性、完整性和可比性。同时，项目组需对资料进行全面认真分析，研究针对该项目的特点，根据项目单位委托要求和后评价工作的需要，项目经理组织专家组和编制组充分讨论，编制下一步现场调研的调研提纲和重点调研内容。

2. 现场调研和座谈

咨询单位后评价项目经理需提前和项目单位后评价牵头部门负责人沟通现场调研时间，双方敲定调研具体时间后，咨询单位开具后评价调研函，主要内容应包括调研日程安排、参建单位代表、项目单位相关部门代表、专家组人员名单、后评价调研提纲和重点调研内容、查阅的主要资料和核准的主要数据等。调研函应提前几周时间出具，以便项目单位有充分的时间准备现场调研材料和安排现场调研，保证现场调研工作质量和效率。

（1）现场调研。根据后评价调研计划，开展现场调研工作。首先，调研组参观发电项目现场，听取项目运行单位和建设单位的总体汇报。然后，调研组分专业深入调研，查阅相关资料，对有疑问的数据进行核准；根据调研提纲，对前期收资过程中发现的问题与运行单位和建设单位进行讨论，在讨论过程中，调研组应安排专人做好会议纪要。对现场调研中难以解决和需要核准的数据，要进一步落实提供准确资料和数据的负责人、联系人和提交完善后的资料、数据的期限，保证在后评价报告编制过程中发现的问题能及时有效地沟通。

（2）座谈。调研组可通过召开现场座谈会的方式，收集真实、完整的项目资料、数据和信息，通过与项目单位相关部门代表和参建单位代表（包括设计单位、监理单位、施工单位、物资采购单位和调试单位）座谈，了解项目在决策、施工和验收等各个阶段的特殊点，以及需在项目评价过程中重点关注的内容。调研组通过现场座谈了解的一手信息，可以再进一步查看现场和查阅档案资料，就相关问题进行充分讨论，达成共识。

现场调研结束后，专家组成员根据调研大纲和重点调研建议，编制调研报告，作为后评价报告编写的重要依据，指导下一步编制组的报告编写工作。

3. 配合收资和调研

在报告编制过程中，项目单位配合咨询单位完成收资工作和调研。具体各部门配合情况如下：

（1）投资计划部门：投资计划部门是投资项目后评价工作实施的主体和负责部门，主要负责管理和协调发电公司下属各投资单位及所属投资项目后评价工作的组织实施、落实安排相关机构与人员和投资项目后评价报告的审核。

（2）建设部门：建设部门主要负责提供所辖工程项目的工程设计资料和竣工验收资料，其中竣工验收资料包含项目建设进度、安全、质量、技术、造价管理等内容。

（3）生产部门：生产部门主要负责提出项目生产运行和主要经济技术指标的评价意见。

（4）财务部门：财务部门主要负责提供资金支付情况报告或项目竣工决算报告等相关资料，负责审查经济效益分析报告，负责调整产权单位的年度考核指标。

（5）审计部门：审计部主要负责提供项目决算审计结算报告相关资料。

（6）营销部门：营销部门主要负责销售管理和市场需求变化评价资料的提供。

（7）其他部门：其他各相关管理部门、各所属单位等根据实际需要参与投资项目后评价。

4. 编制报告

咨询单位编制组成员在完成收集资料和现场调研后，按照设计的架构进行详细的分组分工，并开始报告撰写工作。项目组成员需深入挖掘资料内容，力争能够全面、真实、深刻地反映项目投资决策，发现问题，查找原因，寻求对策，做好各项分析研究工作。针对评价项目的实施情况，运用前后对比法、有无对比法和逻辑框架法等后评价方法，通过对照项目立项时所确定的直接目标和宏观目标，以及其他指标，对比项目周期内实施项目的结果及其带来的影响与无项目时可能发生的情况，找出偏差和变化，以度量项目的真实效益、影响和作用，对项目的决策、实施、运行、目标实现程度及项目的可持续性等进行客观评价，总结经验教训，针对项目存在的问题，提出切实可行的建议。

在报告撰写过程中，项目经理需根据工作进度要求及质量要求等，跟踪项目进展情况，及时组织协调专家组解决在报告撰写过程中遇到的问题及困难等。

（五）评审验收阶段

该阶段的责任主体是咨询单位和项目单位。咨询单位提出验收申请，出具评价报告。项目单位组织开展评价工作。

后评价项目的验收主要是对已完成的后评价项目进行审查，核查后评价报告中是否涵盖规定范围内的各项工作或活动，应交付的后评价成果是否达到了预期的目标。在后评价报告编写完成后，咨询单位应向项目单位牵头部门申请后评价验收，汇报后评价报告的主要成果。项目单位计划部门组织规划、建设、运行、财务和审计等相关部门和专家对后评价成果进行评审验收，对报告内容是否满足项目单位主管部门后评价编制大纲深度要求、后评价结论的全面性、存在问题的客观性以及对策建议的可操作性等进行评审，对评价数据结论的准确性、依据的可靠性、分析对比指标的合理性等进行讨论，提出评审验收意见。

1. 验收专家组要求

验收专家组成员至少5名，人数为单数。项目承担单位可推荐验收专家1~3人，也可提交不宜参加验收的专家名单（需注明原因）。原则上，课题组成员所在单位人员及课题顾问不能作为验收专家组成员。验收专家须具有高级职称，行政部门领导限1人。

2. 验收依据

验收专家组根据国家发展改革委、国资委和各发电集团公司相关后评价管理规定、"任务合同书"对后评价报告进行验收，主要评估研究后评价工作是否客观、公正，是否达到"任务合同书"中的要求以及各项规定中对评价深度的要求，并由验收组长确定验收意见。

3. 验收结论

验收结论主要分为通过验收、重新审议、不通过验收三种。

（1）通过验收。按规定日期完成任务、达到合同规定的要求、经费使用合理，视为通过验收。

（2）重新审议。由于提供文件资料不详难以判断，或目标任务完成不足，但原因难以确定等导致验收结论争议较大的，视为需要重新审议。

（3）不通过验收。凡具有下列情况之一的按不通过验收处理：未达到项目规定的主要技术、经济指标；所提供的验收文件资料不真实。

4. 经费支付

后评价报告通过验收后，项目单位根据合同相关条款完成咨询单位经费支付。

5. 成果移交

咨询单位根据评审意见完成报告修改后，将最终报告及验收相关材料一并报送项目单位计划部门。

（六）成果应用阶段

该阶段的责任主体是咨询单位和项目单位。项目单位开展成果应用活动，咨询单位予以充分配合。

项目单位投资计划部门组织相关部门对项目进行分析、评议，剖析问题，总结被评价发电项目的经验和教训，提出针对完善和改进类似发电工程的实施建议和意见，给建设单位反馈后评价意见，同时应将后评价意见及时反馈到决策相关部门。项目决策单位和参建单位积极推广被评价项目的项目经验和教训，保证发现的问题在后续工程建设中避免，成功的经验得到借鉴和应用。

第二节　后评价工作方式及成果主要形式

一、后评价工作方式

后评价工作的主要目的是总结经验教训，为将来的工程建设提供管理建议，后评价工作方式分为自我后评价和中介机构独立后评价两种方式。

1. 项目自我后评价

根据GB/T 50326—2006《建设工程项目管理规范》的要求，项目管理结束后需要编制项目管理总结。项目自我评价是指在建设项目投产后，项目建设单位组织企业内部管理和技术人员对项目建设全过程开展的自我总结评价，项目自我总结后评价报告应在项目投产后一年内完成。区别于建设项目总结报告，项目自我评价报告是由建设单位总结分析项目建设，在过程管理、技术先进性、效果和效益以及可持续性基础上对项目进行全面总结，目的是发现建设过程中存在的问题和原因，总结管理经验；而项目总结报告是由项目承担单位完成的，根据合同要求总包单位、项目管理公司、施工单位、设计单位和监理单位分别完成各自编制合同承担部分的总结报告。

2. 中介机构独立后评价

一般意义的后评价是指第三方中介机构完成的项目后评价。委托独立中介机构组织开展的第三方评价，为保证项目后评价的客观、公正和科学性，项目独立后评价应委托第三方独立咨询机构，第三方是指处于第一方（被评对象）和第二方［顾客（服务对象）］之外的一方，由于"第三方"与"第一方""第二方"都既不具有任何行政隶属关系，也不具有任何利益关系，所以一般也会被称为"独立第三方"。建设项目后评价咨询企业未参加项目建设工作，包括前期咨询、勘察设计、施工以及监理等项目建设过程，而且与项目参与单位无直接或间接隶属关系以及参股控股等形式的资本关系。

二、后评价成果形式

项目后评价的成果形式从评价范围来分，包括后评价报告、专项评价报告、年度报告，从工作综合复杂程度来分，包括后评价意见、简报和通报。

（一）按评价范围分

1. 后评价报告

项目后评价报告是评价结果的汇总，是反馈经验教训的重要文件。后评价报告必须反映真实情况，报告的文字要准确、简练，尽可能不用过分生疏的专业词汇。报告内容的结论、建议要和问题分析相对应，并把评价结果与未来规划以及政策的制订、修改相联系。

发电工程后评价报告的基本内容主要包括摘要、项目概况、评价内容、主要变化和问题、原因分析、经验教训、结论和建议、基础数据和评价方法说明等。

2. 专项评价报告

根据项目建设实际情况，对于项目建设中问题多发环节或成果显著过程进行专项评价，目的是发现问题、总结经验。专项后评价可以将某一项目的某一建设环节作为评价对象，也可以对建设单位在某一时间范围内竣工投产的相同或类似项目的同一建设环节进行专项后评价。专项后评价可以包括投资控制专项后评价报告、项目技术水平（进步）后评价报告、项目安全管理后评价报告、项目建设质量控制后评价报告、项目经济效益后评价报告、项目环境影响后评价报告、项目可持续水平后评价报告。

（二）按工作综合复杂程度分

为了更好地发挥项目后评价的作用，在公司（集团）范围内可以通过简报、通报或年度报告的形式进行推广。

1. 简报

简报是用于公司（组织）内部传递情况或沟通信息的简述报告。简报主要为反映工作情况和问题，及时对后评价中的重要问题在公司范围内通过公司内部会议的形式或者内部网络平台进行发布。后评价简报可以是连续性的，也可以对后评价范围内的某一问题在公司（集团）某一范围作为简报传达。

编写简报要针对重点和亮点，简明扼要地据实反映问题。简报还应注重实效，它是单位领导对一些问题做出决策的参考依据之一，也是单位推动工作的一个重要手段。

2. 通报

通报是上级把有关事项告知下级的公文。通报从性质来分包括表扬通报、批评通报和情况通报，通报兼有告知和教育属性，有较强的目的性。奖励和批评通报中一般会有嘉奖和惩处决定，情况报告中除情况说明外，会提出希望和要求。后评价工作情况可以通过通报的形式传达给相关部门，目的是交流经验，吸取教训，推动工作的进一步开展。

第三节　后评价成果应用方式

后评价通过对项目建设全过程的回顾，总结经验教训，改进项目管理水平和提高投资效益，最终目的是提高投资管理科学化水平，打造企业核心竞争力。后评价工作完成后，为更好地发挥其应有的作用，通过召开成果反馈讨论会、内部培训和研讨，以及建立后评价动态数据共享平台库等形式，进一步推广项目管理经验。

1. 成果反馈讨论会

通过项目后评价报告和后评价意见，有针对性地总结经验、发现问题和提出建议，从而改进了项目管理，完善了规章制度。通过后评价成果反馈讨论会，可以在更高的层次上总结经验教训，集中反映问题和提出建议，为完善项目决策提供了重要的参考依据；通过多层次、多形式的研究成果与信息反馈，将项目后评价成果与项目决策、规划设计、建设实施、运行管理等环节有效地联系起来，实现了投资项目的闭环管理，提高了后评价工作的实效性。

后评价的评价范围涉及项目建设全过程和项目所有参加单位，成果反馈讨论会的参加人员可以有两种参与形式：一种要求项目参加单位全部参加，针对建设单位、各参与单位存在的问题集中讨论，有利于深度剖析建设问题的原因，有利于发承包双方的责任厘清和工作水平的提高；另一种讨论会是建设单位内部相关部门参加的讨论会，一般包括项目一线主要专业负责人、项目建设管理各相关部门负责人以及主管领导，对于发电建设项目，要求建设单位基建部、物资部、财务部等项目建设相关部门参加，必要时邀请公司内部专家或外聘行业专家到会。

成果反馈讨论会的重点是：针对后评价报告中提出的经验和问题，进一步分析原因，在公司和行业范围内推广先进经验，提高管理水平。

成果反馈讨论会可以针对某一项目，也可以根据实际情况对项目组或项目群进行集中讨论，项目后评价讨论会由建设单位组织召开。建设单位在会前应做好会议计划和议题准备。

2. 内部培训和研讨

企业内部培训是根据其自身的特点和发展状况而"量身定制"的专门培训，旨在使受训人员的知识、技能、工作方法、工作态度以及工作价值观得到改善和提高，从而发挥出最大的潜力，提高个人和组织的业绩，推动组织和个人的不断进步，实现组织和个人的双重发展。后评价是项目建设的重要环节，投资项目后评价的功能和作用主要围绕总结项目经验教训，以供后续同类项目借鉴、提升投资项目决策管理水平为主，所以宏观的投资决策、发展战略、政策措施建议为辅。通过内部培训和研讨，更好地理解后评价的理论方法和实务方法，促进项目投资决策和管理水平的不断提升。

后评价内部培训应以企业内部中高层管理人员为主要培训对象，课程内容、教学方式均可以采用多种灵活方式。授课老师可以选择公司内部或行业咨询专家，教育方式可以采用讲授和讨论相结合的方式，授课内容在讲授后评价理论方法的同时，重点研讨发电工程后评价实务。

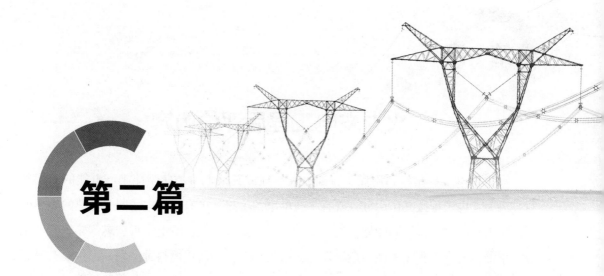

第二篇

火力发电工程后评价

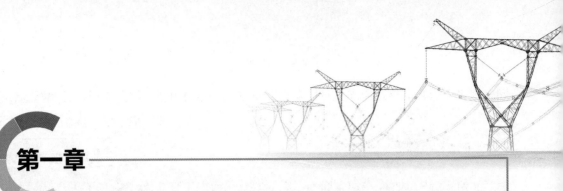

第一章

火力发电工程后评价内容

火力发电工程是指利用煤、石油、天然气或其他燃料的化学能生产电能的工程项目。火力发电工程按其作用分，既有单纯供电的工程，也有在发电的同时供热的（热电联产）工程两类。按不同的原动机类型划分，主要有汽轮机发电工程、燃气轮机发电工程、柴油机发电工程（其他内燃机发电容量很小）；按所用燃料种类划分，主要有燃煤发电工程、燃油发电工程、燃气（天然气）发电工程、垃圾发电工程、沼气发电工程以及利用工业锅炉余热的发电工程等；根据其在生产运行中发挥的作用，又可以分为公共网络火力发电工程、高耗能工业自备火力发电工程。对火力发电工程开展后评价，有其相对固定的评价内容，主要包括项目概况、项目实施过程评价、项目实施效果评价、项目运营效益评价、项目环境效益评价、项目社会效益评价、项目可持续性评价、项目后评价结论、对策建议。相关参考指标集、收资清单和报告大纲见附录1~附录3。但同时，应根据工程的立项目的，在后评价中有所侧重，体现不同类型、不同性质工程的项目特点。需要指出的是，本书中火力发电工程后评价的内容介绍，主要是以单机容量300MW及以上的火力发电工程为主，小型火电工程、垃圾发电工程、沼气发电工程等其他单项火力发电工程后评价可参照使用。

第一节　项目概况

一、评价目的

项目概况介绍，主要是对单项火力发电工程的基本情况做简要的说明及分析，以便于后评价报告使用者能够迅速了解到项目的整体情况，掌握项目的基本要点。

二、评价内容与要点

项目概况的主要内容包括：项目情况简述、项目建设必要性、项目建设里程碑、项目总投资、项目运行效益现状。

1. 项目情况简述

简述项目名称及建设地点，建设规模及电厂容量，项目业主及项目投资方，项目性质，主要参加建设的单位，批准的生产能力和建设规模，项目的主要技术特点和主要系统及设备情况。

2. 项目建设必要性

从宏观角度、微观角度和经济角度简述项目建设的必要性。宏观角度阐述项目建设对国家产业发展及先进技术应用产生的影响，微观角度阐述项目建设对项目所在区域的经济发展、电力供应形势和对当地电网运行质量的相关影响，经济角度主要从电力输送、燃料供给、建设用地等方面阐述项目建设的必要性。

3. 项目建设里程碑

项目建设里程碑主要介绍内容包括：项目取得开展前期工作的函的时间、项目启动前期工作时间、完成可行性研究时间、可行性研究获得批复、项目取得核准（或备案）时间，初步设计批复时间，开工时间，整体竣工投产时间，项目整体建设工期等。

4. 项目总投资

项目总投资主要介绍内容包括：项目可行性研究批复/核准（或备案）的工程静态总投资及动态总投资、初步设计批复的工程概算（静态总投资、单位投资、含建设期贷款利息及价差预备费的动态投资及单位投资、铺底生产流动资金、工程计划总资金等）、竣工决（结）算投资等。

5. 项目运行效益现状

项目运行效益现状主要介绍内容包括：项目投产运行后的机组供电煤耗、厂用电率、节能减排效果、安全生产总体情况等。

第二节　项目实施过程评价

一、项目可研及前期决策评价

（一）评价目的

火力发电工程建设项目投资巨大，决策的失误将造成重大的损失，因此，科学决策的重要性不言而喻。前期决策评价的主要目的是通过对比项目规划与可行性研究报告、可行性研究报告与初设批复，重点对项目建设投资、建设规模的一致性科学性、合理性进行评价。通过梳理项目可研阶段以及决策程序，评价可研及前期决策流程的合规性。

（二）评价内容与要点

项目前期决策评价主要是对项目可研到核准阶段的工作总结与评价。评价涵盖工程的可行性研究与项目核准两个阶段，评价内容主要包括：可行性研究评价、可行性研究报告评估或评审评价、决策程序评价、核准或批准评价等。

1. 可研阶段评价

可研阶段评价主要梳理可研阶段重要节点相关文件的审批流程及合规性文件，对比找出各类主要参数的变化情况，并分析变化的原因。评价可行性研究报告质量深度、项目评审意见的客观性和决策的科学性。

（1）项目可研编制评价。按照项目管理流程，项目可研编制评价主要是根据相关规程和规定，评价项目可研程序的合理性和可研报告的科学性（见表2-1-1）：

1）对项目可研阶段时的建厂的外部条件和建设项目的依据进行评价。

2）简要叙述项目初可工作过程和情况，并介绍初可的主要结论。分析厂址选择、厂区地域地址情况、总平面布置和场地标高、燃料供给、机组初步选型、电厂接入系统等环节工作内容是否全面、是否符合规定要求。

3）分析评价前期可研阶段确定的各项工作的周期、进度是否科学合理，可研方案是否符合相关规定。

表2-1-1 项目可研阶段程序表

序号	项目	完成时间	文号	部门/单位
1	对选定厂址进行初步可行性研究工作			
2	可行性研究报告编制			
3	可行性研究报告的审查意见			

（2）可行性研究报告审查及内容评价：

1）可行性研究报告审查评价主要需要说明可行性研究报告的评估单位资质；简述可行性研究报告主要评审意见；对项目建设的必要性、技术方案和技术经济等部分是否提出了相应意见和建议，并评价其合理性：①核实说明可行性研究报告的评估单位的资质是否符合要求；②简述可行性研究报告评审意见主要结论，调查可行性研究报告评审意见提出的问题和建议的落实情况；③对可行性研究报告评审意见进行综合分析，评价其科学性、客观性及公正性。

2）可行性研究报告内容评价主要包括编制单位资质及基础资料评价、可行性研究内容深度评价、可行性研究合理性评价。

a. 编制单位资质及基础资料评价。评价火电工程可行性研究报告编制单位的资质是否符合要求，基础资料是否充分。查阅项目可行性研究报告编制单位资质，评价其是否符合相关要求；查阅建设单位委托书内容是否完整，对可行性研究报告编制工作范围的界定是否明确；查阅项目可行性研究报告采用的基础资料是否真实可靠，是否满足可行性研究工作需要。

b. 可行性研究报告内容深度评价。评价火电工程项目可行性研究报告内容深度是否符合行业、发电公司规定要求。简要叙述可行性研究工作过程和情况；简要叙述可行性研究报告包括的主要内容，分析其是否符合行业、发电公司规定要求。

c. 可行性研究合理性评价。将可行性研究建设规模及主要技术方案与初步设计批复进行对比（见表2-1-2），包括建设规模、接入系统、机组主要工艺参数、厂区总平面布置、项目投资，说明变化原因，评价项目可行性研究合理性。

表2-1-2　项目可行性研究一致率指标统计表

项目		可研	初步设计	差异情况
建设规模				
接入系统				
机组主要工艺参数	主蒸汽压力（MPa）			
	主蒸汽温度（℃）			
	再热蒸汽温度（℃）			
厂区总平面布置				
项目投资	静态总投资（万元）			
	动态总投资（万元）			
	单位造价（元/kW）（静态）			

2. 核准或批准评价

评价项目核准或批准申请是否符合相关规定；核准或批准主要意见及其落实情况。

（1）评价项目核准或批准申请需要提交的相关材料（见表2-1-3）是否齐全，核准或批准程序是否符合国家或地方政府投资主管部门相关的规定。

表2-1-3 项目核准申请支持性文件落实情况一览表

序号	相关支持性文件*	实际执行情况
1	核准申请报告	
2	城市规划行政主管部门出具的城市规划意见	
3	国土资源行政主管部门出具的项目用地预审意见	
4	环境保护行政主管部门出具的环境效益评价文件的审批意见	
5	根据有关法律法规应提交的其他文件	

* 按《企业投资项目核准暂行办法》（发改委第19号令）的规定执行。

（2）简述项目核准或批准主要意见，评价项目核准或批准意见落实情况。

3. 内部决策评价

项目的内部决策评价主要包括对项目投资方的立项批复内容、投资方对于项目建设的后续要求以及内部决策期间确立的相关项目实施边界条件等重点内容进行评价，重点评价内部决策的相关依据是否充分、内部决策的程序的客观性与内部决策形成结论的合理性及其对于后续项目实施工作的指导意义。

4. 前期决策评价结论

根据以上各项评价，对项目前期决策进行概括性汇总，得出综合评价结论，评价项目是否符合国家宏观经济政策和企业投资战略，项目报批手续是否齐全，是否符合国家基本建设管理程序规定，项目立项、可研环节与内部决策的工作效果，重点突出决策依据是否充分、决策程序是否合理、决策是否科学。

（三）评价依据（见表2-1-4）

表2-1-4 项目前期决策评价依据

序号	评价内容	评价依据	
		国家、行业、企业相关规定	项目基础资料
1	可行性研究评价	（1）火力发电厂初步可行性研究报告内容深度规定（DL/T 5374—2008）； （2）各发电企业输变电工程可行性研究内容深度规定	（1）可行性研究报告及其批复； （2）可研编制单位资质证书； （3）可研编制委托书； （4）初步设计及其批复

续表

序号	评价内容	评价依据	
		国家、行业、企业相关规定	项目基础资料
2	项目评估或评审评价	（1）火力发电厂初步可行性研究报告内容深度规定（DL/T 5374—2008）； （2）各发电企业输变电工程可行性研究内容深度规定	（1）可行性研究报告评审意见； （2）可研评审单位资质证书； （3）设计文件
3	项目决策程序评价	（1）企业投资项目基本建设流程； （2）各发电企业火电工程前期工作管理办法	（1）项目选址报告； （2）项目选址批复； （3）可行性研究报告； （4）可行性研究报告评审意见； （5）可研核准报告
4	项目核准或批准评价	（1）企业投资项目核准暂行办法（发改委第19号令）； （2）国务院关于取消和下放一批行政审批项目等事项的决定（国发〔2013〕19号）； （3）地方政府投资主管部门有关火电工程项目核准办法； （4）各发电企业火电工程前期工作管理办法	（1）省发改委同意项目开展前期工作的批复意见； （2）环境保护行政主管部门的项目环境影响评价文件审批意见； （3）城乡规划部门的项目选址选线意见； （4）国土资源行政主管部门的项目用地预审意见； （5）水利行政主管部门项目水土保持方案审批意见； （6）可行性研究报告评审意见； （7）设计、招标、施工等项目实施过程资料

注 相关评价依据应根据国家、企业相关规定动态更新。

二、勘测设计评价

（一）评价目的

工程勘察设计是项目后续顺利开工建设必要的先导性工作，对项目实施准备工作评价，主要目的是通过勘察设计的质量、技术水平和服务进行分析，评价勘察设计工作是否满足项目建设及施工需要。

（二）评价内容与要点

项目勘察设计评价主要包括对勘察设计质量、技术水平和服务进行分析评价。在进行项目勘察设计评价时还应进行两方面的对比：一是该阶段项目内容与前期立项时所发生的变化，二是项目实际实现结果与勘测设计时变化和差别，分析变化的原因，分析的重点是项目建设内容、投资概算、设计变更等。

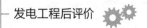
1. 勘察设计单位评价

评价勘察设计单位的选定方式和程序以及其能力、资信、设计单位组织管理等情况是否符合有关要求。

2. 勘查工作评价

对项目勘察工作质量进行评价,结合工程实际分析工程测绘和勘测深度及资料对工程设计和建设的满足程度和原因。

3. 初步设计评价

项目初步设计评价主要包括设计工作评价、主要设计指标评价、初步设计评审与批复情况评价。

(1)设计工作评价。介绍初步设计工作的概况及特点,包括项目的工程地质和水文条件等。总结初步设计的主要方案、设计指导思想、方案比选情况、设计优化情况等,评价初步设计文件的内容深度是否符合相关规定,并对初步设计的特点进行评价。

统计初步设计评审与批复过程中获取的主要文件以及时间节点,评价审批流程是否符合相关规定。

(2)主要设计指标评价。将初步设计规模及主要技术方案与可研阶段、核准意见中的相关内容进行对比,包括工程规模、主要技术方案及工程投资等,评价这些内容在初步设计方案中的落实程度,对于主要设计原则或设计边界条件发生较大偏差的设计方案,应分析差异变化,说明变化原因,评价项目初步设计合理性。

(3)初步设计评审与批复情况评价。简要叙述初步设计评审与批复情况,评价其是否符合国家、行业、发电企业相关管理规定,见表2-1-5。

表2-1-5 初步设计事件一览表

序号	文件(事件)名称	发文(生)时间	文号	部门/单位
1	可行性研究报告的审查意见			
2	初步设计预设计完成(如有)			
3	签订了三大主机设备合同			
4	召开三大主机第一次设计联络会			
5	召开相关专题报告评审会			
6	初步设计原则及主要辅机选型讨论			
7	召开初步设计审查会议			

4. 施工图设计评价

项目施工图设计评价主要包括施工图设计是否按初设原则及方案进行设计，施工图纸是否按计划交付，内容深度是否符合相关规定要求。评价施工图会审及设计交底是否满足施工进度的要求。统计设计变更基本情况并对主要原因及效果进行分析，评价设计变更程序是否符合相关规定。

（1）设计工作质量评价。设计工作质量评价主要包括设计依据和设计内容深度评价。

1）设计依据评价。检查项目是否依据国家相关的政策、法规和规章，电力行业设计技术标准和发电公司企业标准的规定，批准的初步设计文件、初步设计评审意见、设备订货资料等相关依据开展施工图设计。

2）施工图设计内容深度评价。简要叙述施工图设计文件包括的主要内容，分析其是否符合行业、发电公司规定内容深度要求。

（2）施工图交付进度评价。评价各单项工程施工图设计是否按计划进度完成；若有推迟设计进度的，应说明其原因。

（3）设计会审及交底情况评价。简要叙述施工图设计会审及设计交底开展情况，评价其是否符合国家、行业、发电企业相关管理规定。

（4）设计变更整体评价。评价设计变更主要原因及变更手续是否完备，可以按照表2-1-7中的内容进行统计评价：

1）查阅设计变更单，梳理设计变更内容，评价设计变更手续是否完备，变更程序是否规范。

2）统计变更类型及变更次数，分析不同变更类型的变更频次，可配合统计表绘制变更类型分布饼图。

3）统计设计变更原因及影响，可配合统计表绘制变更原因分布饼图。

（5）重大设计变更评价。评价重大设计变更原因及影响，可按照以下步骤进行：

1）重大设计变更进行抽查，见表2-1-6。

表2-1-6 重大设计变更分析表

序号	编号	变更原因	变更金额	变更日期	变更程序是否完备
1					
2					
...					

2）分析重大设计变更原因及其对施工费用的影响，见表2-1-7。

表2-1-7　设计变更分类表

专业名称	外部原因			内部原因								合计
				其他	设计差错							
	设计条件变更	设备材料变更	生产施工要求	外专业要求	违强制条文	设计不合理	数据差错	设计遗漏	碰撞	深度不够	图面差错	其他原因	
汽轮机													
锅炉													
运煤													
出灰													
暖通													
化水													
电气													
热控													
土建结构													
土建建筑													
水工布置													
水工结构													
各专业总计													

5. 设计工作总体评价

综合评价设计工作，包括总体技术水平，主要设计指标的先进性、安全性和实用性，新技术装备的采用，设计工作质量与设计服务质量等。重点评价设计工作中的亮点，即对设计创新情况、设计突破情况及设计优化情况进行总结和评价。

（三）评价依据

项目勘察设计评价依据见表2-1-8。

表2-1-8　项目勘察设计评价依据

序号	评价内容	评价依据	
		国家、行业、企业相关规定	项目基础资料
1	勘察工作评价	（1）火力发电厂岩土工程勘察规范（GB/T 51031—2014）； （2）电力工程水文地质勘测技术规程（DL/T 5034—2006）	（1）勘察设计委托书或者设计合同； （2）勘察设计单位资质证明； （3）项目勘察报告

续表

序号	评价内容	评价依据	
		国家、行业、企业相关规定	项目基础资料
2	初步设计评价	（1）火力发电厂初步设计内容深度规定（DL/T 5427—2009）； （2）火力发电工程初步设计概算编制导则（DL/T 5464—2013）； （3）各发电公司火电工程初步设计内容深度规定（如有）； （4）各发电公司火电工程初步设计评审管理办法	（1）初步设计委托书或者设计合同； （2）可行性研究报告及批复； （3）城乡规划、建设用地、水土保持、环境保护、防震减灾、地质灾害、压覆矿产、文物保护、消防和劳动安全卫生等批复； （4）初步设计单位资质证明； （5）初步设计文件； （6）初步设计评审会议纪要； （7）初步设计批复申请与批复文件； （8）批复初步设计概算书； （9）设计总结
3	施工图设计评价	（1）火力发电厂施工图设计文件内容深度规定（DL/T 5461—2013）； （2）火力发电工程施工图预算编制导则（DL/T 5465—2013）； （3）各发电公司火电工程施工图设计内容深度规定（如有）； （4）各发电公司输变电工程施工图设计内容深度规定	（1）施工图设计委托书或者设计合同； （2）施工图设计文件； （3）施工图设计会审及设计交底会议纪要； （4）施工图交付记录； （5）批复施工图设计预算书； （6）设计总结
4	项目设计变更评价	各发电公司设计变更管理办法	（1）设计变更单； （2）设计总结

注　相关评价依据应根据国家、企业相关规定动态更新。

三、施工建设评价

（一）评价目的

工程施工建设是项目能否顺利按照预期达标投产的关键时期。项目施工建设工作评价的主要目的是通过对照工程建设进度计划、质量要求、安全文明施工目标，评价工程完成进度目标的程度、质量控制情况、是否符合安全文明施工相关规程、规定的要求以及安全文明施工的结果。

（二）评价内容与要点

项目施工建设评价主要包括对施工单位的工程施工进程及对工程建设目标的控制情况做出评价，主要包括进度目标、质量目标及安全文明施工目标控制等。同时还应对项目施工建设水平、施工创新点、施工单位在施工全过程中的管理组织和管理成效进行评价。

1. 施工进度控制评价

总结工程实际开工时间、完工时间以及工期。与定额工期、计划开工时间、完工时间和计划工期进行对比，评价工程施工进度控制工作是否符合相关规定，工程建设进度目标是否完成。评价项目施工进度管理措施是否完善。对照原定的项目进度计划，分析项目进度的快慢及其原因，评价项目进度变化已经或可能对项目投资、整体目标和效益的作用和影响。

（1）施工阶段进度控制评价。项目施工阶段进度控制评价应根据项目实际进展和结果，详细梳理施工阶段各子工程进度控制情况，对比工程实际工期与计划工期的偏差程度，分析评价工程施工进度控制是否符合发电公司的规定要求，可以按照表2-1-9中内容进行统计评价：

1）查阅工程开工报告、竣工报告，对工程施工进度进行梳理。

2）根据进度计划完成率指标评价工程施工进度控制水平。

3）对于工期偏差较大的工程项目，详细分析工程工期偏差原因，对分部分项工程建设进度进行梳理，根据对应的分部分项工程，分析相互之间的影响关系。

（2）施工进度控制措施评价。梳理施工单位进度控制措施，评价进度控制措施实施效果：

1）查阅施工单位施工组织设计文件，梳理相关进度控制措施。

2）评价施工单位编制的组织措施、技术措施、管理措施是否得到有效执行，以及进度控制措施的实施效果。

表2-1-9　里程碑计划与完成情况

项目名称	里程碑计划	实际完成日期
主厂房挖土		
主厂房浇第一方混凝土（开工）		
主厂房出零米		
循环水管道土方开挖、支护		
循环水管道施工结束		
主厂房钢构开始吊装		
主厂房封闭完		
烟囱挖土		
烟囱结顶		

续表

项目名称	里程碑计划	实际完成日期
1号锅炉钢架吊装开始		
锅炉受热面吊装		
机组DCS受电		
循环水泵房交付安装		
化学出合格的除盐水		
汽轮机扣缸完		
机组厂用电受电		
锅炉水压试验完		
锅炉酸洗结束		
锅炉冲管及结束		
机组整组启动		
机组完成168h试运		
后续机组参照第一台机组节点		

2. 施工质量控制评价

统计项目的施工质量控制情况,总结工程质量记录以及质检站的质量评价报告,对施工质量做出总体评价,总结项目施工质量管理措施,评价施工质量控制措施是否完善。

(1)质量控制目标完成情况评价。评价工程质量控制实施效果,是否实现质量控制目标,可以按照表2-1-10中内容进行统计评价。

1)查阅项目各参建单位施工组织设计文件或工作方案,梳理质量控制目标。

2)查阅工程验收报告,对土建工程及安装工程的总体优良率和分部分项工程优良率进行梳理统计。

3)评价工程质量控制目标实现情况,分析出现偏差的原因。

表2-1-10　工程质量控制目标完成情况

序号	指标名称	土建工程		安装工程	
		计划数	完成数	计划数	完成数
1	工程优良率				
2	分部工程优良率				
3	分项工程优良率				

（2）质量保障措施评价。评价工程质量保障措施是否符合行业和发电公司相关要求。查阅项目各参建单位编制的施工组织设计报告或工作方案，梳理工程质量控制组织措施。评价工程质量保障体系是否完备，是否符合法律、法规，规程和规范的相关规定。

工程质量控制评价应根据国家有关工程建设质量标准，对照工程质检部门的数据和结论，同时结合项目实际运营情况进行分析。此外，要对工程质量问题对项目总体目标可能产生的作痛和影响进行研究，总结经验教训。

3. 安全文明施工评价

统计工程建设阶段发生的施工事故情况，对比安全文明施工控制目标和实际完成情况，评价安全文明施工目标实现程度。总结项目安全文明施工管理措施，评价安全文明施工控制措施是否完善。

评价工程安全管理体系管控效果，是否实现安全目标，应对安全目标实现情况的梳理。进而统计工程建设阶段人身死亡事故情况、机械设备损坏事故次数、火灾事故次数、负主要责任的交通事故次数、环境污染事故和重大跨（坍）塌事故次数或发电公司安全管理办法规定的其他事故次数。评价工程建设过程中的安全控制水平。

评价安全文明施工控制情况，还应包括项目施工过程是否符合电力建设安全工作规程、电力建设安全施工管理规定、电力生产事故调查规程等相关规程规定的要求，是否符合文明工作规程、文明施工管理等相关规程规定的要求，见表2-1-11。

表2-1-11　安全控制分析评价

序号	对比指标	人身伤亡事故			机械设备损坏事故	火灾事故	交通事故	环境污染事故和重大坍塌事故
		死亡	重伤	轻伤				
1	计划指标							
2	实际完成							

4. 项目施工建设综合评价

对项目施工建设水平、施工单位获奖情况等做出总体评价。重点评价施工创新情况以及施工单位采用何种有效的管理手段，制定各项制度以实现施工建设满足工程项目进度、质量和安全的要求。

（三）评价依据

项目施工建设评价依据见表2-1-12。

表2-1-12 项目施工建设评价依据

序号	评价内容	评价依据	
		国家、行业、企业相关规定	项目基础资料
1	工程建设进度评价	各发电公司火力发电工程进度计划管理办法	（1）工程里程碑进度计划或一级网络计划； （2）施工组织设计报告及工作方案； （3）工程开工报告、分部分项工程开工报审表； （4）施工总结； （5）监理总结； （6）竣工验收报告
2	工程质量控制评价	（1）国家和电力行业颁布的一系列与工程质量控制有关的规范和标准； （2）各发电公司工程质量管理办法； （3）建设工程质量管理条例（国务院令第279号）； （4）电力建设工程质量监督规定（暂行）（电建质监〔2005〕52号）	（1）参建单位（重点为施工单位）施工组织报告及工作方案； （2）竣工验收报告
3	工程安全控制评价	（1）各发电公司火力发电工程施工安全设施相关规定； （2）各发电公司电力建设安全健康环境评价管理办法； （3）电力建设工程施工安全监督管理办法（国家发改委令第28号）	（1）参建单位（重点为施工单位）施工组织报告及工作方案； （2）竣工验收报告

注 相关评价依据应根据国家、企业相关规定动态更新。

四、启动调试评价

（一）评价目的

启动调试是做好工程投运的生产准备，为工程的成功投运、安全运行打下坚实基础。针对项目启动调试过程中发现及消除的问题，分析问题产生的原因，追踪到与问题相关的工序，为机组的安全稳定运行提供可借鉴的操作工序和运行策略。

（二）评价内容与要点

启动调试工作是重点评价以下两个方面的内容：

（1）查阅火电工程项目启动调试工作是否按照既定流程进行；

（2）查阅火电工程项目启动调试和试运行报告，评价火电工程经过启动调试后，机组各主要工艺系统及主辅机设备性能是否已达到投运并移交生产的要求。

1.启动调试过程评价

评价范围包括设备分步试运、整套启动至机组168h满负荷运行后移交生产。评价是否按《火力发电厂基本建设工程启动及竣工验收规程》的规定，成立启动验收委员会和审定启动调试方案。

总结启动调试过程中出现的相关问题，评价启动调试中问题的消除情况，并分析问题产生的原因。

2.启动调试总体评价

对启动调试方案及调试结果做出总体评价，包括使用的燃油量、耗水量和耗电量及试运期的电价收入等（见表2-1-13）。评价启动调试单位在调试过程中采取的创新手法。评价启动调试单位的组织管理情况和相关保障措施的实施情况。

表2-1-13　168h试运指标

序号	指标名称	单位	X机组	Y机组
1	连续运行时间	h		
2	连续平均负荷率	%		
3	连续满负荷时间	h		
4	168h发电量	亿kW		
5	热工仪表、测点投入率	%		
6	热工主保护投入率	%		
7	热工自动投入率	%		
8	电气主保护投入率	%		
9	电气自动投入率	%		
10	发电机漏氢量	m^3/d		
11	168h满负荷试运启动次数	次		
12	首次冲转至完成168h满负荷	天		
13	调试期间总耗油量	t		
14	首次点火吹管至完成168h天数	天		

3. 评价依据（见表2-1-14）

表2-1-14　项目启动调试评价依据

评价内容	评价依据	
	国家、行业、企业相关规定	项目基础资料
启动调试评价	（1）火力发电厂基本建设工程启动及竣工验收规程（DL/T 5437—2009）； （2）火电工程调整试运质量检验及评定标准（DL/T 5295—2013）； （3）各发电公司火电工程启动调试验收规定（如有）	（1）分部试运与整套启动验收报告； （2）启动调试阶段的总结报告及施工单位的启动质量监督自查报告； （3）启动调试阶段的各项运行指标统计

注　相关评价依据应根据国家、企业相关规定动态更新。

五、项目监理评价

（一）评价目的

项目监理即监理单位受项目法人委托，依据法律、行政法规及有关的技术标准、设计文件和建筑工程合同，对承包单位在施工质量、建设工期和建设资金等方面，代表建设单位实施监督，是项目建设顺利实施的有力保障。评价监理工作的准备和执行情况，对于监理执行过程中产生问题的解决情况，监理工作是否注重实效，为工程排忧解难，避免工期拖后和重大质量或安全事故的发生。

（二）评价内容与要点

评价项目是否执行工程监理制以及监理单位在火电工程项目实施过程中是否按照合同要求履行职责。进行项目后评价时，重点评价四方面内容：

（1）查阅监理组织机构、责任制、管理程序、实施导则、质量控制等建立及落实情况。

（2）评价监理准备工作与监理工作执行情况，重点评价监理发生问题可能对项目总体目标产生的影响。

（3）评价监理工作效果，如"四控制"（安全、进度、质量、投资的控制）、"两管理"（合同、信息管理）、"一协调"执行情况，以及全过程监理工作情况。

（4）对监理工作水平做出总体评价，并对类似工程提出改进建议。

1. 前期准备及监理执行评价

论述监理组织机构、责任制、管理程序、实施导则、质量控制等建立及落实情况，评价监理准备工作与监理工作执行情况，重点评价监理对达成项目总体目标产生影响问题方面的控制能力和监理水平。

2．监理效果总体评价

评价监理工作效果，对监理工作做出总体评价。评价监理单位的组织管理情况和相关保障措施的实施情况，包括细化监理目标及监理规划的制订情况、监理工作成效方法措施采用情况、监理日志、监理月报、工程测量报验单和测量记录以及各种报审材料等监理资料是否完备并且完整归档、监理工作是否实现了前期制定的监理目标。

（三）评价依据（见表2-1-15）

表2-1-15　项目监理评价依据

评价内容	评价依据	
	国家、行业、企业相关规定	项目基础资料
工程监理评价	（1）工程建设监理规定（建监〔1995〕第737号文）； （2）建设工程监理规范（GB/T 50319—2013）； （3）各发电企业工程建设监理管理办法	（1）监理规划； （2）监理实施细则； （3）监理总结； （4）监理日记； （5）监理旁站记录

注　相关评价依据应根据国家、企业相关规定动态更新。

六、建设单位管理评价

（一）评价目的

项目建设实施阶段是项目财力、物力集中投入和消耗的阶段，对项目是否能发挥投资效益具有重要意义。建设单位管理评价的主要目的是通过对建设组织、采购招投标、合同执行、试运行、竣工阶段的管理工作以及投资控制情况进行回顾，考察管理措施是否合理有效，预期的控制目标是否达到。

（二）评价内容与要点

项目建设单位管理评价主要是指项目建设单位对工程实施的质量、进度、投资、安全管理的总结与评价。

通过对比项目实际建设情况与计划情况的一致性，以及建设各环节与规定标准的适配性，重点对开工、招标、合同、试运行、竣工验收以及投资几个重要评价点进行评价。评价内容主要包括：开工准备评价、采购招投标评价、合同执行评价、试运行管理评价、竣工验收评价、投资控制评价及建设单位管理总体评价。

1. 开工准备评价

依据《国家计委关于基本建设大中型项目开工条件规定》，逐项评判是否满足开工条件，对不满足条款的内容分析其具体原因。具体包括项目的土地使用情况和审批情况，土地许可证、规划许可证、开工许可证是否已办理，评价开工准备阶段主体施工及施工监理单位等是否已经招投标确定并签订合同，工程施工组织设计大纲审定、图纸会审和设计交底等工作是否已完成，项目是否具备连续施工条件，见表2-1-16。

表2-1-16 开工准备各项工作落实情况一览

序号	具体内容	落实情况
1	项目审批	
2	项目法人已经依法设立，项目组织管理机构和规章制度健全	
3	主机、辅机招标	
4	初步设计及总概算已经批复	
5	主体施工单位已经招标选定，合同已签订	
6	施工监理单位已确定，监理合同已签订	
7	项目资本金和其他建设资金到位情况	
8	施工组织设计与技术措施已完成并审定	
9	主体工程的施工图至少应满足连续三个月施工的需要，并进行图纸会审和设计交底	
10	开工许可手续已办妥，项目主体工程具备连续施工条件	

2. 采购招投标评价

查阅关键设备材料的采购合同和招投标文件，评价技术、装备的引进和采购是否符合国家有关规定和程序，三大主机及主要辅机是否通过招标选定，设备的先进性、适用性是否符合国家相关技术政策要求，分析其经济性与合理性。对其存在的问题，要查找原因，分析对工程进度、质量和投资的影响，见表2-1-17。

评价项目的工程设计、施工、监理、设备采购、咨询服务等单位的招标范围、招标方式、招标组织形式、招标流程和评标方法是否符合有关招投标管理规定，对采用非招标方式的应说明原因，对其合规性、合理性进行评价，见表2-1-18。

表2-1-17　主要设备材料采购明细表　　　　　　　单位：元

设备材料名称及型号	设备材料厂家	单位	批准概算			合同金额			差额		
			数量	概算单价	合计	数量	合同单价	合计	数量差	单价差	总价差

表2-1-18　参建单位招标情况统计

序号	招标批号	招标时间	招标范围	招标方式	招标组织形式	招标代理人	招标流程	评标方法	中标单位名称	中标金额	合同金额
一	设计招标										
1											
2											
3											
二	施工招标										
1											
2											
3											
三	监理招标										
1											
2											
3											

3. 合同执行评价

项目合同管理是为加强合同管理，避免失误，提高经济效益，根据《中华人民共和国合同法》及其他有关法规的规定，结合项目单位的实际情况，制订的一种有效进行合同管理的制度。

项目合同执行与管理评价主要评价项目合同签订是否及时规范以及合同条款履行情况。如存在违约事件，分析违约原因并进行评价。

（1）合同签订情况评价。评价项目合同签订流程是否符合要求，满足规范性。查阅中标通知书下达时间、开工时间以及合同签订时间，评价合同签订是否及时。查阅合同文本是否采用规定的合同范本，统计合同范本应用率情况。

（2）合同执行情况评价：

1）评价合同整体执行情况，双方各自履行义务的情况，有无发生违约现象。对比勘察设计合同、监理合同以及施工合同中主要条款的执行情况并对执行差异部分进行原因责任的分析。

2）评价合同进度条款执行情况。查阅勘察设计、设备采购、监理、施工以及其他合同中进度条款的执行情况，并分析原因、界定责任。

3）评价合同资金支付条款执行情况。查阅合同支付台账，评价合同支付金额是否符合规定比例，合同支付时间是否及时。

4）评价在合同执行过程中，合同实际结算金额与合同金额是否存在差异，分析出现差异的原因。

4. 试运行评价

试运行是指从工程第一台机组满负荷运行168h后，包括进入试运行的半年移交，生产后至最后一台机组移交生产。概述项目试运行工作开展过程，对比分析试运行期间的机组各项指标与设计指标、机组考核指标，评价生产准备是否满足试生产要求，包括资金、物资、人员和机构的准备等，对试运行中出现的问题分析原因。

5. 竣工验收评价

竣工验收是全面考核建设工作，检查是否符合设计要求和工程质量的重要环节，对促进建设项目（工程）及时投产、发挥投资效果、总结建设经验有重要作用。

火电工程竣工验收主要评价项目是否符合火力发电厂基本建设工程启动及竣工验收规程的要求，是否成立工程竣工验收委员会、完成财务决算；评价公安消防竣工验收、环境保护竣工验收、工业卫生和劳动保护竣工验收、档案竣工验收以及水土保持、安全性评价、并网安全性评价等专项验收是否完成，验收程序是否符合规定，评价竣工阶段的主要工作成果，针对出现的问题分析具体原因，见表2-1-19。

表2-1-19 竣工各项专项验收情况

项目	内容	文号	验收单位	结论
安全专项				
职业卫生专项				
环境保护专项				
水土保持专项				
消防设施专项				
项目档案专项				
竣工验收				

6. 项目投资控制评价

项目投资控制评价主要是工程投资偏差分析，在建设项目施工中或竣工后，对概算执行情况的分析，即竣工财务决算与设计概算对比，分析各项资金运用情况，核实实际造价是否与概算接近，分析偏差原因，为改进以后工作提供依据。评价内容主要包括项目资金筹措情况、投资（概算）总体执行情况以及资金控制情况评价三部分。

（1）项目资金筹措情况。查阅关于资金筹措的全部资料，包括资金来源、筹措方式、资本金比例及金额、贷款金额、贷款条件、利率及偿还方式等正式书面文件。评价实际融资方案对项目原定目标和效益指标的作用和影响，如注册资本金占总投资的比例有无变化，各投资方的融资比例、融资方式、借贷利率和条件有无变化等。梳理建设过程中资金到位情况，评价资本金比例是否符合相关规定和资本金制度执行情况，见表2-1-20。

表2-1-20 资金来源及资金使用 单位：万元

序号	年度	××年	××年	××年	合计
一	本年建设资金来源合计				
（一）	资本金				
1	××资金				
（二）	企业债券				
1	债券				
（三）	国内贷款				
1	××银行				
2	××银行				
3	流动资金贷款				
二	本年建设投资支出合计				
1	建筑工程				
2	安装工程				
3	设备投资				
4	待摊建设费				
三	尾工工程				
四	基建节余资金				

（2）项目投资（概算）总体执行情况。通过列表对比实际竣工决算与初步设计批准概算，评价火电工程整体竣工财务决算投资较项目批复概算投资的偏差情况，见表2-1-21。

表2-1-21　投资执行情况　　　　　　　单位：万元

项目	可研估算	批准概算	竣工决算	较批准概算增减额	较批复概算投资的增减率
建筑工程					
安装工程					
设备投资					
其他费用					
总　计					

（3）资金控制情况评价。资金控制情况评价主要是针对各分项工程投资情况，评价主要是对比决算投资与批复概算投资中细分项目，寻找偏差较大的项目，为分析原因做基础。一般项目投资可分为建筑工程费、安装工程费、设备价值以及其他费几个部分。

工程量及设备价格变化较大的项目应进行详细分析，阐述变化的原因，见表2-1-22~表2-1-25。超支/节余原因分析是针对超支的费用项以及节余较大（一般超过10%）的费用项深度挖掘原因。导致投资偏差的几个主要影响因素包括：项目实际规模较初步设计批复规模存在较大变化；实际施工工程量较工程量清单存在较大变化；设备采购时，通过招标或改变设备型号导致设备价格变化；建设期人工单价、人力投入、物价等存在较大变化。

表2-1-22　建筑工程造价增加原因分析　　　单位：万元

项目	概算金额	实际金额	增加	超支率	原因分析

表2-1-23　安装工程造价增加原因分析　　　单位：万元

项目	概算金额	实际金额	增加	超支率	原因分析

表2-1-24　设备购置造价增加原因分析　　　单位：万元

项目	概算金额	实际金额	增加	超支率	原因分析

表2-1-25　其他费用投资执行情况　　　　　　　单位：万元

项目	概算金额	实际金额	节余	节余率	原因分析
建设场地征用费					
项目建设管理费					
项目建设技术服务费					
生产准备费					
其他（大件运输措施费等）					
建设期贷款利息					
基本预备费					
特殊项目其他费用					
工程质量监督检测费概算、施工安全措施补助费					

在对各分项工程投资情况评价的基础上，评价在整个火电工程项目的建设过程中如何进行投资的控制管理，梳理具体控制造价措施，总结说明投资控制的经验教训。

7. 建设单位管理总体评价

评价建设单位在生产准备过程中采用的管理模式，项目的组织管理机构设置情况，项目管理体制及规章制度情况，项目经营管理策略情况，并且对建设单位的管理实施效果进行评价。

（三）评价依据（见表2-1-26）

表2-1-26　项目建设单位管理评价依据

序号	评价内容	评价依据	
		国家、行业、企业相关规定	项目基础资料
1	开工准备评价	国家电力公司关于电力基本建设大中型项目开工条件的规定	（1）初步设计批复文件； （2）工程开工报审表； （3）施工组织设计文件； （4）施工合同； （5）施工图会审文件； （6）监理合同； （7）项目建设资金落实证明文件或配套资金承诺函
2	采购招标评价	（1）中华人民共和国招标投标法及相关法律、法规； （2）各发电公司招标活动管理办法； （3）各发电公司招标采购管理细则	设计、施工、监理、主要设备材料招投标有关文件（招标方式，招标、开标、评标、定标过程有关文件资料，评标报告，中标人的投标文件，中标通知书等）

续表

序号	评价内容	评价依据	
		国家、行业、企业相关规定	项目基础资料
3	项目合同执行与管理评价	（1）中华人民共和国合同法； （2）各发电企业合同管理办法； （3）各发电公司合同范本	（1）设计、施工、监理以及咨询合同（有盖章、有签字的正式版）； （2）合同补充协议（若有）； （3）中标通知书； （4）合同支付台账
4	试运行及竣工验收评价	（1）火力发电厂基本建设工程启动及竣工验收规程（DL/T 5437—2009）； （2）电力建设施工质量验收及评价规程（DL/T 5210.1—2012）； （3）各发电公司建设项目（工程）竣工验收办法； （4）各发电公司关于工程项目竣工验收的试行规定	（1）现行施工技术验收规范以及主管部门（公司）有关审批、修改、调整文件； （2）劳动安全、环境设施、消防设施、职业卫生等单项验收文件； （3）工程竣工验收报告
5	资金筹措评价	（1）国务院关于固定资产投资项目试行资本金制度的通知； （2）国务院关于调整固定资产投资项目资本金比例的通知	（1）可行性研究报告； （2）初步设计概算书批复； （3）财务决算报告
6	投资控制评价	（1）国务院关于调整和完善固定资产投资项目试行资本金制度的通知（国发〔2015〕51号）； （2）建设工程价款结算暂行办法（财建〔2004〕369号）的通知； （3）各发电公司关于工程资金管理办法； （4）各发电公司关于输变电工程结算管理办法； （5）各发电公司关于工程竣工决算报告编制办法	（1）批复可研估算书； （2）批复初设概算书； （3）结算报告及附表、相应的审核报告及明细表； （4）竣工财务决算报告及附表

注　相关评价依据应根据国家、企业相关规定动态更新。

第三节　项目生产运营评价

一、项目运营和检修评价

（一）评价目的

火电项目投运后的安全生产、运行管理、设备检修、技术改进以及检修管理关系着项目运行、检修及其管理体系是否规范、完善。项目运行检修及其管理评价的主要目的是对项目进入生产经营阶段后对运行检修及运检管理制度执行的情况进行评价，以此体现项目管理单位的经营管理水平。

（二）评价内容与要点

项目运营和检修评价主要是指对项目投产后的机组运行情况、设备检修情况、技术改造情况以及运行检修管理制度制定与执行情况的总结与评价。重点对项目的安全生产情况及管理措施、运营管理水平、项目设备检修、技术改造效果以及运行检修管理过程的科学性和有效性几个重要评价点进行评价。

1. 项目运营评价

（1）查阅项目运行规程的建立和执行情况，根据机组运行记录等支撑资料以及运行期间出现的问题，评价项目的安全生产情况和设备运行情况。评价项目的运行管理水平，评价是否能科学地管理项目的各项工作，对项目运营管理机构设置、运营管理体制及规章制度、项目运营管理策略和项目技术人员培训等情况进行评价。

（2）评价外部市场条件及产业政策变化对生产运营的影响及应对措施。分析燃料来源及质量变化对机组运行方式的影响，主要设备对燃料质量变化的适应性；环保标准与环保补贴电价政策对机组运行方式的影响，电厂在加强环保设施运行水平、调整运行方式、获得环保电价等方面的主要措施及有效性；节能政策对机组运行方式的影响，电厂在加强节能运行管理方面的主要措施及有效性；电厂参与系统调峰辅助服务对于机组运行方式和生产运营管理措施的影响。

2. 项目检修评价

对项目设备检修情况，对比设备检修前后主要运行技术指标的变化，总结项目的技术改进情况和实施效果，对检修过程中各项制度、规定和程序的制定、管理的科学性和有效性、对检修人员的培训、备品备件的管理、检修过程技术监督等项目检修管理和执行效果做出评价，见表2-1-27~表2-1-29。

表2-1-27　机组设备检修情况

序号	专业	机组问题	处理方式	效果
1	锅炉			
2	汽轮机			
3	电气			
4	热工			
5	水工			
6	化学			
...				

表2-1-28 机组检修前后主要运行技术指标

序号	指标项目	单位	检修前	检修后
1	蒸发量	t/h		
2	过热蒸汽压力	MPa（表压）		
3	过热蒸汽温度	℃		
4	再热蒸汽压力	MPa（表压）		
5	再热蒸汽温度	℃		
6	省煤器进口给水温度	℃		
7	排烟温度	℃		
8	过量空气系数（炉膛出口）			
…				

表2-1-29 ××电厂技术改进项目实施情况及效果

序号	技改项目	技改原因与目的	技改内容及效果
1			
2			
3			
…			

（三）评价依据（见表2-1-30）

表2-1-30 项目运营检修评价依据

序号	评价内容	评价依据	
		国家、行业、企业相关规定	项目基础资料
1	项目运行评价	（1）各发电企业火电站运行导则； （2）各发电企业火电站集控运行规程； （3）各发电企业同业对标相关规定	（1）项目可行性研究报告； （2）电厂运行资料
2	项目管理组织机构	各发电企业相关规定	（1）项目管理组织机构设置资料； （2）项目管理信息网资料； （3）项目管理者相关资料； （4）项目技术人员培训资料； （5）项目管理规章制度
3	政策执行情况	（1）相关法律、法规、规定、标准； （2）各发电企业相关规定	项目政策的执行过程资料

注 相关评价依据应根据国家、企业相关规定动态更新。

二、项目技术水平评价

（一）评价目的

项目技术水平评价是火力发电工程后评价中的重要环节，项目技术水平决定了火电工程的可行性和未来运行的好坏。项目技术水平评价的主要目的是通过对工程设计阶段以及投产运行阶段机组主要技术性能与主要设备经济性能的评价，为电站的高效稳定运行及检修以及今后的火电工程项目优化设计、不断提升机组性能和运行水平提供建议。

（二）评价内容与要点

项目技术水平评价主要是对工艺技术流程、技术装备选择的先进性、可靠性、适用性、经济合理性的再分析。在前期设计阶段确定采用的工艺系统和主要设备材料，对比其在机组实际运行过程中的相关运行情况与设计构想的差别，针对机组运行期内存在的问题，分析问题产生的原因并且总结经验。

1. 机组主要技术性能评价

评价项目所采用的主要设备在发电运行中的技术性能和技术水平，对比主要的设计参数与实际运行参数，综合评价项目工艺系统及重要主辅设备的运行可靠性及技术先进性，见表2-1-31。

表2-1-31 机组性能考核试验技术指标实现程度

序号	考核项目	单位	设计值	实际值	备注	完成指标情况
1	锅炉热效率	%				
2	锅炉最大连续出力	t/h				
3	锅炉断油最低稳燃出力	MW				
4	空气预热器漏风率	%				
5	除尘器效率	%				
6	制粉系统出力	t/h				
7	磨煤机单耗	kWh/t				
8	机组供电煤耗	g/kWh				
9	厂用电率	%				
10	汽轮机热耗	kJ/kWh				
11	汽轮机最大出力	MW				
12	汽轮机额定出力	MW				
13	污染物排放监测	mg/m^3（标况下）				
14	噪声测试	dB				
15	粉尘测试	mg/m^3（标况下）				

2. 主要设备经济性能评价

根据电厂设备运行、检修和技改情况，同时结合电厂运行维护经验，对主要设备整体状态暨设备健康水平进行评价，分析项目所采用主要设备及安装材料的经济性能。从技术的经济性、主要设备材料的国产化水平以及其对资源和能源（主要设备的节能减排成效）的合理利用情况几个方面进行评价。

（三）评价依据（见表2-1-32）

表2-1-32　项目技术水平评价依据

序号	评价内容	评价依据	
		国家、行业、企业相关规定	项目基础资料
1	项目技术水平评价	相关技术标准文件	（1）施工图设计文件； （2）设计总结； （3）财务决算报告及附表； （4）施工组织设计； （5）施工总结； （6）运营期缺陷清单及消缺记录； （7）运行管理制度、人员配置

注　相关评价依据应根据国家、企业相关规定动态更新。

三、项目生产指标评价

（一）评价目的

项目生产指标评价采用对比方法，主要对项目实际完成的生产指标与设计值进行对比，通过对火电机组实际运行生产指标的现状及存在的问题进行分析，提出电厂在今后运行方面应注意的环节和问题，以及提高生产指标效率和水平的改进方向。

（二）评价内容与要点

项目生产指标评价主要包括有各主要生产指标评价以及主要生产技术经济指标综合评价。

1. 主要生产指标评价

根据不同的火电项目类型，需要选取相应的生产指标进行分析评价：

（1）发电项目实际完成的生产指标主要包括年发电量、年上网电量、机组年利用小时数、厂用电率、发电和供电标煤耗、脱硫剂费用、脱硝剂费用、补水率等。

（2）热电联产项目还要对年供热量、全厂热电比、供热标煤耗、厂用电率以及回水情况等进行对比和分析。其中，厂用电率细分为发电厂用电率、供热厂用电率与综合厂用电率，发电和供电标煤耗按发电、供热与综合分三类。

（3）燃气-蒸汽联合循环热电联产项目还要选取发电气耗、供热气耗等指标进行分析评价。

（4）生产技术指标的运行统计值口径应与设计值相同，如果达标投产验收时存在修正意见的应列入比较，并分析其变化原因。

机组投产历年技术经济指标完成情况见表2-1-33。

表2-1-33　机组投产历年技术经济指标完成情况

项目	单位	设计值	第1年	第2年	…
发电量	kWh				
上网电量	kWh				
综合厂用电率	%				
平均上网电价	元/kWh				
发电标准煤单价	元/t				
年均发电标准煤耗	g/kWh				
年均供电标准煤耗	g/kWh				
年均供热标准煤耗	g/kWh				
机组利用小时数	h				
二氧化硫排放量	t/年				
氮氧化物排放量	t/年				
烟尘排放量	t/年				
补水率	%				
等效可用系数	%				

注　热电联产项目年均发供电标准煤耗为供热发供电标准煤耗，厂用电率指综合厂用电率。

2. 主要生产技术经济指标综合评价

综合评价主要生产技术经济指标完成情况，同时可以采用横向对比法对生产技术指标与国内同类型电厂的指标水平进行比较分析，通过对标结果对生产指标做出综合评价。

（三）评价依据（见表2-1-34）

表2-1-34　项目生产指标评价依据

评价内容	评价依据	
	国家、行业、企业相关规定	项目基础资料
项目生产指标评价	（1）中电联关于全国300、600MW和1000MW级火电机组能效水平对标结果； （2）各发电企业不同容量各种类型火力发电机组的主要生产指标基准值相关标准	（1）项目可行性研究报告； （2）项目初步设计报告； （3）电厂运行资料

注　相关评价依据应根据国家、企业相关规定动态更新。

第四节　项目经济效益评价

一、项目财务评价

（一）评价目的

财务评价是在国家现行财税制度和价格体系的前提下，从项目的角度出发，计算项目范围内的财务效益和费用，分析项目的盈利能力和清偿能力，评价项目在财务上的可行性。

财务评价是投资项目后评价的重要组成部分和重要环节，通过梳理后评价时点之前项目实际发生的投资、收入、成本等，结合当前政策环境和项目发展趋势，预测后评价时点之后的财务数据，计算项目的内部收益率、净现值、投资回收期等财务指标，综合评价投资项目盈利能力、竞争力和抗风险能力，为项目提质增效、可持续发展提供建议。

（二）评价内容与要点

火电工程财务评价内容的选择，应根据项目性质、项目目标、项目投资者、项目财务主体以及项目对经济与社会的影响程度等具体情况确定。原则上财务评价内容应包括定性分析和定量评价两部分。定性部分包括区域政策环境、建设条件、技术路线、上下游市场、配套设施等。定量分析包括将运行期实际指标与前期决策阶段预计指标进行对比，分析偏差及其原因；对运营期实际成本构成、收入构成比例的分析，挖掘影响收入和成本的主要因素；结合所在区域政策环境、行业发展趋势、市场变化、影响收入的主要因素，对项目未来盈利能力进行预测；将运行期实际指标与上级单位相关制度对比，为下一步制度修订提供参考。

火电工程财务评价章节应包括：评价依据和说明、收入分析、成本分析、净利润分析、盈利能力分析、章小结几个部分。其中评价依据和说明应包括：本次后评价依据的国家、行业、企业相关制度规定，被评价项目历年财务报表、价格依据文件等（见下表），项目的投资方及出资比例，项目开工及投产时间，选取实际指标的年限及主要的预测原则，本次财务评价目的、要点及其他需要说明的事项。

火电工程财务评价深度和要点，应根据本次后评价的目的和定位确定。

1. 火电工程财务评价主要参数

（1）计算期：包括建设期和运营期。建设期指项目正式开工到建成投产所需要的时间，应参照项目建设的合理工期或建设进度计划合理确定；运营期指项目投入生产到项目经济寿命结束所需要的时间。

（2）总投资：火电工程自前期工作开始至项目全部建成投产运营所需要投入的资金总额，包括工程动态投资（含工程静态投资和建设期利息）和生产流动资金。项目总投资分别形成固定资产、无形资产、其他资产。

（3）成本费用：火电工程在生产经营过程中发生的物质消耗、劳动报酬及各项费用。根据电力行业的有关规定及特点，总成本费用包括生产成本和财务费用两部分。生产成本包括燃料费、用水费、材料费、工资及福利费、折旧费、摊销费、修理费、脱硫剂费用、脱硝剂费用、排污费用、其他费用及保险费等，同时要求计算电力和热力产品的单位生产成本。

总成本费用可分解为固定成本和可变成本。固定成本指在一定范围内与电、热产量变化无关，其费用总量固定的成本，一般包括折旧费、摊销费、工资及福利费、修理费、财务费用、其他费用及保险费；可变成本指随电、热产量变化而变化的成本，主要包括燃料费、用水费、材料费、脱硫剂费用、脱硝剂费用、排污费用。

1）可变成本：

a. 燃料费：电力生产所耗用的燃料费用，对于煤炭，一般折成标准煤计算，发电标准煤耗按设计值，并考虑全年平均运行工况。

年发电燃料费＝年发电量×发电标准煤耗×标准煤单价

b. 用水费：电力生产所耗用的购水费用，按消耗水量和购水价格计算。

年用水费＝年消耗水量×水价

c. 材料费：生产运行、维护和事故处理等所耗用的各种原料、材料、备品备件和低值易耗品等费用。

$$年材料费 = 年发电量 \times 单位发电量材料费$$

d. 脱硫剂费用：机组脱硫所耗用的脱硫原料的费用。

$$年脱硫剂费用 = 年脱硫剂耗量 \times 脱硫剂单价$$

e. 脱硝剂费用：机组脱硝所耗用的脱硝原料的费用。

$$年脱硝剂费用 = 年脱硝剂耗量 \times 脱硝剂单价$$

f. 排污费用：机组在运行期间对外界排放硫化物、氮氧化物及烟尘等按当地环保部门规定所征收的税费。

$$年排污费用 = 年排放量 \times 排放单价$$

2）固定成本：

a. 工资及福利费：电厂生产和管理人员的工资和福利费，包括职工工资、奖金、津贴和补贴，职工福利费以及由职工个人缴付的医疗保险费、养老保险费、失业保险费、工伤保险费、生育保险费等社会保障费和住房公积金。按全厂定员和全厂人均年工资总额（含福利费）计算。

$$年工资及福利费 = 全厂定员 \times 人均年工资总额（含福利费）$$

b. 折旧费：固定资产在使用过程中，对磨损价值的补偿费用，按年限平均法计算。

$$年折旧费 = 固定资产原值 \times 折旧率$$

$$折旧率 = （1 - 固定资产残值率）/折旧年限 \times 100\%$$

投产年度、折旧费按该年燃料耗量占达产年燃料耗量的比例进行折减。

c. 摊销费：无形资产及其他资产在有效使用期限内的平均摊入成本。

$$年摊销费 = 无形资产及其他资产/摊销年限$$

投产年度、摊销费按该年燃料耗量占达产年燃料耗量的比例进行折减。

d. 修理费：为保持固定资产的正常运转和使用，对其进行必要修理所发生的费用，修理费按预提的方法计算。修理费计算中的固定资产原值应扣除所含的建设期利息。

$$年修理费 = 固定资产原值（扣除所含的建设期利息）\times 修理提存率$$

e. 其他费用：不属于以上各项而应计入生产成本的其他成本，主要包括公司经费、工会经费、职工教育经费、劳动保险费、待业保险费、董事会费、咨询费、聘请中介机构费、诉讼费、业务招待费、房产税、车船使用税、土地使用税、印花税、研究与开发费等。

f. 保险费：可以按保险费率进行，即以固定资产净值的一定比例计算，另外也可以按每年固定的额度计算。

g. 财务费用：企业为筹集债务资金而发生的费用，主要包括长期借款利息、流动资金借款利息和短期借款利息等。对热电联产项目，应按投资分摊比进行分摊。

长期借款利息，可以按等额还本付息、等额还本利息照付以及约定还款方式计算。流动资金借款利息，按期末偿还、期初再借的方式处理，并按一年期利率计息。年流动资金借款利息=年初流动资金借款余额×流动资金借款年利率。短期借款利息的偿还按照随借随还的原则处理，即当年借款尽可能于下年偿还，借款利息的计算同流动资金借款利息。

3）经营成本：

经营成本是项目财务分析中所使用的特定概念，包括燃料费、用水费、材料费、工资及福利费、修理费、脱硫剂费用、脱硝剂费用、排污费用、其他费用及保险费。

$$经营成本＝总成本费用-折旧费-摊销费-财务费用$$

4）税费：

财务分析涉及的税费主要包括增值税、城市维护建设税和教育费附加、企业所得税。如有减免税优惠，应说明依据及减免方式并按相关规定估算。

火力发电工程财务分析采用不含（增值）税价格的计价方式。

财务分析应按税法规定计算增值税，计算公式为：增值税=销项税额-进项税额

热电联产项目的电力和热力生产是同时进行的，所发生的成本和费用应按以下原则进行分配：凡只为电力或热力一种产品服务而发生的成本和费用，应由该产品负担；凡为两种产品共同服务而发生的成本和费用，应按电热分摊比加以分配。电热分摊比包括成本分摊比和投资分摊比。

a. 成本分摊比用于分摊燃料费、用水费、材料费、脱硫剂费用、脱硝剂费用、排污费用等可变成本和工资及福利费、其他费用等固定成本。

发电成本分摊比（%）=发电用标准煤量/（发电用标准煤量+供热用标准煤量）

×100%；供热成本分摊比（%）=100%-发电成本分摊比

b. 投资分摊比用于分摊折旧费、摊销费、修理费、保险费及财务费用。

发电投资分摊比（%）=发电固定资产/（发电固定资产+供热固定资产）×100%；

供热投资分摊比（%）=100%-发电投资分摊比

发电固定资产=汽轮发电机本体系统费用+循环水系统费用+电气系统费用-厂用电系统费用

供热固定资产=厂内热网系统费用+多装锅炉增容费用

公用固定资产=总固定资产-发电固定资产-供热固定资产

在计算完成财务效益与费用估算（含建设投资估算）后，根据项目建设进度计划编制财务分析辅助报表，包括流动资金估算表、投资使用计划与资金筹措表、借款还本付

息计划表、固定资产折旧、无形资产及其他资产摊销估算表和总成本费用估算表。

（4）销售收入：销售产品所获得的收入。火电工程的销售收入主要包括售电收入、供热收入及其他产品收入。

销售收入＝售电收入＋供热收入＋其他产品收入

年售电收入＝机组容量×机组年利用小时×（1-厂用电率）×电价

年供热收入＝年供热量×热价

（5）现金流量表：反映项目在建设和运营整个计算期内各年的现金流入和流出，进行资金的时间因素折现计算的报表，包括：

1）项目投资现金流量表：用来进行项目融资前分析，即在不考虑债务筹措的条件下进行盈利能力分析，分别计算所得税前与税后的项目投资财务内部收益率、项目投资财务净现值和项目投资回收期。

2）项目资本金现金流量表：在确定的融资方案下，从项目资本金出资者整体的角度，考察项目的盈利能力，计算息税后资本金财务内部收益率。

3）投资各方现金流量表：从投资方实际获利和支出的角度，反映投资各方的收益水平，计算息税后投资各方财务内部收益率。

2. 火电工程财务评价主要指标

（1）盈利能力指标：财务内部收益率、财务净现值、项目投资回收期、总投资收益率、项目资本金净利润率等。

1）财务内部收益率（Financial Internal Rate of Return，FIRR）：项目在计算期内各年净现金流量现值累计等于零时的折现率，是考察项目盈利能力的主要动态评价指标。其计算公式如下

$$\sum_{t=1}^{n}(CI-CO)_t(1+FIRR)^{-t}=0 \qquad (2-1-1)$$

式中　　　　CI——现金流入量；

　　　　　　CO——现金流出量；

　　　　（$CI-CO$）$_t$——第t期的净现金流量；

　　　　　　n——项目计算期。

求出的$FIRR$应与行业的基准收益率（i_c）比较。当$FIRR \geqslant i_c$时，应认为项目在财务上是可行的。

火电工程还可以通过给定财务内部收益率，测算项目的上网电价，与政府主管部门发布的当地标杆上网电价对比，判断项目的财务可行性。一般地，项目投产期、还贷期和还贷后为单一电价，即经营期平均电价。

2）财务净现值（Financial Net Present Value，FNPV）：按行业基准收益率（i_c），将项目计算期内各年的净现金流量折现到建设期初的现值之和，是反映项目在计算期内盈利能力的动态评价指标。其计算公式如下

$$FNPV=\sum_{t=1}^{n}CF_t\left(1+i\right)^{-t} \tag{2-1-2}$$

式中　CF_t——各期的净现金流量；

　　　n——项目计算期；

　　　i——基准收益率。

只有当财务净现值大于或等于0时，项目才是经济上可行的，财务净现值越大，项目的盈利水平也就越高。

3）项目投资回收期（Payback Period，PBP）：以投资收益来回收项目初始投资所需要的时间，是考察项目财务上投资回收能力的重要静态评价指标，也是评价项目风险的重要指标。项目的投资回收期越短，风险越小。可通过求解项目累计现金流量为零的时期计算而得

$$\sum_{t=1}^{p_t}\left(CI-CO\right)_t=0 \tag{2-1-3}$$

投资回收期也可用项目投资现金流量表中累计净现金流量计算求得，即动态投资回收期，计算公式如下

$$P_t=T-1+\frac{\left|\sum_{i=1}^{T-1}\left(CI-CO\right)_i\right|}{\left(CI-CO\right)_T} \tag{2-1-4}$$

式中　T——各年累计净现金流量首次为正值或零的年数。

项目投资回收期指标因其未考虑到资金的时间价值、风险、融资及机会成本等重要因素，并且忽略了回收期以后的收益，所以往往仅作为一个辅助评价方法，结合其他评价指标来评估各投资方案风险的大小。

4）总投资收益率（Return on Investment，ROI）：项目经营期内达到设计能力后正常年份的年息税前利润或运营期内平均息税前利润（Earnings Before Interests and Taxes，EBIT）与项目总投资（Total Investment，TI）的比率，体现的是总投资的盈利水平。计算公式如下

$$ROI=\frac{EBIT}{TI}\times 100\% \tag{2-1-5}$$

式中　$EBIT$——项目正常年份的年息税前利润或运营期内年平均息税前利润；

　　　TI——项目总投资，是动态投资和生产流动资金之和。

总投资收益率高于同行业的收益率参考值，表明用总投资收益率表示的盈利能力满足要求，其计算方法简单，但忽略了资金的时间价值，因而往往用于横向比较，判断不同投资方案之间财务效益的优劣。

5）项目资本金净利润率（Return on Equity，ROE）：项目经营期内达到设计能力后正常年份的年税后净利润或运营期内平均净利润（Net Profit，NP）与项目资本金（Equity Capital，EC）的比率，反映了项目投入资本金的盈利能力。计算公式如下

$$ROE = \frac{NP}{EC} \times 100\% \qquad (2\text{-}1\text{-}6)$$

式中　NP——项目正常年份的年净利润或运营期内年平均净利润；

EC——项目资本金。

项目资本金收益率体现的是单位股权资本投入的产出效率。项目资本金净利润率常用于比较同行业的盈利水平，在其他条件一定的情况下，项目资本金净利润率高于同行业的净利润率参考值，表明用项目资本金净利润率表示的盈利能力满足要求。相关经济效益指标及对比情况见表2-1-35和表2-1-36。

表2-1-35　项目经济效益指标

序号	指标	单位	指标值	备注
1	动态投资（批准）	万元		
2	建设期利息（实际）	万元		
3	动态投资（竣工）	万元		
4	全部投资内部收益率	%		
5	全部投资净现值	万元		
6	投资回收期	年		
7	资本金内部收益率	%		
8	资本金净现值	万元		

表2-1-36　实际与可行性研究经济指标对比情况

序号	指标	单位	可行性研究指标值	实际指标值	对比情况
1	含税电价	元/kWh			
2	标准煤价	元/t			
3	全部投资内部收益率	%			
4	全部投资净现值（基准收益率8%）	万元			
5	投资回收期	年			
6	资本金内部收益率	%			
7	资本金净现值（基准收益率10%）	万元			

（2）偿债能力指标：利息备付率、偿债备付率、资产负债率、流动比率、速动比率等。

1）利息备付率（Interest Coverage Ratio，ICR）：在借款偿还期内的息税前利润

（EBIT）与应付利息（PI）的比值，考察的是项目现金流对利息偿还的保障程度，计算公式如下

$$ICR=\frac{EBIT}{PI} \tag{2-1-7}$$

式中　EBIT——息税前利润；

　　　PI——计入总成本费用的应付利息。

利息备付率反映了项目获利能力对偿还到期利息的保证倍率。要维持正常的偿债能力，利息备付率应不小于2。利息备付率越高，项目的偿债能力越强。

2）偿债备付率（Debt Service Coverage Ratio，DSCR）：在借款偿还期内，项目各年可用于还本付息的资金与当期应还本付息金额的比值。计算公式如下

$$DSCR=\frac{EBITAD-TAX}{PD}\times 100\% \tag{2-1-8}$$

式中　EBITAD——息税前利润加折旧和摊销；

　　　TAX——企业所得税；

　　　PD——应还本付息金额，包括还本金额和计入总成本费用的全部利息。融资租赁费用可视同借款偿还。运营期内的短期借款本息也应纳入计算。

偿债备付率反映了项目获利产生的可用资金对偿还到期债务本息的保证程度，偿债备付率应不小于1.2。偿债备付率越高，项目的偿债能力越高，融资能力也就越强。

3）资产负债率（Debt Asset Ratio，DAR）：用以衡量企业利用债权人提供资金进行经营活动的能力，以及反映债权人发放贷款的安全程度的指标，通过将企业的负债总额与资产总额相比较得出，反映在企业全部资产中属于负债的比率。计算公式如下

DAR=负债总额/资产总额×100%

资产负债率反映在总资产中有多大比例是通过借债来筹资的，也可以衡量企业在清算时保护债权人利益的程度。该指标是评价企业负债水平的综合指标。同时也是一项衡量企业利用债权人资金进行经营活动能力的指标，也反映债权人发放贷款的安全程度。

（3）敏感性分析。敏感性分析是分析不确定性因素变化对效益指标的影响，找出敏感因素。火电工程应进行单因素和多因素变化对效益指标的影响分析，结论应列表表示（见表2-1-37），并绘制敏感性分析图。敏感因素主要包括建设投资、年发电量、年供热量、售电价格、供热价格、燃料价格等主要影响因素。

当给定内部收益率测算电价时，敏感性分析主要指就建设投资、年发电量、年供热量、供热价格、燃料价格等不确定因素变化时对售电价格的影响进行分析，找出敏感因素。相关敏感系数见表2-1-38。

对于影响重大的项目，还应开展必要的可持续性和风险评价，以全面评估该项目持续经营所面临的各种风险。

表2-1-37　某敏感因素下对应项目经济效益指标一览表

序号	指标 发电设备利用小时数/标准煤价/ 上网电价	预测（-x%）	指标值	预测（+x%）	备注
1	全部投资内部收益率（%）				
2	全部投资净现值（万元）				
3	投资回收期（年）				
4	资本金内部收益率（%）				
5	资本金净现值（万元）				

注　x%为指标调整的百分数。

表2-1-38　敏感系数一览表

序号	指标	指标变化率	内部收益率变化率	敏感系数
1	年利用小时数			
2	标准煤价			
3	上网电价			

（三）评价依据（见表2-1-39）

表2-1-39　项目财务评价依据

评价内容	评价依据	
	国家、行业、企业相关规定	项目基础资料
财务效益评价	（1）建设项目经济评价方法与参数（第3版）； （2）火力发电工程经济评价导则（DL/T 5435—2009）； （3）国家、行业相关的财务税收政策制度； （4）企业经济评价参数规定	（1）竣工决算报告及附表； （2）项目运行单位各年财务报表，包括但不限于资产负债表、利润表、折旧表和成本快报表； （3）项目融资情况详表及还款计划； （4）项目执行的电价、气价等政策文件，热价、煤价等合同文件； （5）项目运行单位执行的营业税金及附加税率、所得税率及税收优惠政策； （6）其他财务评价相关资料

注　相关评价依据应根据国家、企业相关规定动态更新。

二、项目国民经济评价

（一）评价目的

国民经济评价是从国家和社会整体角度考察项目的效益和费用，分析计算项目对国民经济的净贡献，评价项目的经济合理性，为投资决策提供宏观依据。火电工程属于基础设施建设，具有重要的社会属性和公益属性，很多情况下其投资不单纯为财务效益或者财务效益优先，更多是考虑公益性。开展国民经济评价能更为客观全面考察项目决策和建设的综合效益和决策的科学性。

目前而言，开展国民经济评价基础条件还比较缺乏，难度较大，因而建议只对具有重大影响的火电工程开展具体的国民经济评价，而对于普通火电工程更多是从定性角度进行必要分析。

（二）评价内容与要点

计算后评价时点的项目经济净现值、经济内部收益率和经济效益费用比，并与可研阶段相关指标对比，说明偏差的原因（若可研阶段开展了国民经济评价），综合以上结果得出经济费用效益结论。在此基础上开展区域经济影响分析、行业经济影响分析、宏观经济影响分析和效果分析。

国民经济评价首先要进行效益和费用的识别，在此基础上需要结合国民经济评价的特点和要求进行相应调整。项目经济效益和费用的识别应符合下列要求：①遵循有无对比的原则；②对项目所涉及的所有成员及群体的费用和效益做全面分析；③正确识别正面和负面的外部效果；④合理确定效益和费用的空间范围和时间跨度；⑤正确识别和调整转移支付。

项目经济效益的计算应遵循支付意愿原则和接受补偿意愿原则，经济费用的计算应遵循机会成本原则。项目经济费用效益分析采用社会折现率对未来经济效益和经济费用流量进行折现。项目的所有效益和费用（包括不能货币化的效果）一般均应在共同的时点上予以折现。经济费用效益分析可在直接识别估算经济费用和经济效益的基础上计算相关指标；也可在财务分析的基础上将财务现金流量转换为经济效益与费用流量计算相关指标。

在完成经济费用效益分析之后，应进一步分析对比经济费用效益与财务现金流量之间的差异，并根据需要对财务分析与经济费用效益分析结论之间的差异进行分析，找出受益或受损群体，分析项目对不同利益相关者在经济上的影响程度，并提出改进资源配置效率及财务生存能力的建议。

在以上工作的基础上，对火电工程的间接效益进行全面系统分析：

（1）区域经济影响分析主要考虑项目所处地域经济发展的趋势，分析建设火电工程对当地经济发展、产业空间布局、当地财政收支、社会收入分配、市场竞争结构以及是否可能导致结构失衡等角度进行分析评价。

（2）行业经济影响分析应分析行业现状基本情况，火电工程在行业中所处地位，对所在行业及关联产业发展、结构调整、行业垄断等的影响，并可进一步从技术扩散效果、上下游企业相邻效果、培养工程技术人才的效果等方面进行分析。

（3）宏观经济影响分析主要分析火电工程对宏观经济发展的影响，包括土地利用、就业、地方社区发展、生产力布局、扶贫、技术进步等方面的影响和评价，以考察项目建设是否达到了预期的目标，其目的就是最大限度发挥投资效益，满足社会经济发展与人民物质生活水平提高的要求，促使项目与社会协调发展，为项目可持续发展提供保障。

（三）评价依据

项目国民经济评价依据同财务效益评价依据。

第五节　项目环境效益评价

一、评价目的

火电工程建设项目投资巨大，尤其是大容量、高参数的高效环保机组工程，工艺流程复杂并且会排放多种对项目所在区域生态环境带来影响的有害介质，加之人们对环境保护认识的提高和深化，进而对项目环境效益评价尤为重要。项目环境效益评价主要目的是通过评价项目在前期决策、设计时是否充分考虑了项目对环境可能带来的影响及效益，涉及的人群是否可接受项目可能带来的这些影响，以及在施工阶段、运营阶段所采取的环保措施是否得力，是否能够真正有效保护环境，从而综合判定项目环境治理与生态保护的总体水平。

二、评价内容与要点

项目环境效益评价主要是评价项目对周围地区在自然环境方面产生的作用、影响及效益。评价内容主要包括：环境影响及达标情况评价、环境保护评价、地区环境影响评价以及环境综合效益评价。

（一）环境影响及达标情况评价

具体分析项目所在地环境现状、环境容量指标、项目现存问题及达标情况。主要从废气（硫化物、氮氧化物、灰尘排放物浓度）治理、废水治理、噪声治理、灰渣和脱硫石膏的处置和综合利用、水土保持等方面进行评价。

1. 废气排放及治理措施

分析工程项目采取的主要大气污染防治措施，评价除尘、脱硫、脱硝等主要烟气处理设备情况，输煤系统、灰库及石灰石磨制除尘系统的运行效果以及烟气在线监测装置的设置情况。

2. 废水排放及治理措施

分系统梳理项目的废水污染源，按照工业废水集中处理、含煤废水处理、脱硫废水处理、生活污水处理以及油污水处理等废水处理系统分类评价各系统的废水排放及治理措施。

3. 噪声防治达标情况

梳理项目的主要噪声源，评价项目的噪声防治措施。

分析工程项目的声环境影响达标情况（见表2-1-40）。声环境影响的评价标准有：火电站厂界执行《工业企业厂界环境噪声排放标准》（GB 12348—2008）中的Ⅱ类标准，火电站周围评价范围内居民区等环境保护目标处执行《声环境质量标准》（GB 3096—2008）中的Ⅰ类功能区标准。

表2-1-40　工程声环境影响达标情况

工程类型	指标		指标限值	实际测量值
火力发电工程	电站周围区域声环境质量［dB（A）］	昼间		
		夜间		
	电站厂界区域声环境质量［dB（A）］	昼间		
		夜间		

4. 固体废物处理处置情况

电厂产生的固体废物主要是除尘器下的粉煤灰、燃烧后剩余的炉渣、磨煤机排出的石子煤和脱硫系统产生的石膏，属于一般固体废物。根据项目固体废物产生量、贮灰场的设置情况，评价项目的固体废物处理处置情况。

（二）环境保护评价

环境保护评价主要是综述环保验收报告编制情况，列写项目环评、建设阶段环保投资数额及环保投资占工程总投资的比例；评价项目可行性研究阶段环境效益评价工作开展情况，总结工程施工期间的环境保护措施，并明确工程是否通过环保验收。

1. 环保监督管理落实情况评价

查阅项目实施过程中制定的相关环境保护管理制度、环保考核和环保设施维护管理作业文件，对项目环境设施及制度的建设、执行情况的评价。

2. 环境影响报告批复及验收要求落实情况评价

通过查阅项目竣工环境保护验收调查工作相关资料，以及环境影响报告书/表批复文件，评价环境影响报告书/表批复的相关要求在实际项目建设中的落实情况，见表2-1-41。

表2-1-41　环境保护批复及验收要求落实情况表

序号	批复意见	落实情况

3. 工程环保效果评价

综合评价项目各阶段污染物控制措施的环保效益和资源优化利用效果。

（三）地区环境影响评价

地区环境影响评价主要是对项目所在区域环境保护敏感目标的影响，评价项目各阶段污染物控制措施变化的环保效益和资源优化利用效果，综合评价项目环境治理的总体水平；其主要包括工程对地区环境的影响评价、工程公众调查情况及工程响应地区生态保护情况评价。

1. 工程对地区环境的影响评价

（1）评价项目对所在区域环境保护敏感目标的影响，主要包括工程对自然历史遗产、自然保护区、风景名胜区和水源保护区等生态敏感区的环境影响。

（2）评价工程在建设占地及施工过程方面对生态环境造成的影响。

2. 工程公众调查情况

为了解工程施工期、建成后受影响区域居民的意见和要求，了解工程设计、建设过程中的遗留问题，以便提出解决对策建议，在工程的影响区域内应进行公众意见调查。

公众意见调查的主要对象为火电站周边的居民。为使调查更具代表性，公众意见调查应选择在不同地域、不同年龄、职业的公众中分别进行。调查内容分为施工期和运行期两个阶段：施工期主要调查噪声、生态、固废和水环境影响；运行期主要调查电磁、噪声、生态、固废和水环境影响。调查方法主要采取现场听取意见和分发调查表的形式进行。调查结束后综合评价、分析公众调查结果。

3. 工程响应地区生态保护情况评价

评价项目在选址及规划阶段是否符合区域内国家关于生态红线划定以及自然保护区划定的相关要求，项目为满足地区生态保护所完成的工作情况和取得的实施效果。

（四）环境效益综合评价

根据以上各项评价，对项目环境影响进行概括性汇总，得出综合评价结论，重点突出各环保指标达标情况、各阶段环保措施落实情况、工程环保效果、对于项目所在区域生态文明建设所做出的积极响应与贡献等内容。

三、评价依据（见表2-1-42）

表2-1-42 项目环境效益评价依据

序号	评价内容	评价依据	
		国家、行业、企业相关规定	项目基础资料
1	环境影响及达标情况评价	（1）工业企业厂界环境噪声排放标准（GB 12348—2008）； （2）声环境质量标准（GB 3096—2008）	（1）环境影响调查报告及审查意见； （2）相关调查监测材料
2	环境措施及成果评价	（1）建筑施工场界环境噪声排放标准（GB 12523—2011）； （2）大中型火力发电厂设计规范（GB 50660—2011）； （3）火电厂大气污染物排放标准（GB 13223—2011）； （4）火电厂环境监测技术规范（DL/T 414—2012）； （5）燃气发电厂噪声防治技术导则（DL/T 1545—2016）； （6）建设项目环境保护管理条例（国务院令第253号）； （7）建设项目竣工环境保护验收管理办法（2010年修正本）（环保部令第16号）	（1）设计文件； （2）施工组织设计； （3）环境影响报告书/表； （4）环评批复文件； （5）环境保护验收报告
3	地区环境影响与生态保护评价	关于建设项目竣工环境保护验收实行公示的通知（环办〔2003〕26号）	（1）环境保护验收意见； （2）公众意见调查结果

注 相关评价依据应根据国家、企业相关规定动态更新。

第六节　项目社会效益评价

一、评价目的

火力发电工程多为复杂的系统工程，其建成运营需要较长的时间、资金和资源投入。随着社会对火电工程效益认识的逐步深入，火力发电工程社会效益的综合性也逐步显现。这种综合性体现在项目对经济社会发展、产业技术进步以及其他方面社会影响的综合效益。社会效益评价的目的主要是评价火力发电工程项目对区域经济社会发展、产业技术进步、服务用户质量等方面有何影响及促进作用，总结分析项目对各利益相关方的效益影响及社会稳定风险情况。

二、评价内容与要点

社会效益评价主要是通过收集各方资料，总结工程各阶段经验、成果及社会反馈，综合评价项目的社会效益。评价内容主要包括：对区域经济社会发展的影响、对产业技术进步的影响、利益相关方的效益评价、对项目所在地社会环境和社会条件的影响。

1. 对区域经济社会发展的影响

（1）计算工程支撑GDP能力、拉动就业效益，分析项目对当地居民收入提高、生活水平提升的作用和影响。

（2）根据工程功能定位或政治意义不同，分析工程在建成后发挥的作用。

2. 对产业技术进步的影响

分析项目所选用的先进技术对国家、地方科技进步的作用和影响，如技术的先进和适用程度、对行业技术进步的推动作用等。

3. 利益相关方的效益评价

（1）分析工程项目对政府税收及火电项目投资建设相关利益群体的影响，见表2-1-43。其中，火电项目投资建设相关利益群体是指与建设工程项目有直接或间接的利害关系，并对项目的成功与否有直接或间接影响的所有有关各方，如项目的受益人、受害人以及项目有关的政府组织和非政府组织等。

（2）统计工程在设备购置、勘察设计、施工、监理等过程中的投资金额，分析投资效益。

表2-1-43　相关群体利益群体分析表

主要利益群体	关系	角色	损益
中央政府	间接		
地方政府部门	直接		
地方发电公司	直接		
相关电力单位	直接		
直接参与项目人员	直接		
设备、原材料提供商	直接		
当地居民	直接		

4. 对项目所在地社会环境和社会条件的影响

（1）根据工程功能定位不同，分析工程项目建成后在提升用户供电可靠性、保证电网供电质量、提升区域供电能力、增加政府的财政和税收收入、带动当地就业等方面发挥的作用。

（2）针对坑口火电站工程，分析项目对所在地煤炭行业发展、煤炭开采和运输就业人员的影响。

（3）明确工程是否开展了社会稳定风险评估工作。根据项目社会稳定风险分析报告或其他资料，针对项目各阶段中可能出现的不利于社会稳定的诱因，分析相应风险防范、化解措施的制定及落实情况。

（4）对于需国家发展改革委审批、核准或者核报国务院审批、核准的工程项目，按照《国家发展改革委重大固定资产项目社会稳定风险评估暂行办法》的要求，确定工程社会稳定风险等级，并分析相应风险防范、化解措施的落实情况。

根据以上各项评价，对项目所在地社会环境和社会条件影响进行概括性汇总，得出综合评价结论，重点突出项目在区域经济社会发展、产业技术进步及服务用户质量等方面有何影响及促进作用、社会稳定风险防范、化解措施是否有效落实等内容。

三、评价依据（见表2-1-44）

表2-1-44　项目社会效益评价依据

序号	评价内容	评价依据	
		国家、行业、企业相关规定	项目基础资料
1	对区域经济社会发展的影响	—	（1）项目年供电量、地区全社会用电量、地区GDP、工程建设投资等相关数据； （2）相关调查资料
2	对产业技术进步的影响	—	项目相关设计文件
3	对服务用户质量的影响	—	不同类型项目在提升服务用户质量方面的资料及数据
4	利益相关方的效益评价	—	（1）项目各相关利益群体情况； （2）项目建设期、运营期纳税情况； （3）工程各阶段投资数额； （4）电网企业增供电量等数据（如有）
5	社会稳定风险评价	国家发展改革委重大固定资产项目社会稳定风险评估暂行办法（发改投资〔2012〕2492号）	（1）项目社会稳定风险分析报告； （2）相关调查资料

注　相关评价依据应根据国家、企业相关规定动态更新。

第七节　项目可持续性评价

一、评价目的

　　项目持续性是指项目的建设资金投入完成之后，项目的既定目标是否还能继续，项目是否可以持续地发展下去，接受投资的项目业主是否愿意并可能依靠自己的力量继续去实现既定目标，项目是否具有可重复性。简单来说，即为项目的固定资产、人力资源和组织机构在外部投入结束之后持续发展的可能性，未来是否可以同样的方式建设同类项目。通过项目持续性评价，能够对项目可持续发展能力进行预判，以期指导待建同类项目的建设方式，改进在建同类项目的建设方式。

二、评价内容与要点

　　根据《中央企业固定资产投资项目后评价工作指南》（国资发规划〔2005〕92号）

的要求，项目持续能力评价主要分析外部因素和内部因素，外部因素包括资源、环境、生态、物流条件、政策环境、市场变化及其趋势等；内部因素包括财务状况、技术水平、污染控制、企业管理体制与激励机制等，核心是产品竞争能力。由于持续能力的内部因素和外部条件在项目全生命周期内的潜在变化，因此，项目持续性评价需对影响项目的内外部因素变化形势进行预测，一般以评价者的经验、知识和项目执行过程中的实际影响为基础。

就火力发电工程而言，其污染控制水平、生态环境影响是在项目建成时确定的，在项目运营期内不会发生大的变化，或者不会发生变化。项目对物流情况要求不高。火电工程的核心是燃料（电煤或天然气）价格、电力电量价格等竞争能力，电力电量受所在地区市场环境影响，也受政策环境影响，只有当电力电量在运营期内呈增长趋势或保持一定的平稳，同时燃料价格处于合理区间时，项目具备可持续性，否则持续能力较差；电力电量价格与燃料价格是项目经济效益的敏感性因素，对项目可持续性具有较大影响。按项目全生命周期内计算项目的经济效益，当项目内部收益率大于或等于基准收益率，净现值大于零时，项目具备可持续性，否则持续能力较差。除了项目经济效益，技术水平也对项目可持续性产生较大影响。当项目在设计、施工、设备材料等方面具有技术创新，达到国内或国际领先水平，且在相当长时期内引领技术发展，项目具有较强的可持续性。而项目虽采用常规的成熟的设备技术，但在相当长时期内该设备技术都不会被淘汰时，项目一定时期内具备可持续性。同样地，运营单位的运营管理水平也会对项目的持续性产生影响。当运营单位积极提升运营管理水平，运营管理水平先进，如采用信息化手段，积极开展围绕提升运维水平和电站安全运行的职工创新和科技项目，成果能够确实提升项目运维水平和电站安全稳定性的，项目具备较强的可持续性。而运营单位虽未开展提升管理水平的活动，但法人治理结构相对稳定，项目具有一定的可持续性。同时，项目在运营初期未发生因故障原因引起的大修技改，缺陷次数少，资源消耗低，维护便捷，项目具有较强的可持续性。

结合上述分析，众多因素中，环境、生态、物流条件影响较小或无影响，影响火电工程持续能力的主要外部因素为资源、政策环境、市场变化及趋势，主要内部因素为项目经济效益、技术水平，运营单位运营管理水平。因此，项目持续性评价主要应从项目经济效益、技术水平、运营单位运营管理水平、资源、政策环境和市场变化及趋势等几方面因素条件去重点分析。在上述因素中，政策环境、市场变化及趋势属于可持续性的风险因素，在项目全寿命周期内有进一步变动的风险，需进一步加强对政策趋势、市场变化及趋势研判的论证。

项目持续性评价应根据项目现状，结合国家的政策、资源条件和市场环境对项目的可持续性进行分析，预测产品的市场竞争力，从项目内部因素和外部条件等方面评价整个项目的持续发展能力。评价内容主要包括：外部因素对项目持续能力的影响评价、内部因素对项目持续能力的影响评价、扩建因素对项目持续能力的影响评价以及可持续性综合评价。

1. 外部因素对项目持续能力的影响评价

简述国家、地方针对资源利用（土地、燃料供应、水资源）、环境、物流条件、供电结构（调峰、备用）、地区热力发展、经济发展等方面的相关政策，评价是否满足现已投运项目持续运行的需求。

（1）地区电力发展对建设项目持续性的影响。在项目可研阶段，已对地区电力装机和电力负荷市场进行了预测。在后评价阶段应重点对比在项目运行时这些情况和可研阶段时的差别，分析地区电力发展对项目竞争力的影响，如项目所接入电网中的各类型电源规模比例、火电装机结构、电网网架变化等。进一步分析未来地区电力发展趋势，同时根据地区未来电力发展，预测项目在电力市场中的竞争力变化。

（2）地区热力发展对项目目标持续性的影响。在项目可研阶段，已对地区热负荷市场进行了分析。在后评价阶段应重点对比在项目运行时这些情况和可研阶段时的差别，分析地区热负荷变化对项目竞争力的影响，如地区城市总体规划和供热规划的调整或者热用户的变化情况等。

（3）政策法规及规程规范对建设项目目标持续性的影响。分析最新出台的国家有关纯凝机式机组和热电联产（抽凝式）机组发展的产业政策对电铲运行模式的影响。根据项目环境和社会效益评价，分析对项目目标持续性的影响。

2. 内部因素对项目持续能力的影响评价

从内部生产运行管理以及财务指标改进（管理模式、盈利能力、技术水平、污染控制、运行机制、发电煤耗与煤价等）方面评价是否满足项目持续运行的需求。

（1）内部生产运营管理对建设项目目标持续性的影响。分析生产运行管理模式是否有效体现了激励机制、降低燃料成本与确保设备寿命之间的平衡把握是否得当因素对建设项目目标持续性的影响。

（2）煤炭、燃气价格对项目目标持续性的影响。燃料成本占电厂日常运营成本的比例巨大，当燃料的价格发生较大变动时，将直接影响电厂的实际发电成本。分析未来本项目因燃料价格变化对上网电价的影响及变化趋势，并分析对项目未来目标持续性的影响。

（3）财务指标改进对建设项目目标持续性的影响。发电煤耗与煤价、上网电量和电价等对经济增长的持续性起到重要的作用，分析现有项目财务指标和预期指标，包括运营销售收入、成本、利税、收益率、利息备付率、偿债备付率等指标的实现，分析在后评价时点的上网电价所对应的煤价临界点。分析财务指标的改进对项目财务状况的影响，分析对项目持续性发展起到的作用。

3. 扩建因素对项目持续能力的影响评价

对于现厂址规划区域内预留有扩建条件的项目，可增加此评价内容。

从项目厂址内外部条件出发，根据设计、施工和运营的实际情况，结合当前能源资源、市场需求、交通条件、投资收益等影响因素分析项目扩建的必要性，评价后续扩建对项目可持续性的影响。

4. 可持续性综合评价

在项目延续性和可重复性定性评价基础上，可通过定量方法来综合评价项目持续性能力，定量评价结果可为项目决策者整体预判项目发展能力提供参考。

以-1、0、1分别表示项目可持续能力档次，-1表示项目持续能力较差或不可借鉴性，0表示项目具有一定的持续能力或可借鉴性，1表示项目具有较强的可持续能力或可借鉴性强。具体评价可参考表2-1-45。

表2-1-45　项目可持续性综合评价表

序号	评价点	档次	满足条件
一			延续性评价
1	经济效益	1	项目内部收益率大于基准收益率，净现值大于零
		0	项目内部收益率等于基准收益率，净现值等于零
		-1	项目内部收益率小于基准收益率
2	技术水平	1	技术水平达到国内或国际领先水平或具有技术创新
		0	采用常规的成熟的技术
		-1	技术即将被淘汰
3	运营管理水平	1	法人治理结构稳定，积极提升运维水平和电站安全稳定性
		0	法人治理结构稳定
		-1	法人治理结构不稳定，管理水平差
4	资源	1	在投运初期未发生因故障原因引起的大修技改，缺陷次数少，资源消耗低，维护便捷
		0	在投运初期未频繁发生因故障原因引起的大修技改，资源消耗低
		-1	故障频繁，缺陷多，资源消耗高

序号	评价点	档次	满足条件
5	政策环境	1	政策环境有利于工程效益
		0	政策环境虽然不利于工程效益，但可通过自身途径将影响降低
		−1	政策环境不利于工程效益，也不能将影响降低
6	市场变化及趋势	1	当所在地区经济形势整体良好，负荷在一定时期内呈增长趋势时
		0	当所在地区经济形势整体良好，负荷在一定时期内保持平稳时
		−1	当所在地区经济形势恶化，负荷在一定时期内呈负增长时
二			可重复性评价
1	前期决策	1	决策流程规范，决策水平科学合理。过程有亮点，成效显著
		0	决策流程规范，决策水平科学合理
		−1	出现错误决策
2	实施准备	1	实施准备充分；过程有亮点，成效显著
		0	实施准备充分
		−1	实施准备不充分
3	建设实施	1	建设实施流程规范；过程有亮点，成效显著
		0	建设实施流程规范
		−1	管理混乱
综合评价结果（各评价点档次累计求和）		>0	项目具有较强的可持续能力，具有较强的可借鉴性
		=0	项目具有一定的可持续能力，具有一定的可借鉴性
		<0	项目可持续能力较差

三、评价依据

国家、行业、企业相关规定和项目基础资料是开展项目可持续性评价的依据，同时对于未来的预判还需依据政策、技术、市场发展趋势。评价依据具体见表2-1-46，项目基础资料包含但不限于表中内容。

表2-1-46　项目可持续性评价依据

序号	评价内容	评价依据	
		国家、行业、企业相关规定	项目基础资料
一		项目延续性评价	
1	经济效益	—	（1）项目财务经济效益评价结论；（2）项目所在区域电力规划文件
2	技术水平	—	（1）项目技术水平评价结论；（2）报奖材料

续表

序号	评价内容	评价依据	
		国家、行业、企业相关规定	项目基础资料
3	运营管理水平	—	（1）培训记录、总结等相关资料； （2）职工创新和科研项目相关资料
4	资源	—	（1）缺陷清单、计划停运和非计划停运统计表； （2）年度或月度运行总结报告； （3）技改检修资料
5	政策环境	国家、地方颁发的与电力市场有关的政策文件	—
6	市场变化及趋势	国家、地方颁发的与电力市场有关的政策文件	（1）能源统计年鉴； （2）地区经济发展、项目所在区域电力规划文件
二		可重复性评价	
1	前期决策阶段可重复性评价	—	（1）涉及规划、可行性研究亮点的相关文件； （2）报奖材料
2	实施准备阶段可重复性评价	—	（1）涉及招标、合同管理、开工准备亮点的相关文件； （2）报奖材料
3	建设实施阶段可重复性评价	—	（1）涉及施工、验收、工程管理亮点的相关文件； （2）报奖材料

注 相关评价依据应根据国家、企业相关规定动态更新。

第八节 项目后评价结论

一、评价目的

项目后评价结论是在以上各章完成的基础上进行的，是对前面几部分评价内容的归纳和总结，是从项目整体的角度，分析、评价项目目标的实现程度、成功度以及可持续性。对前述各章进行综合分析后，找出重点，深入研究，给出后评价结论。

二、评价内容与要点

综合项目全过程及各方面的评价结论，并进行分析汇总，形成项目后评价的总体评价结论。评价内容主要包括：项目成功度评价、项目后评价结论、主要经验及存在问题。

1. 项目成功度评价

根据项目目标实现程度的定性的评价结论，采取分项打分的办法，评价项目总体的成功程度。

依据宏观成功度评价表，对被评价的工程项目建设、效益和运行情况分析研究，对该工程各项评价指标的相关重要性和等级进行了评判。针对被评价项目侧重的工程重点，各评定指标的重要程度应相应调整。

项目成功度评价的方法宜采用量化打分方法，将项目分为成功、比较成功、部分成功、不成功四级，从而定性总结项目的成功度。表2-1-47所列为工程项目的综合成功度评价的内容。

表2-1-47　工程项目的综合成功度评价表

序号	评定项目指标	权重	得分	评定等级	备注
1	项目实施过程评价				
2	项目生产运营评价				
3	项目经济效益评价				
4	项目环境效益评价				
5	项目社会效益评价				
6	项目可持续性评价				
	项目总评				

注　1. 各分项评价指标的权重合计为1，单项得分满分100分，加权求和得到项目总分。
　　2. 得分与评定等级的关系：0~25分评定为不成功；26~50分评定为部分成功；51~75分评定为比较成功；76~100分评定为成功。
　　3. 成功度等级划分：成功、比较成功、部分成功、不成功。

项目的成功度从建设过程、经济效益、项目社会和环境影响以及持续能力等几个方面对工程的建设及投产运行情况进行了分析总结。根据项目成功度的评价等级标准，由专家组对各项评价指标打分，结合各指标重要性，得到项目的综合成功度结果。

2. 项目后评价结论

根据前述各章的分析，给出火力发电工程建设、运行各阶段总结与评价结论，效果、效益及影响结论，总结出火力发电工程的定性总结论。

项目后评价结论，应定性总结与定量总结相结合，并尽可能用实际数据来表述。

后评价结论是对火力发电工程投资、建设、运营的全面总结，应覆盖到后评价的各个方面。但同时要注意，后评价结论是提纲挈领的总结性章节，应高度概括，归纳要点，突出重点。

3. 主要经验及存在的问题

根据项目后评价结论，总结火力发电工程建设运行的主要经验及存在问题。主要从两个方面来总结：一是"反馈"，总结火力发电工程本身重要的收获和教训，为火力发电工程未来运营提供参考、借鉴；二是"前馈"，总结可供其他项目借鉴的经验、教训，特别是可供项目投资方及项目法人单位在项目前期决策、施工建设、生产管理等各环节中可借鉴的经验、教训，为今后建设同类项目提供经验，为决策和新项目服务。

第九节 对策建议

一、评价目的

后评价开展的目的，是通过对建成投产的火力发电工程进行科学、客观、公正、全面的分析评价之后，一方面总结成功经验并推广应用，另一方面查找和发现问题，以项目问题的诊断和综合分析为基础，提出合理、科学和有效的对策建议。

二、评价内容与要点

对策建议是针对所评价的火力发电工程在后评价过程中发现问题或现象给出的反馈意见。一方面对项目本身在规划、计划、实施和运行等环节中存在的问题提出针对性对策建议，目的是项目单位在后续项目的工程建设运营中避免或减少类似问题。另一方面对相关政策、制度完备性或执行力方面提出对策建议，目的是通过完善政策制度建设和加强已有制度执行力来改进和提高项目投资决策和运营。项目后评价的对策建议应实事求是、易懂、可操作，并具有很强的实践价值。

对策建议的主要内容应根据项目后评价各阶段及实施效果结论、存在的主要问题、主要经验教训、制约可持续发展因素等的分析，从宏观和微观两个层面，提出在投资方投资科学决策、企业生产经营管理决策、产业政策制定、规范市场行为、改善市场环境等方面的改进建议。

1. 对国家、行业及地方政府的宏观建议

针对国家、行业及地方政府的宏观建议，应从以下两个方面入手：其一，政策研究。深入探讨项目存在的问题，研究有关政策，对有关行业发展的政府主管部门和国家政策方面提出适合完善和改进的方向性建议。其二，提炼问题，推进实施。要由项目的评价效果和存在的问题引申提出，按照"容易实施""可操作"的原则，提出与之适配的宏观建议与对策。

2. 对企业及项目的微观建议

针对企业及项目的微观建议，应从以下两个方面进行着手：一是对投资主体及项目法人提出具体的对策建议；二是由项目的评价效果和存在的问题引申提出。

对策建议的语言及表述应注意以下两个方面：一是遣词精练，达意准确。对策建议的语言不出现空洞之词、模棱两可之语，尽量使用句法结构简单的短句，便于理解。慎用长句，因其句法结构较复杂，读后不易迅速抓住其要旨。句子与句子之间要有一定的连贯性，力求衔接紧凑、逻辑性强。二是不同部分应当详略得当，表述应做到言简意赅。此外，表述要有独立性与自明性。

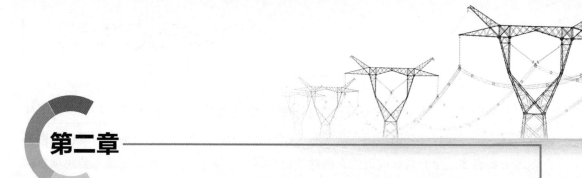

第二章

火力发电工程后评价实用案例

为了更好地使电力工程后评价专业人士开展火力发电工程后评价，本章选取具体的火力发电工程开展案例分析。对照第一篇第二章后评价常用方法和本篇第一章火力发电工程后评价内容介绍，按照评价抓核心、抓重点原则，围绕项目概况、项目实施过程评价、项目生产运营评价、项目经济效益评价、项目环境效益评价、项目社会效益评价、项目可持续性评价、项目后评价结论和对策建议等九个部分，深入浅出地介绍了典型火力发电工程的具体评价内容和评价指标，形成火力发电工程后评价报告基本模板，以供读者共飨。

第一节　项目概况

一、项目情况简述

××电厂一期工程厂址位于××省××县，地处××。规划容量为四台大容量超临界机组，一期工程建设两台机组。工程批准静态投资为××亿元，动态投资为××亿元，由××有限公司独资兴建。

××有限公司××电厂为建设单位和生产单位，工程设计单位为××电力设计院和××电力设计院，主要施工单位为××建设公司、××建筑工程公司、××建设集团公司、××基础工程公司、××工程局和××有限公司；监理单位为××有限公司、××监理所和××有限公司，调试单位为××有限公司。

电厂主设备要按照引进技术、联合设计、合作生产的方式，在国内设备生产厂家中招标采购；电厂水陆交通便利，已取得土地管理部门的同意文件；电厂投产后，年需燃煤约380万t，燃用××煤，已取得××集团的供煤承诺函；电厂采用海水直流循环冷却方式，冷却水取自××湾的海水；电厂所需淡水由××水库供应，不足部分由海水淡化解决，可满足电厂用水需要。贮灰场设在电厂北面××至××之间的滩涂上，满足贮灰20年的要求；电厂安装高效静电除尘器，同步建设烟气脱硫装置和烟气连续排放监测装置，并采用低氮燃烧控制氮氧化物的排放技术，可满足国家环保要求，国家环保总局已出具同意文件；该工程以500kV电压等级接入系统，由电网公司负责出资建设，具体方案另行审批。

该工程由××电力设计院承担总体设计，汽轮机由××公司制造，发电机由××公司制造，锅炉由××公司制造，主变压器、高压厂用变压器由××公司制造，启动备用变压器由××公司制造。

电厂采用世界上先进的燃煤发电技术，利用超临界机组洁净燃烧。淡水全部采用海水淡化，工程同步建设240m高的烟囱和全烟气脱硫装置，并采用目前世界上先进的低氮氧化物燃烧器。建设一座10万t级泊位的专用煤码头和一座用于大件、燃油、石灰石运输的综合码头。

主要系统及设备情况：

主设备汽轮发电机组高效节能，锅炉超临界，一次再热全钢架，固态排渣，露天布置，锅炉型号××，锅炉保证效率为93.65%，汽轮机型号为××，超临界机组，机组保证热耗率为7316kJ/kWh。

汽水系统、主蒸汽、再热冷、热段、高压给水等均采用运行方便、灵活安全可靠单元制，同时机组以定压-滑压-定压的复合方式运行，为今后机组实现全程计算机控制创造了条件。

采用系统简洁、运行稳定可靠的6台××型中速磨煤机，正压直吹式一次风制粉系统。

电气主接线按发电机-变压器-线路组的接线方式，以500kV电压等级接入系统。发电机至主变低压侧的接线采用了在发电机出口安装GCB，即有利于简化厂用电切换操作程序，又减少发电机和变压器的事故范围，简化操作周期。

电气主要设备：发电机型号××，其额定输出功率达××MW，额定电压为××kV，额定电流为××A。厂用电系统分为中、低压两级，中压厂用电采用6kV，低压厂用电为380V；电气设备的控制：单元机组电气设备均进入DCS实现控制，顺序控制和实时监视在单元控制室内不再设电气控制屏。

热工自动化系统：通过DCS完成机组（机、炉、电）的控制，报警、监视、连锁保护（除发电机-变压器-线路组保护）等功能。两台机组的DCS之间设置公用网络段，分别与两台机组DCS的数据总线通过网桥连接；公用厂用电系统、（主厂房区域）空气压缩机房、燃油泵房等公用系统接入DCS公用网络。公用网络段设单独的操作员站，通过单元机组，各辅助系统均采用上位机和可编程逻辑控制器（PLC）组成的程序控制系统，可实现在各控制点对系统运行的监控及事故报警，也可实现联网控制，或将监控终端移至集控室内进行监控。汽轮机电液控制系统（DEH）、给水泵汽轮机电液控制系统（MEH）、汽轮机旁路控制系统和锅炉吹灰程序控制系统等配套系统与DCS考虑有通信接口和保护用硬接线接口。

该工程发电用淡水全部采用海水淡化，出力达1440m³/h，不仅解决了电厂运行所需冷却水供应问题，而且解决了当地干旱时缺少淡水的燃眉之急。

二、项目建设的必要性

1. 宏观角度

根据国家高效超临界机组国产化的目标，建设高效超临界燃煤电厂，既可实现发电机组的大容量、高参数，提高电厂效率，节约一次能源，又能通过高效的脱硫装置及脱硝装置减少硫化物与氮氧化物的排放，提高燃煤电厂的环保水平。××电厂厂址条件优越，是大容量高效超临界机组的理想选择。××电厂的建设，将有利于推动我国高效燃煤发电技术再上新台阶，加快高效超临界机组完全自主知识产权与国产化进程。

2. 微观角度

××地区是我国经济较发达地区之一，在国民经济中占有重要地位。全地区土地面积××万km²，占全国的××%；××年底人口达××万人，占全国的××%，是我国人口稠密地区之一。改革开放以来，经济呈现快速、持续、健康的发展，国内生产总值年均增长率高于全国××个百分点。××年地区GDP达到××亿元（当年价），同比增长××%，人均GDP为××元，高于全国平均水平。

截止到××年底，××电网6MW及以上电厂装机容量××MW，其中水电××MW，火电××MW，核电××MW。全社会年发电量××亿kWh，区外由××电网受进××亿kWh，由××电网受进××亿kWh，电网年最高负荷××MW。××电厂的投运，对缓解电力供应紧张及其对区域经济发展的制约方面都起了很大的作用，具体表现在：

（1）在一定程度上缓解了××电力供应紧张和电力紧张对经济发展的制约。

通过对××电网历年负荷发展及经济发展情况、用电结构的分析，××公司提出了××期间××电网电力电量预测结果。××电网××年需电量和最高负荷分别为××亿

kWh和××MW，增长率分别为××%和××%，××年需电量和最高负荷分别为××亿kWh和××MW，增长率分别为××%和××%。

××省是××地区经济发展最快的省份之一，××省的人均国内生产总值已由××年的全国××位上升到了××年的第××位，国内生产总值年均增长速度比全国平均水平高出××个百分点。根据××电力公司预测，××期间××省最高用电负荷及用电量的年均增长率将分别达到××%及××%，到××年全省最高用电负荷及用电量分别为××MW及××亿kWh。

从以上分析得出，××电厂的投运对满足××地区全社会电力电量需求是非常必要的，对全省经济的发展起了有力的支撑和促进作用。

（2）提高了电网运行的质量。

××省××～××年电力平衡结果表明，由于××期间投产的机组较少，××～××年××省机组即使全部满发亦不能满足负荷需求，缺电较为严重，如按15%机组备用率计算，××年缺电达××MW，需要从区外大量购电或采取有序用电措施；××～××年期间，在××统调火电机组利用小时为6000h的情况下仍有××亿kWh的电量缺额，火电运行压力很大。因此，××期间××电网不仅要求在电力系统运行的同时应合理安排机组的检修周期，争取在夏季用电高峰期间有更多的火电机组能够顶峰发电，而且应积极争取××电网及其他地区的电力支援，并抓紧新建电源的前期工作，以保证××末期及其后可持续平稳增加电源容量，提高××电网的就地平衡能力及电力系统运行的经济性。

××期间，当按既有电源规划投产××MW机组后，××电网的备用率逐年提高，但电源容量仍显不足，按15%备用率，××电网短缺电力××MW，在统调火电发电利用小时按6000h计算时，仍有相当幅度的电量缺额。

从以上分析可以看出，××电厂的投运大大降低了××电网由北向南的电力输送压力，改善地区的供需矛盾，增加地区的供电可靠性，并有利于增加全网的安全稳定运行。

3. 经济角度

××电厂所在地是××地区负荷中心，在××建设大容量高效燃煤电厂，可有效缩短电力输送距离。

××电厂所在地港运条件可以满足10万t级散货船的乘潮进港，对于采用进口煤炭、降低煤炭运输成本、保证电厂燃料供应具有十分重要的意义。

厂址区域得到了当地政府的有效保护，基本无需拆迁，大部分为滩涂，电厂建设用地条件良好。

三、项目建设里程碑

××电厂一期工程于××年取得开展前期工作的函，××年××月取得可研报告评审意见，××年××月取得国家发改委项目核准通知，××年××月取得工程初步设计批复，××年××月××日开工建设，1号机组于××年××月××日率先投产，同年××月××日2号机组顺利完成168h试运行，实现两台机组一年"双投"的目标，并顺利移交生产，整个建设工期为28个月零5天。

四、项目总投资

××总院以《关于报送××电厂工程初步设计审查意见的函》，审查通过该项目的初步设计，按××年的价格水平，动态投资总额为××万元，其中：静态总投资××万元，建设期贷款利息××万元，价差预备费××万元。

××公司以××号《关于××电厂工程初步设计的批复》批复××电厂一期工程概算：发电工程静态投资××万元（××年价格水平，含脱硫费用××万元），单位投资××元/kW；含建设期贷款利息及价差预备费的动态投资××万元，单位投资××元/kW；另计列铺底生产流动资金××万元，工程项目计划总资金××万元，单位投资××元/kW。

五、项目运行效益现状

从××年全年运行情况分析，××电厂1、2号机组在全年出力系数仅69.48%的情况下，厂用电率达到5.18%，供电煤耗达到299.57g/kWh，成为××公司在投产后第一个运行年度即建设成为节约环保型燃煤火力发电示范电厂。

截至××年××月××日，电厂未发生电力生产人身死亡事故、未发生重大及以上设备事故、未发生电力生产人身重伤事故、未发生电力生产人身轻伤事故，实现全厂全年连续无事故记录××天，无事故连续安全生产记录××天。

××地区是××省经济最活跃的地区之一，××电厂的投运，一定程度上缓解了电力不足对××省和××地区经济增长的制约。同时，电厂的投运为××电网提供了支撑性电源点，减轻了电网供电压力，有利于提高受端系统和地区电网运行的可靠性和经济性。

第二节　项目实施过程评价

一、前期决策评价

（一）可研阶段评价

1. 项目可研实施过程评价

××年××月，××公司组织有关专家对××省几个电厂厂址进行了专门考察，经分析后选定××电厂作为投资开发项目。随后，××公司委托××电力设计院对该厂址进行了两台超临界机组的初步可行性研究工作。

××年××月，××公司决定将××电厂工程作为采用高效超临界机组技术、逐步实现国产化的重点工程，委托××电力设计院在该厂址上重新开展2台大容量高效超临界机组初步可行性论证，并且于××年××月××日通过了由××公司组织的审查。

为了落实可行性研究的一些外部条件，××年××月××电力设计院配合业主委托其他单位进行水文测验、气象观测、厂址水系调整和水库安全性评价、岸滩稳定性评价、泥沙和温排水数物模试验等专题的研究；同时对厂址区域地质进行了进一步勘测；××年××月××日，在××公司组织××电力设计院赴国内三大动力基地进行主设备设计和制造能力的调研；××年××月××公司、××电力设计院等一同赴北方装煤港口了解泊位等级和运能情况；××年××月××日，××公司组织专家对××电厂高效超临界机组选型报告进行了评估；××年××月××日，××总院对××电厂接入系统方案进行审查；在审查意见的基础上，设计单位结合工程进展对可研方案进行了调整；××年××月××日，××公司再次邀请专家对总平面布置方案和场地标高问题进行咨询。

项目可研阶段决策实施情况见表2-2-1。

表2-2-1　项目可研实施程序表

序号	项目	完成时间	文号	部门/单位
1	对选定厂址进行2台超临界机组初步可行性研究工作	××年××月	××	××电力设计院
2	选定厂址上重新开展2台大容量高效超临界机组初步可行性论证	××年××月	××	××电力设计院
3	××电厂可行性研究报告编制	××年××月	××	××电力设计院
4	关于××电厂可行性研究报告的审查意见	××年××月	××	××总院

2. 可行性研究报告审查及内容评价

××年××月，××电力设计院完成了工程可行性研究收口报告，××年××月××日××总院以××号文件印发了《关于××电厂工程可行性研究报告的审查意见》，从建设规模、厂址、接入系统、煤源、交通运输、码头工程、水源、灰场、工程地质及岩土工程、环境保护、脱硫工程、投资估算和经济效益分析12个方面对可研报告提出了审查意见。关于工程设想部分，按××号文件的要求开展下阶段工作，并补充提出如下意见：

（1）机组容量为××MW级，额定容量可根据主机的设计制造情况在招标时确定。参数按主蒸汽压力为24.6MPa、主蒸汽温度为600℃、再热蒸汽温度为600℃考虑。

（2）建议锅炉预留脱硝装置的空间。

（3）本期工程启动/备用电源引接方案待定，投资估算暂按方案二计列。

（4）发电机出口不装设断路器或负荷开关。

（5）为完整保留电厂设计、建设期间的信息，建议本期工程电厂MIS系统从基建阶段开始建设。

（6）厂区场地标高按主厂房区××m（1985年国家高程，下同），其他区域××m考虑。

（7）电厂附属和生活福利建筑面积参照现行电力行业标准中××MW级机组的规定执行。

（8）考虑到当地灰渣综合利用条件较好，近期灰场按10年贮灰征地、5年左右贮灰建设初期围堤的方案估列投资。

××年××月，根据××公司××号通知、××总院《关于××电厂工程可行性研究报告的审查意见》，××电力设计院编写了《××电厂工程可行性研究总报告（最终版）》，内容包括：概述、电力系统、燃料供应、厂址条件、工程设想、热力系统、烟气脱硫、环境保护、灰渣综合利用、劳动安全与工业卫生、水土保持、电厂定员、项目实施条件和轮廓进度、投资估算及经济效益分析等部分。

可研报告对干灰场方案、总平面布置方案分析、厂外除灰系统和锅炉补给水系统方案、锅炉设备吊装方案和施工总平面规划方案进行了设计比较。电气部分"发电机-变压器组"单元制接线和发电机和主变压器之间加装发电机出口开关的接线方式，从技术角度、经济角度和实际情况分析了优缺点，最后给出了建议方案。可研报告主要结论意见：

1）该厂建设有利于缓解××地区和××省电力紧张局面，促进国民经济持续高速发展。

2）在研究分析了××水库、××二期和××工程等几个可作为电厂水源的供水能力、水质、投资及运行成本的基础上，最终推荐本期工程采用××水库加海水淡化方案，对电厂用水有保障。本期灰场经进一步优化后选择××作为干灰场，占地少，投资省，对周围环境影响小。厂址场地区域地质属相对稳定区，适宜建厂。从扩建条件来看，电厂水源和灰场远期具有有利条件。

3）由于××地区建设大型电厂的厂址已不是很多，应充分利用这个厂址条件，尽可能多地安装大容量机组。机组选型报告对××电厂选用××MW超临界机组，并立足国内制造能力和条件，依靠引进关键技术实现国产化的可行性进行了调研和论证，该工程作为配合国家××计划、发展超临界机组的依托项目，选择大容量超临界机组是比较合适的。

4）机组参数从国际上的发展趋势，并结合我国的实际情况，以及为降低工程投资、便于引入多方制造厂竞争的角度考虑，推荐采用24.6MPa/600/600°C参数的单轴单再热超临界机组装机方案。采用大容量及超临界机组符合我国优化火电结构、节约能源和保护环境的政策。

5）总平面布置在项目建议书评估的基础上，结合厂区工程地质和场地条件，进行了多方案比较论证后，最终提出了两个方案作为可研的研究重点。综合比选两方案的建设条件，方案一工艺合理，投资较省，扩建条件好，但工程建设初期施工条件较复杂；方案二一期投资较大，对厂址周围当地现有及规划道路影响大，扩建条件限制较多，但工程建设初期施工条件好，对缩短工期有利。现总平面布置按2台××MW设计，按4台××MW规划，并研究留有再扩建2台××MW机组的可能。本可研阶段综合投资和扩建条件等方面因素推荐方案一。

综上所述，××电厂一期工程项目可行性研究报告内容全面，深度符合《火电工程可行性研究报告书内容深度要求》的要求，遵循了《关于固定资产投资工程项目可行性研究报告节能篇（章）编制及评估的规定》，符合《关于建设项目环境影响评价制度有关问题的通知》和《中华人民共和国环境影响评价法》规定。

3.可行性研究合理性评价

××电厂一期工程可行性研究一致率指标统计见表2-2-2。

表2-2-2　项目可行性研究一致率指标统计

项目		可研	初步设计	差异情况
建设规模		本期2台大容量超临界燃煤发电机组，同步建设烟气脱硫装置。电厂可按4台大容量超临界燃煤发电机组规划，并留有进一步扩建的余地	本期2台大容量超临界燃煤发电机组，同步建设烟气脱硫装置。电厂可按4台大容量超临界燃煤发电机组规划，并留有进一步扩建的余地	无差异
接入系统		2台机组以500kV接入系统，出2回500kV线路接入××变电站	2台机组以500kV接入系统，出2回500kV线路接入××变电站	无差异
机组主要工艺参数	主蒸汽压力（MPa）	24.6	24.6	无差异
	主蒸汽温度（℃）	600	600	
	再热蒸汽温度（℃）	600	600	无差异
厂区总平面布置		推荐方案一	采用方案一	无差异
投资	静态总投资（万元）	××	××	较可行性研究规模减少××万元
	动态总投资（万元）	××	××	较可行性研究规模减少××万元
	单位造价（元/kW）（静态）	××	××	较可行性研究规模减少××元/kW

由表2-2-2可知，可研建设规模与初步设计建设规模相比，除总投资和单位造价外，均无变化。初步设计建设规模静态总投资、动态总投资和单位造价（静态）较可行性研究规模分别减少××万元、××万元和××元/kW，减少××%、××%和××%，可行性研究较为科学合理。

（二）核准或批准评价

为保证项目核准支持性文件的取得，××公司适时委托相关单位进行了环境影响、地址灾害、水土保持等方面的评估，选址意见书、水保、环评批复均在开工前取得，并严格按照规定的时间节点上报项目核准支持性文件，具体如表2-2-3所示。

表2-2-3　可行性研究报告核准申请支持性文件落实情况一览表

序号	《企业投资项目核准暂行办法》（发改委第19号令）规定	实际执行情况
1	核准申请报告	已执行《关于××电厂一期工程项目核准的请示》（××号）
2	城市规划行政主管部门出具的城市规划意见	—
3	国土资源行政主管部门出具的项目用地预审意见	已执行《关于××电厂一期工程项目用地的预审意见》（内国土预审字××号）《国土资源部关于××电厂一期工程建设用地的批复》（国土资函××号）
4	环境保护行政主管部门出具的环境效益评价文件的审批意见	已执行《关于××电厂一期工程环境影响报告书的批复》（环审××号）
5	根据有关法律法规应提交的其他文件	已执行《关于××电厂一期工程水土保持方案的复函》（水保函××号）

××年××月，国家发展改革委下达了××电厂一期工程的核准批复，核准批复动态投资为××万元，批复建设规模为：本期工程建设2台大容量超临界燃煤发电机组，同步建设烟气脱硫装置。电厂可按4台大容量超临界燃煤发电机组规划，并留有进一步扩建的余地。

与可研目标相比，截止到后评价时点，已经完成××电厂一期工程建设目标，并于后评价时点前完成整体建设规模，实现整体投产。对比工程实际建设情况，项目核准意见已经得到落实。

（三）前期决策评价结论

1. 项目符合国家宏观经济政策和企业投资战略，决策正确

项目属规划容量内的新建工程建设，符合××公司的战略发展要求，可增强集团公司的产业规模和市场占有率；符合资源配置合理性要求，满足××电力市场需求，可支持区域经济发展。项目决策正确。

2. 项目报批手续齐全，符合国家基本建设管理程序规定

该项目按照国家基本建设程序执行，经过各级政府部门和集团公司的正常审批，及时获得环保、土地、国家投资主管部门和集团公司等的批准文件。其立项审批过程符合

国家基本建设项目审批程序。

3. 项目立项和可研环节工作较为深入、细致，效果良好

可行性研究报告编制单位具有本行业甲级资质，对该项目进行了充分的厂址论证和建设条件的深入研究。立项各阶段均按规定由具有相应资质的咨询机构进行评审，深度符合规定要求，并进行了报告的修改完善，对工程项目的建设成功起到了良好作用。

二、勘测设计评价

（一）勘测设计单位评价

1. 设计单位资质评价

根据××公司相关制度规定，建设单位按照公开招标方式选定××电力设计院为××电厂一期工程的勘察设计单位。该设计单位工程资质证书门类齐全，拥有国家工程设计综合甲级、工程勘察综合甲级、工程咨询甲级等多种资质，可承担电力行业（各等级）工程建设的咨询、勘察设计、工程总承包、项目管理、招标代理、工程监理和设备监造等业务。设计资质和设计条件均符合相关规定。

2. 设计单位组织管理总结与评价

××电力设计院作为该项目的设计单位，在设计中提出了明确的质量、进度和造价控制目标与控制措施，在实施过程中能够按照已制定的控制措施执行。设计过程中，设计单位通过设计思想更新和设计方法的提高，推行优化设计和优质服务，通过科学的管理和切实可行的质量保障措施，提高了勘测设计的整体质量。

（二）勘察工作评价

××电厂厂区地貌主要为海积地貌，其中潮间带浅滩，地势平坦，地面标高在××~××m（1985国家高程基准）之间，一期工程主要位于该区域；海积平原系近代围垦而成，地势平坦，微向××倾斜，地面标高在××~××m之间，区内河网密布，地表水系发育，现以农田、鱼虾塘为主。厂址区域浅层土均为软弱土层，且以淤泥为主，具有含水量高、孔隙比大、高压缩性、抗剪强度低、承载力小（40~50kPa）等特性，一般厚度达20~30m，最厚可达38m。

1. 场地预处理后效果评价

（1）通过对勘探和观测资料的分析，证明在这样深厚软弱的淤泥地基上，采用塑

料排水板加固来处理地基，其效果是明显的，采用监测分析控制的分级加荷施工是正确的，在保证地基稳定的前提下，提供了加快工程进度的可能性。

（2）场地中各区域因工程地质条件、地基处理设计参数和施工质量的不同，其排水固结的效果各有差异，总体比较，二期场地略优于一期场地。

（3）为掌握超载排水固结的效果，超载期间，在现场进行了十字板和静力触探试验，钻探采取原状土样在室内进行物理力学性质试验，同天然状态的各项性能指标进行对照，结果显示，场地排水固结效果显著，达到了预期目的。

（4）地面沉降量和沉降速率与荷载大小有明显相关性，随着荷载的增加，沉降量和沉降速率显著增大，加载停歇期间沉降速率明显变慢。沉降观测的资料显示，场地最大沉降达1428.7mm，最小沉降为94.6mm，固结度平均在80%左右，达到了地基土加固的效果。

（5）孔隙水压力的观测表明，在加载期或预压期孔隙水压力的消散有明显规律，其变化与荷载是相应的，并且随着荷载的逐级增加，其消散的速率也越慢。孔压的观测结果能反映地基土上层受荷及排水固结的实际情况，孔压反应灵敏，可作施工控制指标之一。

（6）本工程场地软弱土层为沿海淤泥，属于结构性强、灵敏度高的软黏土或超软土，在施工中必须尽量减少对土体的扰动，另外在潮间带区填砂垫层，要采取措施（如设置排水滤管等）避免浮泥覆盖砂垫层，否则都会直接影响地基土的排水固结效果。

2. 厂区地质勘测设计评价

厂址区域未发现较大规模的活动性断层，距离各发震大断裂均较远，场地稳定条件较好，适宜进行工程建设。该场地50年超越概率10%的地震动峰值加速度为0.05g，对应地震基本烈度为Ⅵ度。

该场地地层较为复杂，表层为回填的土石方，其下为软土（以淤泥为主），工程性质较差，底部基岩埋深起伏较大。

地基处理可采用水泥土搅拌桩，应根据不同建（构）筑物的要求，选择相应的配比、间距、桩长。

主要建筑物基础须采用桩基础，桩型一般选择PHC桩和钻孔灌注桩，桩基持力层可根据不同的建筑物要求，选择合适的持力层。

施工场地开阔，基坑开挖可采用放坡形式，坡率一般可考虑为1∶3～1∶5。如基坑开挖放坡条件不能满足时，采用水泥搅拌桩，钢板桩或锚钉墙等加固措施。

该场地地下潜水埋深较稳定，勘探期间地下水位一般埋深为2.55m，平均标高为

1.06m，地下水对混凝土无腐蚀性；在长期浸水的条件下地下水对混凝土结构中的钢筋有弱腐蚀性；在干湿交替的条件下地下水对混凝土结构中的钢筋有强腐蚀性；地下水对钢结构有中等腐蚀性。

本项目勘察数据真实可靠，工程总体勘察设计质量良好，在工程设计和建设施工过程中，未出现由于勘查工作错误或疏漏而引发的问题，未发生重大勘测设计事故。

（三）初步设计评价

项目初步设计实施情况见表2-2-4。

表2-2-4　初步设计事件一览表

序号	文件（事件）名称	发文（生）时间	文号	部门/单位
1	关于××电厂可行性研究报告的审查意见	××年××月	××	××总院
2	联合完成了××电厂初步设计预设计	××年××月	—	××电力设计院
3	签订了三大主机设备合同	××年××月	—	××公司
4	召开了三大主机第一次设计联络会	××年××月	—	××公司
5	召开了厂区总体规划及总平面布置专题报告评审会	××年××月	—	××总院
6	初步设计主要原则及主要辅机选型讨论会	××年××月	—	××总院
7	××电厂工程初步设计审查会议	××年××月	—	××总院

××年××月，××电力设计院完成该项目初步设计，××电厂上报上级公司请求进行初步设计审查。××年××月，由××总院完成初步设计预审查。经多次修改，××年××月××日××总院以××号函提出初步设计审查意见如下：

（1）根据国家发展改革委××号文对该工程可行性研究报告的批复，本期工程建设2台超临界燃煤发电机组，同步建设烟气脱硫装置。电厂可按4台超临界燃煤发电机组规划，并留有进一步扩建的余地。

（2）三大主机设备采用引进技术、联合设计、合作生产的方式，已通过招标确定。锅炉由××锅炉厂有限责任公司供货，技术支持方为××公司；汽轮机和发电机分别为××汽轮机有限公司和××汽轮发电机有限公司供货，技术支持方为××公司。

（3）同意厂区总平面布置采用方案一，即汽机房朝南，固定端朝西，自西向东扩建，辅助、附属及公用设施布置在主厂房西侧。生产办公楼和控制室合并布置在主厂房固定端侧。为解决煤场位于主导风向上风侧对厂区环境造成不利影响，同意在煤场西、南两侧加强设置绿化防护林带。

（4）本工程厂区原始地面标高在××~××m（1985国家高程基准，下同）之间，场地标高低于附近河网百年一遇内涝水位（即××m），需进行场地回填。同时，由于主厂房区、煤场区部分场地淤泥层较厚，可利用场地回填土作为场地预处理堆载。为保证施工建设期间和生产运行的安去，不受内涝水侵入，厂区场地处理工程宜按规划容量用地一次实施。

（5）厂区竖向布置采用平坡式布置，道路采用城市型。厂区场地设计标高按主厂房区、净水区、化水区等为××m；煤场区、油库区、废水区等为××m设计，不同标高区域通过厂区东西向绿化带变坡过度。

（6）厂区主入口设在厂区南侧疏港隧道附近，进厂道路自环岛西路印接；次入口道路设在厂区北侧，兼作厂外运灰道路，路宽9m。

（7）同意主厂房采用全钢结构，防盐雾彩色压形钢板围护。为节省工程投资，C14输煤栈桥除影响吊车退场的范围以外的框架改用钢筋混凝土结构。主厂房、烟囱等主要建（构）筑物采用ϕ800mm嵌岩钻孔灌注桩基础。

（8）同意该工程磨煤机改按××型中速磨，并配套装设可提高7%出力的动态分离器方案设计。

（9）同意送、引风机的风压裕量均改按30%设计。

（10）同意该工程烟气脱硝装置预留方案按SCR脱硝装置布置在炉后风机构架上方的设计方案，SCR的构架布置应考虑与锅炉构架构成联合构架体系方案，基础的设计应考虑SCR装置的荷载。

（11）鉴于工程进度要求，该工程暂不考虑将烟气脱硝管式换热器布置于电除尘器入口处的优化系统方案。

（12）同意该工程石子煤处理系统采用电瓶叉车转运汽车外运方案，每炉配1辆电瓶叉车。

（13）同意设计提出的主厂房布置设计原则，除氧层标高仍按34.5m设计，煤仓间跨度按14.0m设计。

（14）该工程改按2台40m³/min（标况下）设置厂用空气压缩机。

（15）同意烟气脱硫工程采用石灰石–石膏湿法工艺，采用一炉一塔方案，脱硫效率按不低于95%进行设备招标。本期工程暂不计列烟气脱硫GGH装置费用，是否设置烟气脱硫GGH装置应以国家环保总局批文为准。

（16）同意本工程石子煤和运渣车按10m³全封闭自卸车4辆、运灰车按16m³全封闭自卸车14辆设置。

（17）本工程采用码头卸煤方案，本期设置50000t级煤码头泊位1座和3000t综合码头1座。煤码头设计船型采用50000t级散货海轮，兼顾船型为巴拿马型74000t散货海轮。

煤码头配置2台1500t/h桥式抓斗卸船机。

（18）原则同意进入主厂房的输煤栈桥采用一、二期合并设计，即4路皮带公用1路输煤栈桥由2、3号炉之间引入主厂房。请设计院在施工图阶段继续进一步优化输煤栈桥宽度。

（19）用于原煤仓配煤的犁式卸料器按每仓设置2台（每路皮带机设置1台），共计22台考虑。

（20）本期工程设置1台入厂皮带秤的循环链码校验装置。

（21）根据接入系统审查意见，本期工程2台机组以2回500kV出线接入××km外的500kV××变电站。当电厂达到规划容量4台机组时，500kV配电装置进出线回路数将会达到6回及以上。该工程500kV电气主接线推荐采用一台半断路器接线。

（22）该工程厂址紧邻海边，盐雾腐蚀较重，设备外绝缘爬距离采用31mm/kV，500kV配电装置宜采用GIS。本期工程配电装置规模为2个完整串加1个半串。考虑到本厂在规划容量基础上仍留有扩建余地，结合电厂远景规划及出线情况，为了限制沿海地区短路电流需要电厂母线具有分段运行的可能，考虑远近结合，可在电厂配电装置第三串与第四串之间预留装置隔离开关分段位置。

（23）主变压器采用单相变压器组，备用相设置可按电厂规划容量4台机组设1台考虑。

（24）该工程电动给水泵容量超过5000kW，根据设计院的补充研究，认为高压厂用电压采用6kV的方案仍是可行的。设计院确认在电动机启动电压水平和母线短路电流水平计算中已计及变压器的阻抗误差。但根据补充专题的计算结果可看出，6kV一级电压方案的短路电流水平以及启动电压水平裕度都很小。鉴于该工程工期要求紧，高压厂用变压器及主要辅机均已订货，原则同意高压厂用电压采用6kV。

（25）同意该工程高压启动/备用电源引接采用设计推荐方案一，即由500kV配电装置经一级降压引接，发电机出口装设断路器。每台机组设2台68/34-34MVA的分裂绕组高压厂用变压器。一台带机组本身负荷，另一台带脱硫、输煤、水、油、灰等公用负荷。本期设1台68/34-34MVA的分裂绕组停机/检修（备用）变，其容量可替换任1台机组的2台高压厂用变压器。主变压器或高压厂用变压器不采用有载调压型。

（26）该工程脱硫系统负荷供电接线采用按单元机组负荷供电原则考虑，设置6kV集中脱硫段，其电源由该机组高压厂用变压器B的2段6kV母线各引一路电源供给。该接线方式在故障情况下减少了高压电动机的反馈电流，从而无需加装电抗器也可以采用40kA开断电流水平的开关柜。请设计院在施工图阶段对6kV配电装置至脱硫6kV配电装置之间的接线形式（共箱母线或电缆）做进一步优化。

（27）同意该工程采用炉、机、电单元集中监控方式，一、二期工程4台机组合设1个集中控制室。请设计院在施工图阶段根据所需控制盘、台、操作员站数量对控制室的布置作进一步优化。

（28）同意设计院设计的厂级监控信息系统（SIS）的网络结构。同意SIS的系统软件、应用软件及相应硬件配置方案和工程量并按此计列投资概算。

（29）同意每台锅炉设置一套锅炉火检及相应就地仪控系统，火检采用进口智能型。

（30）同意设计院提出的集成方式以及电厂标识系统实施原则。同意基建MIS由××公司统一考虑。按××公司的要求，企业内部网与国际互联网物理断开。

（31）该工程循环水系统采用单元制，一机两泵。循环水母管采用DN3700钢管，夏季冷却倍率约60倍，凝汽器面积49000m^2。

（32）同意循环水泵电动机冷却采用从主厂房内辅机闭式循环冷却系统引接方案。

（33）同意净水系统各水池设计容量按两台大容量超临界机组进行设计。

（34）同意按4套处理能力40m^3/h的含煤污水处理设施计列投资。

（35）同意该工程按配置水罐消防车和干粉泡沫联用消防车各一辆及相应的消防车库计列投资。

（36）请项目法人按照国家环保局的批复意见落实新增二氧化硫的异地脱硫实施方案。

（37）该工程建筑施工用水费用根据××县发展计划局文件规定按8元/t计算。

（38）按××年价格水平，发电工程静态投资为××万元（其中含脱硫费用××万元），单位投资××元/kW。考虑建设期贷款利息××万元，编制期材料价差××万元记入价差预备费项中，发电工程动态投资为××万元，单位造价××元/ kW。另计铺底流动资金××万元。工程项目计划总资金为××万元。该工程概算实行"静态控制、动态管理"。

同年××月××日，××公司下达××电厂一期工程初步设计批复。该工程初步设计内容深度满足初步设计文件编制的相关规定，设计单位对主要设计方案进行了比选和优化，推荐方案代表了当时的领先技术水平。初步设计评审意见满足国家发展改革委核准意见的要求，其评审意见体现了合理性和客观性。

（四）施工图设计评价

1. 施工图设计情况与评价

在××电厂工程设计中，××电力设计院抽调了主要技术骨干，克服了设计经验少、项目多、任务重、时间紧、设备提资晚等一系列困难，通过集中设计、加班加点，满足了现场一期工程施工进度要求。整个设计过程共完成地基处理、辅机选型、四大管道材质选型、海水淡化方案、厂用电压等级比选等专题报告80多篇，设计图纸1227册，包括汽机、锅炉、运煤、除灰、暖通、化水、电气、热控、建筑、土建、水工布置、水土结构、系统专业合总图等专业。通过引进国外先进设计技术和专业培训，在国内首次按照DIN标准暨德国设计标准并参考国内设计规程。通过该工程设计，××电力设计院掌握了当今世界先进的火力发电设计技术，具备了大容量超临界机组电厂全部自主设计的能力。

　　××电力设计院图纸交付进度满足工程综合进度要求，未因设计影响工程质量和工程进度。设计院现场工代服务及时，解决问题能力强，积极参与技术交底，详细讲解设计意图及设计要求，及时确认工程签证并解决施工中发生的问题，受到建设单位和施工单位的好评，设计无重大质量事故。

　　2. 设计变更情况与评价

　　××电厂一期工程共发生设计变更26项，其中由于外部原因导致的设计变更19项，内部原因7项。其中，汽机专业6项，锅炉专业5项，电气专业6项，热控专业3项，土建结构4项，土建建筑1项，水工布置1项。各项设计变更分类见表2-2-5。

表2-2-5　设计变更分类表

专业名称	外部原因			内部原因									合计
				其他	设计差错								
	设计条件变更	设备材料变更	生产施工要求	外专业要求	违强制条文	设计不合理	数据差错	设计遗漏	碰撞	深度不够	图面差错	其他原因	
汽机	1	2	1	0	0	0	0	0	2	0	0	0	6
锅炉	1	1	1	0	0	0	0	0	2	0	0	3	5
运煤	0	0	0	0	0	0	0	0	0	0	0	0	0
出灰	0	0	0	0	0	0	0	0	0	0	0	0	0
暖通	0	0	0	0	0	0	0	0	0	0	0	0	0
化水	0	0	0	0	0	0	0	0	0	0	0	0	0
电气	2	3	0	0	0	0	0	0	1	0	0	0	6
热控	0	2	1	0	0	0	0	0	0	0	0	0	3
土建结构	1	0	1	2	0	0	0	0	0	0	0	0	4
土建建筑	0	0	1	0	0	0	0	0	0	0	0	0	1
水工布置	0	1	0	0	0	0	0	0	0	0	0	0	1
水工结构	0	0	0	0	0	0	0	0	0	0	0	0	0
各专业总计	5	9	5	2	0	0	0	0	5	0	0	3	26

××电厂一期工程共发生设计变更费××万元，占基本预备费的2.62%。按照《电力勘测设计质量事故报告和处理规定》（DLGJ 159.9—2001）确认，××电厂一期工程未发生重大设计变更。××电力设计院严格按强制性条款执行，设计变更控制在合理的范围内，确保了工程项目又快又好地顺利完成。

（五）设计工作总体评价

1. 设计创新情况与评价

（1）主厂房布置——"4机1控""4炉1桥"。针对该工程4台大容量超临界机组连续建设的特点，为节约工程总造价，在工程中创新地采用了"4机1控"与"4炉1桥"的设计方案。

电厂集控楼与生产办公楼合建为一栋建筑，布置在靠近主厂房固定端。集控室布置于同主厂房运转层同一标高层，有天桥相连接，不仅有利于生产运行与管理，还可解决消防间距的问题。此集控楼（室）布置方式为国内首次应用，具有减员增效、降低电厂生产运行成本、有利于缩减控制室面积降低工程造价、厂区建筑与人文景观有机协调、便于公用及辅助生产系统的有效监控等一系列优点。

电厂上煤系统采用4台机组设两个独立的上煤系统，但共用一座进入主厂房的输煤栈桥、一个碎煤机室。共用的输煤栈桥由2、3号炉之间引入，每个系统为双路布置，一运一备，设计栈桥宽度为20.5m。"4炉1桥"的设计方式不但节约了用地面积，也节省了大量土建费用，使系统更加优化。

（2）结构体系——钢结框架加支撑。由于大机组主厂房荷载的显著增加，传统的铰接加支撑的主厂房布置模式已经无法满足机组主厂房的工艺荷载和布置的要求，因此该工程在国内同类型机组中创造性地采用了钢结框架加支撑的结构体系，同时为了充分发挥钢材特性又满足工艺空间的要求，首次采用箱形柱设计。该工程主厂房（4台机组）设计用钢量35000t，实际制作（含节点板、高强螺栓等）近4万t，为火电工程最大规模的钢结构主厂房。

电厂主厂房结构布置具有开创性的意义，其中的结构概念设计、受力传力的结构布置方式对国内其后的同等级主厂房的结构设计具有极为重要的指导意义，并被其后同类火电工程大量借鉴。

（3）汽轮机基座——低频柔性。在汽轮机基座设计方面，大容量超临界汽轮发电机组基座的设备静荷载、动扰力荷载的布置及大小与我国早先的××万kW级汽轮发电机组有很大的不同，其设计与以往汽轮机基座的设计存在很大的区别。××电力设计院首次按照DIN标准及德国设备部门制造标准，并参考中国规程采用低频柔性基座的设计方法进行基座设计，解决了汽轮机基座必须采用相对较小的断面才能满足工艺布置要求的难题。经实测，汽轮机基座振动值小于$1.9\mu m$，处于国际先进水平。

（4）汽动给水泵——隔震布置。汽动给水泵、电动给水泵布置在汽机房17.00m层，基础经弹簧隔震后布置于主厂房钢结构之上。由于不再需要框架式基座，而且设备及顶板的体积相对较小，因此可灵活布置。而节省下来的空间，可由工艺专业充分利用，有利于降低汽机房的面积及体积。其次，由于布置在钢结构上，主厂房结构的整体性更好，有利于降低主厂房的造价。同时，隔震基础本身的造价也低于采用框架式基座的造价。

（5）水处理系统控制——现场总线。该系统是用于我国火电厂的完整现场总线控制系统，为火电厂现场总线技术的规模化应用奠定了实践基础。

电厂水处理现场总线控制系统包括了人机界面、控制器（进口PLC）、现场总线仪表、现场总线控制设备和驱动设备，建立了工业以太网、Profibus-DP、Profibus-PA完整的通信网络，实现了现场总线仪表和设备的实时信息管理和诊断。

锅炉补给水处理现场总线控制系统于××年××月××日投入运行。实践证明，系统功能和性能满足运行要求、系统可靠；应用现场总线控制系统提高了现场设备级信息化水平，尤其在设备诊断和运行维护方面具有明显优势。据有关评估报告分析，整个控制系统造价较常规方案节省约7.1%（其中还未考虑采用现场总线之后带来的安装及调试工期缩减带来的成本节省）。

（6）锅炉启动——等离子点火。等离子点火在300MW和个别600MW机组上有成功运行的业绩，与其他300MW锅炉相比，该工程锅炉更关注防止燃烧器结焦，因此提出等离子发生器需轴向布置，并优化等离子燃烧器的设计出力，同时采用壁温监测及图像火检装置等监测手段，并将等离子燃烧器设置在最下层，保证了锅炉点火时受热面不超温。对于等离子点火的载体风系统，改变了传统等离子系统单独设置罗茨风机的配置，利用压缩空气系统供风，简化了系统，提高了载体风的品质，大大延长了等离子点火器阴极板的寿命。一期工程成功使用等离子点火系统后，共节约燃油1.2万t，直接经济效益4587万元，同时大大减少了启动阶段烟尘的排放。

（7）循环水泵房布置——检修间居中，双沉井两侧布置。4台机组合建一座循环水泵房，使循环水泵房的地下建筑物达到了76m（长）×47.9m（宽）×24.2m（深）的规模，地上建筑物达到了96.2m（长）×19.2m（宽）×25.0m（高）的规模，特别是这么大规模的循环水泵房是在软土地基中建设。针对循环水泵房的平面布置特点以及工程地质条件，创造性地采用"双沉井布置在两侧，检修间布置在中间"的总体结构方案，并且辅以合理地基处理方案，有效化解了种种不利因素，减少了施工难度和风险。

（8）复杂的地质情况——创新的地基处理。电厂厂区58%利用滩涂建成，厂区地基中风化凝灰岩从出露到埋深超过100m，而且起伏较大，大部分区域上部覆盖20~30m极软的深厚淤泥和淤泥质土层，工程性质极差，施工难度大。

电厂主要建筑物均采用了嵌岩灌注桩或摩擦型PHC桩进行地基处理，满足荷载和变形的要求；对于深厚淤泥质软土，通过采用场地堆载预压、塑料排水板排水固结法进行场地软基预处理，使得固结速度明显加快，含水量下降，承载力和抗剪强度提高，解决了地面和小型浅基础的工后沉降及循环水管沟等深基坑的施工难题。

2. 设计突破情况与评价

依托该工程，××电力设计院同步完成了研究课题"超临界机组电站设计技术研究"，形成自主研发的技术××项，引进技术本土化××项，发明专利××项，均达到国内领先水平，其中××项填补了国内空白，××项达到了国际先进水平。

（1）高边坡设计——突破设计规范。该工程设计通过自给开方解决全厂的土石方回填，建设需要开挖厂区南侧山体，由于主厂房直接位于山脚下，因此边坡的稳定性直接影响电厂的安全。而边坡长度约800m，部分边坡高度大于100m，已远大于《建筑边坡工程技术规范》（GB 50330）中"30m高为一级边坡"的规范规定，属于"超过规范适用范围的建筑边坡工程"。

针对超过规范应用的技术难题，为确保工程的安全可靠，××电力设计院对周边地区的高边坡工程进行了调研，并进行了大量的理论分析。针对该工程的特点，完成了《高边坡工程稳定性评价报告》《高边坡设计论证报告》两份报告，并对整个山体及场地进行模拟应力分析，完成了《高边坡工程稳定性评价报告》《高边坡设计论证报告》，在专家技术论证的基础上，采用动态设计、信息化施工的方式，根据施工中反馈的信息和监控资料完善设计，力争客观求实、准确安全，达到了技术先进、质量安全的效果。

（2）盾构法隧道设计——突破软土地基沉降难题。取排水隧道结构位于深厚的软土地层中，并且需要穿越新建的电厂防洪海堤。受厂区回填和海堤堆载的影响，取排水隧道在使用过程中不可避免会产生较大的沉降，其对隧道结构的影响主要表现在两个方面：一是海堤下隧道的将产生过大的不均匀沉降，二是隧道与泵房（或排水井）结构之间将产生过大的沉降差。过大的不均匀沉降和沉降差将会破坏隧道的安全。

在设计过程中对沉降问题进行了专题研究，采用多种数学模型预测了隧道的后期沉降及沉降沿隧道纵向的分布规律，并且分析了地基处理对隧道与井之间差异沉降的影响。根据计算分析成果，采取海堤下隧道"预起拱"、地基注浆加固、隧道与井结构之间采用柔性接头等多种设计措施，克服了过大沉降对隧道的安全影响。

（3）沿海台风高发区——风载设计的突破。该工程厂址属于台风多发地带，因此对于大跨度栈桥、干煤棚等对风荷载敏感的构筑物必须进行风作用下的详细分析。

但是，这些构筑物的风荷载计算已超出了现行的《建筑结构荷载规范》（GB 50009）的应用范围。因此，对栈桥、干煤棚的风载作用进行研究，不仅对于该工程有实际意义，对于其他电厂工程的设计也有普遍的意义，同时对规范的进一步完善积累了宝贵的资料。该工程委托××对栈桥和干煤棚工程结构模型进行了风洞试验。××依据试验成果进行了该工程的建构筑物的抗风设计。该工程在建设期间，曾遭遇多轮强台风，这些台风的瞬时风速均高于国内规范相应风压的风速，该工程的建构筑物包括主厂房、烟囱、干煤棚、栈桥等均经受住了台风的考验，证明了设计的安全、可靠及合理性。

（4）汽轮机铭牌功率定义——突破争议求共识。对于汽机专业最重要的定义"额定功率"的认识，由于历史原因，无法达到一致。××组织有关专家，经过多次反复研讨论证，最终确定采用根据当地冷却介质条件进行冷端优化后的背压8.61kPa等实际条件定义机组额定铭牌功率，在此定义下，机组全年出力能达到××万kW，而且是在最佳状态下运行。与传统汽轮机铭牌定义相比，提高了5万kW，可充分发挥机组潜在能力，增加经济效益。

（5）汽轮机防进水标准的选用——国内外标准兼顾。在抽汽系统热控设计中，遇到的主要问题是汽轮机防进水标准的选用。该工程根据汽轮机厂的设计，汽轮机抽汽止回阀控制放在汽轮机DEH中。抽汽止回阀前后装设有差压变送器，当前后差压大于3.2kPa时，抽汽止回阀将关闭，这在以往国内设计中是没有的。而按照我国汽轮机防进水设计规范，抽汽管道第一个止回阀前的水平管段应装设上下管壁温度测点，用于监视上下温差，防止水进入汽轮机。但发现在国外进口机组设计中，抽汽管道第一个止回阀前的水平管段上并未装设上下温度测点。由此看来，国外汽轮机制造厂采用了自己长期积累的经验做法，并未完全遵循汽轮机防进水的标准。

为满足我国的汽轮机防进水设计规范要求，设计单位在抽汽管道止回阀后第一个水平管段上的顶部和相应位置的底部各设置了一对温差热电偶，以监视管内是否积水，温差大时在控制室报警；并且为了监测积水，在高压缸排汽口的冷段再热垂直管上与冷段再热管最低点分别装设一支热电偶，根据这两支热电偶的温差来判断管道中是否有水存在。由于不同国家采用的设计标准要求不同，各国在汽轮机防进水设计方面会存在一些差异。但从设计的角度考虑，必须首先满足国家标准规范，然后在对国外成熟应用加以研究的基础上，引入值得借鉴的设计思想。

3. 设计优化情况与评价

（1）采用循环水系统扩大单元制系统，在春秋季实施三泵两机，冬季实施一泵一机运行，大大减少了厂用电消耗。

（2）循环水泵电动机冷却水采用主厂房辅机闭式冷却水系统来的除盐水，不使用工业水或冷却塔再循环冷却，节水效果及安全性均较好。

（3）突破设计规定参数，优化循环水泵房流道设计，在节省土建工程投资下仍保障循环水泵的高效平稳运转。

（4）合理布置循环水管沟及虹吸井，既节省工程投资，又方便运行维护，做到技术先进、经济合理。

（5）在机组中采用四台机组合用一台停机/备用变压器。采用该方案可大幅降低初始投资，减少电厂热备用费用和运行损耗，提高了电厂运行经济效益。

（6）厂用电优化：

1）将各种不同性质的负荷尽量分开供电，接线清晰，为控制和运行维护创造有利条件。在此基础上，尽量将负荷平衡分配在各工作段上，尤其是全厂公用负荷，包括水油灰母线的负荷等尽可能平衡分配。

2）由于负荷容量变化较大，在对各种工况进行分析后，调整和限制了某些非正常运行工况下的负荷调配、负荷切换、联络断路器投切，使变压器容量和短路水平选择更为合理。

3）对脱硫、输煤、水油灰系统的供电回路增加了限流电抗器，限制了在短路情况下短路电流和电动机反馈电流的影响。

4）合理选择了辅机容量备用系数和电动机容量，避免了"大马拉小车"现象。

5）选用高效率电动机，合理限制了电动机堵转电流倍数和变压器阻抗及其偏差。

（7）锅炉启动系统优化。锅炉启动系统分为带锅炉循环泵的启动系统和无锅炉循环泵的大气式启动系统。该工程××公司采用带循环泵的启动系统。在锅炉设计阶段对锅炉厂的启动系统进行了优化。通过优化，降低了疏水对凝汽器的热冲击，提高了凝汽器的运行安全性，并且简化了汽机房内启动系统管道的布置，节省了汽机房空间。同时还优化了其设计范围内的凝结水箱和凝结水输送泵的选型，实现了锅炉既可带循环泵启停，又可在循环泵故障工况下的启停两种启动方式。

三、施工建设评价

（一）施工进度控制评价

××电厂工程于××年××月××日浇第一罐混凝土，1号机组和2号机组分别于××年××月××日和××月××日完成168h试运行，一期工程实现两台机组一年"双投"的目标。两台机组里程碑进度执行情况见表2-2-6。

表2-2-6　里程碑计划与完成情况

项目名称	里程碑计划 （股份公司）	实际完成日期
主厂房挖土		
主厂房浇第一方混凝土（开工）		
一期主厂房出零米		
循环水管道土方开挖、支护		
循环水管道施工结束		
一期主厂房钢构开始吊装		
一期主厂房封闭完		
1号烟囱挖土		
1号烟囱结顶		
1号锅炉钢架吊装开始		
1号锅炉受热面吊装		
1号机组DCS受电		
循环水泵房交付安装		
化学出合格的除盐水		
1号汽轮机扣缸完		
1号机组厂用电受电		
1号锅炉水压试验完		
1号锅炉酸洗结束		
1号锅炉冲管及结束		
1号机组整组启动		
1号机组完成168h试运		
2号烟囱结顶		
2号锅炉钢架吊装开始		
2号锅炉受热面吊装		
2号机组DCS受电		
2号汽轮机扣缸完		

续表

项目名称	里程碑计划 （股份公司）	实际完成日期
2号机组厂用电受电		
2号锅炉水压试验完		
2号锅炉酸洗结束		
2号锅炉冲管结束		
2号机组整组启动		
2号机组完成168h试运		

××公司制定了严密的工程计划管理制度，把庞大的工程项目以专业、系统、区域划分分割开来，责任到人，各自为战、整体协调；围绕工程进度协调会议决定，机、电、热控、炉、化、燃、土建专业小组每周晚间召开协调会议，以及按系统召开的相关专业联席会议，单位工程责任到人，现场跟踪到位，形成了一个强有力的计划跟踪、落实、反馈网络。

施工进度为四级网络进度计划：一级进度计划为建设单位控制性计划（里程碑进度计划），由分公司制定，总公司批准；二级进度计划为建设单位与监理控制性计划，由监理根据里程碑计划以及项目投资与单位工程的轻重缓急编制，编制至单位工程或扩大单位工程，由建设单位审批；三级进度计划为施工单位编制的分标段详细施工总进度计划，由监理审查和建设单位批准后作为分标段的总体目标进度计划，根据情况编制至分部工程或单位工程，但必须小于或等于单位工程；四级进度计划为施工单位执行性进度计划，由施工单位在三级计划的基础上根据开工时间的前后，把每一项单位工程逐渐细化而来，是对三级计划的进一步分解，并作为施工单位内部施工和监理评价工程进度的依据，编制至分项工程或分段工程，但必须小于或等于分项工程。

三级以下进度计划由施工单位编制，计划内容涵盖了各标段的工作范围以及为完成工作内容所必需的外部条件（如图纸、设备、施工临时设施等）。计划采用准确的逻辑关系反映施工安排以及工艺约束关系，并满足上级计划质量控制点的要求，任何不合理以及多余的逻辑关系未编入网络计划。为了进一步说明进度计划的合理性，施工单位在提交进度计划的同时提交施工方法说明报告及相应的资源配置计划和资金计划。

各施工单位上报的网络进度计划，将主要工程量加载到相关的作业上，通过施工强度分析来评判该进度计划的可行性，评判机具配置的合理性，评判该项作业的设施能力是否能完成相应的施工强度。此外，承包单位上报的网络进度计划中无一遗漏地反映了各个里程碑日期，而且每个里程碑日期都至少有一个紧前或后续作业。

为了实现有效的进度控制，建设单位、监理、施工单位共同维护进度计划的严肃性。各单位在规定的时间内递交施工网络计划；监理部在规定的时间内完成批复；被批准的网络进度计划即是施工单位下一步施工的指导性文件。施工单位不可随意改变自己在批准的网络进度计划中所承诺的施工逻辑关系；监理以批准的网络进度计划来监督施工、控制工程进度。

（二）施工质量控制评价（见表2-2-7）

表2-2-7　工程质量控制目标完成情况

序号	指标名称	土建工程		安装工程	
		计划数	完成数	计划数	完成数
1	工程优良率	100%	100%	100%	100%
2	分部工程优良率	95%	100%	100%	100%
3	分项工程优良率	>90%	100%	98%	100%

××电厂一期工程竣工验收，建筑工程共75项单位工程，其中一期主体公用系统建筑工程5项、一期其他公用系统31项、1号和2号主厂房区域30项、一期烟囱1项、循环水排水3项，评定优良率100%。

安装工程共100个单位工程，其中1号机组及公用系统58项、2号机组38项、1号机组脱硫2项、2号机组脱硫2项、评定优良率100%。

在整个施工安装工程中，各单位制订了严格、详细的质量管理措施，具体表现在以下几个方面。

1. 建设单位

在建设过程中，××公司严格遵循"创精品工程"的要求，认真贯彻"高速度、高质量、低造价"的基建方针，狠抓质量工艺，始终牢固树立"质量是百年大计"的意识，科学有序，争分夺秒，攻坚克难。根据质监大纲的要求，努力做好各阶段质量监检，高度重视系统交接验收工作，严格遵循规程、规章、标准，努力做到质量工作"凡事有人负责、凡事有人监督、凡事有法可依、凡事有据可查"。严格验评标准，强化质量三级验收评定制度，切实把提高机组投产水平，工程全面达到设计参数、指标，机组投产后即能实现稳发满发，长周期运行作为质量控制的方向。通过不断完善质量保障和监督体系，充分发挥监理和各参建单位质保体系的作用，狠抓安装、调试等关键环节的质量，发现问题及时纠正，确保了工程质量始终符合设计、规范要求，实现了工程建设安装和调试的可控、在控。通过努力，两台机组的土建、安装、调试质量都达到了"优良"标准，机组建设取得了锅炉水压、厂用受电、汽机扣缸、锅炉点火、并网发电、通过168h考核等六个"一次成功"，顺利移交生产，各项技术指标达到或优于设计值，机组的安装调试质量较好，机组运行稳定。

2.××建设公司

（1）通过严格的过程质量控制来实现过程达标。该项目采用全新的过程管理方式开展安装调试等各项活动，以产品质量形成为主线，以用户满意为关注焦点，加强每个阶段的质量管理工作。为此，共编写管理规定44份，有效地指导和规范了质量管理工作，保证了过程质量的控制。

公司从工程一开工就开始抓达标工作，并把达标工作置于过程质量工艺控制的重点来抓。首先，将《电力工程达标投产管理办法》和《××公司达标考核标准》公布于网上，供大家学习。其次，将考核要求落实到责任单位，并要求各专业工区在施工过程中遵照执行，以免事后返工。随着工程进展，项目部根据达标要求不定时组织检查，发现问题及时整改，自始至终使各项工作符合达标要求。

为保证质量检验工作的顺利进行，项目部建立了完整的质量检验网络，并根据工程进度进行调整和充实，在项目部配有专职质检人员，各施工班组还有兼职质检员。为了保证制度、程序的正常实施，各级质检人员每天到现场巡查，按设计、标准、规范、程序、作业指导书等规定的要求进行检查，发现质量及工艺问题及时纠正。严格执行规程、规范有关工艺要求，各种记录齐全。公司通过合理的检验和检测手段，保证不让不合格产品转入下道工序，并在施工中预防不合格产品产生，同时将检验中所获得的质量信息及时进行整理分析，完善工程管理，项目部通过对工程质量的制度建设、工作流程、各要素的完整控制、问题处理机制这四大方面的有效管理，保证了工程质量，达到了预期的目标和效果。公司严把质量关，各级人员一丝不苟、认真负责，力求精益求精，确保过程质量一直处于受控状态。

（2）做好成品保护确保过程达标。为了更好地实现过程达标，公司努力做好成品防护工作。施工过程中严格执行公司的产品防护程序，同时根据实际情况，编制了《顾客提供设备防护管理规定》以加强对成品的保护力度。项目部已制作了超出2000块的"严禁碰撞、严禁踩踏、严禁入内、下有管道，请注意保护、注意成品保护"的警示牌提示对设备的保护，厂房内设备上方搭钢管防护棚，盖三防油布，并挂警告牌进行保护。管道、设备敞口用木板或铁皮、塑料封盖、编织布进行保护。热工仪表、测点用木头罩壳、并挂警告牌进行保护，周围有撞击可能时搭钢管防护棚。热工仪表管通过搭设钢管防护棚、隔离带、设置警示标志进行保护。盘柜用塑料布包裹、并挂警告牌进行保护。电缆用挂警告牌的方式进行保护。通过成品保护工作，有力地保护了施工成果，促进工程质量和工艺水平的提高，保证达标工作顺利进行。

3.××电建公司

公司按照既定的质量方针，实现"高水平达标投产，争创电力优质工程，机组争创国优"的工程质量总目标，坚持"过程精品""一次成优"的精益化管理思路。按照质量管理体系标准和公司程序文件要求，项目部建立以总工程师为领导的质量管理体系和质量监督体系，制定一系列质量管理制度，明确了各级质量管理人员职责，确定了质量控制体系和质量监督检查、验收程序。

在施工过程中，严格施工质量过程控制，严把材料进场的"入口关"，人员、机具的"资质关"，检验、试验的"检验关"，施工工序的"接口关"，施工项目的"验收关"，施工依据及追溯的"资料关"，各关口管理落到实处，保证四级验收一次成优的质量要求。

按照"目标管理、体系运作、监督考核、有效激励、持续改进"的工作思路，做好项目工程质量（事前、事中、事后）全过程控制管理工作。施工过程坚持以样板引路的管理思路，按创优要求，制定、分解质量目标，编制质量创优及样板工程创优计划，各级工程技术、质量人员在施工和验收中严格执行，确保创优工作的过程实施。严格施工过程质量控制。项目部成立了多项技术攻关型QC小组，严格控制混凝土工艺、电缆敷设和接线工艺、保温工艺、小径管安装工艺、焊接工艺等施工工艺，确保工程一次成优。

项目部严格焊接管理，从制度、执行、验收上严格把关，从焊接练习、焊接培训、焊接攻关、焊口金相检验、焊口返工的控制等各方面层层控制，杜绝焊材错用情况发生，提高了焊接检验的一次合格率，从而确保了工程整体焊接的质量。

（三）安全文明施工评价

××电厂安全控制情况见表2-2-8。

表2-2-8 安全控制分析评价表

序号	对比指标	人身伤亡事故			机械设备损坏事故	火灾事故	交通事故	环境污染事故和重大坍塌事故
		死亡	重伤	轻伤				
1	计划指标	0	0	0	0	0	0	0
2	实际完成	0	0	0	0	0	0	0

××电厂工程自××年××月××日开工以来，全体参建单位和全体参建人员认真学习贯彻和落实党中央、国务院、电监会、集团公司等有关上级领导部门关于安全生产的各项指示精神，始终坚持"安全第一、预防为主、综合治理"的方针，牢固树立"安全就是效益、安全就是信誉、安全就是竞争力"的理念，以落实安全生产责任制、加强安全监督和安全保证体系建设、建立健全和完善安全生产管理制度、吸取安全生产事故教训开展安全大检查和专项安全整治、强化安全教育、抓重点作业项目的措施执行、加强应急预案管理为重点，紧紧围绕安全生产总体思路和目标，扎实有效地开展安全生产工作，工程建设没有发生人身伤亡、机械倾翻垮塌、重大设备损坏事故，没有发生交通、火灾事故和环境污染事故，确保了工程建设的安全、有序推进。

在施工过程中，各施工参与单位也制定了和执行了严格而详细的安全管理制度，具体表现在以下几个方面。

1. ××建设公司

项目部全面执行职业安全卫生管理体系，从安全管理程序入手，规范现场安全、文明施工管理。从工程开工起，项目部就贯彻执行职业卫生安全管理体系，把"预防"二字深入到每一个施工环节中，通过危害辨识、危险评价和危险控制计划的制订和实施，真正做到预测预控，防止事故发生。同时，与传统的"全员、全过程、全方位"的安全管理相结合，有效地把各类隐患清除在萌芽状态，使整个工程的安全管理处于良好的受控状态。

（1）项目部从建立健全管理体系和管理网络入手，重点控制人身、机械设备、交通、消防、综合治理、职业卫生和环境等，强调大安全思想，利用广播、会议、文件、网上交流、培训等方式对职业安全卫生管理和环境体系的手册、程序进行宣贯和实施。

（2）根据公司危险因素清单编制完成项目危险因素清单，由工程技术人员对具体作业过程和活动中的危害因素进行评价，编制RCP表，通过实施RCP表中的具体措施，对人、设备、环境等可能发生的危险因素进行超前预防和过程控制，减少作业危险。

（3）对事件的控制除按照《职业健康安全环境不合格、事故、事件控制程序》要求进行封闭控制外，特别要求班组要对每周检查和每天发现的不符合进行记录，并且对不符合产生的原因和发展的趋势进行分析，做好不符合的事前控制和安全工作的持续改进。不符合项的归口管理部门负责对不符合项处置措施的验证，以及对班组不符合记录、分析工作经常性检查督促。

2.××电建公司

为贯彻"安全第一、预防为主、严格要求、规范管理、抓好预控、落实到位"的方针,确保职工生命安全健康,做好工程施工安全管理工作。针对实际情况,识别项目部在办公、生产、经营过程中影响职业安全健康危害源,评价危害源、风险因素,确定了更新重大危害因素,建立了重大危害因素清单,确定了职业安全健康目标和指标,制订了职业安全健康管理方案和安全控制应急预案。配置专职安全员,积极参加安全会议,认真采取安全防护措施,严防工程事故发生,确保工程安全无事故。

(1)安全生产。安全生产是电厂建设中一直狠抓严管的重中之重,在业主的严格管理下,项目部在狠抓生产进度、质量的同时,在安全生产方面也下了很大的功夫,并取得了一定的成绩,无工伤事故,无重大交通、海损事故,无死亡事故,无重大责任事故。主要体现在如下方面:

1)方针、目标明确。安全方针是:"安全第一、预防为主,严格要求规范管理,抓好预控落实到位";安全目标是:"不发生工伤、火灾、道路交通、机损等重大事故",减少一般事故,轻伤率低于2‰,重伤率为0,死亡率为0。

2)组织健全、制度完善。为认真贯彻落实本项目部的方针目标,项目部先后成立了6个管理小组(安全领导小组、安全检查小组、治安保卫小组、消防领导小组、民事调解小组、防台、防汛小组),以加强安全生产的管理工作。

为保证安全目标的实现,该项目部制定了一系列规章制度,如《安全生产检查制度》《安全生产技术交底制度》《安全教育培训制度》《特殊工种持证上岗制度》等。同时,制定了各工种的操作规程、设备操作规程和一系列安全预控措施,如《登高作业安全技术措施》《起重安装安全技术措施》《消防安全保障措施》《水上作业安全预控措施》等。

3)加大安全监管力度。在本项目部的安全生产体系中,安全工作全部落实到班组,责任到个人。同时配合专职安全员两人,兼职安全员48人,每天对现场安全生产进行巡查和监督。项目部针对施工用电、登高作业、防台防汛等项目共组织安全大检查。检查出问题及时进行整改,整改合格率为100%。特别是对现场施工用电严格按电厂的要求进行检查整改,严格实行"一机一闸一漏保"三相五线制,施工现场的电线均埋设地下,配电箱全部为铁壳并设置明显安全标志,每施工用电防范措施,保证了施工用电无事故发生。

4)重视安全培训和安全知识的宣传教育,加大安全投入。项目部共开展安全教育培训1120余人次，培训主要内容为施工现场安全注意事项、劳动纪律、文明施工、《安全生产法》《建设工程安全管理条例》，并组织了岗前安全知识测试。另外对特种作业人员进行了培训，同时作好特种作业人员及施工机械报验工作。

5）实行安全例会制和班前会制度。开工以来，安全工作会议业主开、监理开、项目部开，其中项目部召开安全领导小组会议26次，召开安全生产全会25次，重大危险点施工安全技术交底会12次，同时项目部还实行了班组班前会制度，每天上工前，各班组安全负责人均要组织本班施工人员开会，提醒当天作业的安全注意事项。

6）积极开展"安全生产月"活动和电厂组织的"百日安全无事故"活动。在安全生产月中，项目部开展了一系列的安全月活动，例如均召开了"安全生产月"动员、表彰大会，组织了防火、防台演习等。在电厂开展的几次"百日安全无事故"活动中，项目部均荣获安全生产优秀单位。

（2）文明施工。项目部成立以了项目经理为组长的现场文明施工领导小组及考评小组，每月对整个项目部现场文明施工进行内部考评，每周与监理一起对现场文明施工进行考评，在施工中严格执行电厂的各项文明生产规定，施工道路畅通、整洁；材料堆放整齐、有序；各种标识规范、统一；施工现场秩序井然，确保现场文明施工。

（四）项目施工建设综合评价

1. 施工创新情况与评价

××电厂一期工程涉及的"新设备、新材料、新工艺、新技术"相当多，具体体现在：

（1）使用了P92及T/P122、HR3C、SUPER304等新材料，焊接攻克P92与P122两种合金钢以及HR3C、SUPER304材料的焊接工艺，并制定了焊接工艺导则。

为满足超临界机组温度和压力的要求，工程采用了美国材料试验标准P92金属材料。P92钢是新型马氏体耐热钢。由于P92钢合金含量高，焊接难度大。主要技术攻关单位通过广泛收集国内外资料，并汇集国内焊接及金属材料专家进行研讨交流，在此基础上取得第一手资料，对P92焊接材料进行详细的方案策划，取得P92现场焊接工艺评定的资质，并完成了P92焊接材料所用焊材熔敷金属的堆焊试验工作。

（2）低压缸同步分段倒退焊工艺。机组低压外缸体积庞大、结构复杂，需要采取现场拼缸连接工艺。汽轮机低压下缸分成四块运到现场进行组装，拼装后的上下缸法兰面不仅要达到一定的间隙要求，而且还要与凝汽器进行刚性连接，这与传统的连接方式有着很大的区别。项目部的工程技术人员经过反复研究和讨论，结合厂家提供的技术资料，借鉴类似机组的经验，采用二氧化碳气保焊＋同步分段倒退焊工艺，有效地控制了焊接变形问题。

（3）以大型脚手架为依托搭建滑移施工平台。工程施工以大型脚手架为依托搭建滑移施工平台，完成干煤棚网壳施工的大跨度干煤棚分段施工技术，施工克服了结构跨度大、施工现场场地狭小、现场运输量大等难点，提高了安装效率，节约了施工工期，方便了作业工序，减少了安全风险。

（4）采用隧道"反起拱"技术，以抵消海堤沉降造成的弯曲。

（5）循环水进水钢管及排水箱涵基坑开挖采用土钉墙支护。工程循环水进水钢管基坑深度7.5m，排水钢筋混凝土涵箱基坑深度8.0m，基坑开挖深度比较大。为保证软土地基深基坑开挖的边坡稳定，该工程基坑支护采用土钉墙支护措施，做到无噪声、施工简便、工期短，并降低了造价，取得了良好的社会效益与经济效益。

（6）全面使用大模板，结构达清水混凝土效果。该工程全部采用大模板，选用高强覆塑竹胶板，取消框架柱的对拉螺杆，同时采用槽钢围檩支模工艺；模板拼缝处加贴PE-1密封条，增加拼缝的严密性；柱、梁阳角采用装饰木线条处理使结构棱角成多线圆弧，取得了一定的艺术效果。采用大模板后，上部结构混凝土表面平整、光洁、接缝良好、线角顺直美观，其表面平整度、垂直度大大高于现行规范对混凝土的优良标准，已达清水混凝土效果。

（7）采用钢筋连接新技术，节约钢材，提高经济效益。针对汽轮发电机基础钢筋直径较粗，采用直螺纹连接技术；针对上部结构框架柱规格多，采用了电渣压力焊连接技术。这些既确保了钢筋接头连接质量，又节约了钢材，提高了经济效益。

（8）应用新材料，提高了使用功能和观感效果。屋面防水卷材采用氯化聚乙烯-橡胶共混防水卷材（WW-959高分子合成材料），屋面保温材料采用聚氯乙烯挤塑板，有效提高了结构的防水效果；成品伸缩缝型材的选用、超薄型钢结构防火涂料的应用，大大改进了结构表面的观感效果且保证了使用功能。在PVC地面施工中，改变以往直接在水泥砂浆基层上铺贴的传统方法，采用先施工自流平砂浆结合层的工艺，使PVC地面的平整度得到有效控制。

（9）烟囱外筒电动翻模及钢内筒提升施工。该工程为一座双钢内筒钢筋混凝土烟囱土建及附属装置安装。烟囱混凝土外筒高230m，底部、顶部直径分为31、17.8m；钢内筒采用钛钢复合板，高度240m，每个钢内筒出口直径7.2m，基础埋深−5.00m。烟囱采用圆环板式钢筋混凝土承台基础。

烟囱外筒采用电动翻模施工，为配合电动翻模施工，0～12m筒身采用现浇施工，在现浇段安装翻模轨道模板，然后筒壁采用电动翻模施工。

钢内筒吊装采取液压油缸倒装提升方案，通过支撑在200.53m高的烟囱钢平台上的液压油缸对烟囱钢内筒进行倒装提升，同步安装保温等。

烟囱中心垂直度偏差均控制在规范要求以内，达到优良标准。

（10）大型机组锅炉大板梁吊装技术。锅炉大板梁吊装采用FZQ2000圆筒吊与CC2800-1/600t履带式起重机来抬吊完成，两台50t汽车式起重机配合卸车。中间穿插运输、卸车、板梁翻个、倒钩、回钩、卷扬机防突然倾倒等一系列吊装措施，克服了由于炉膛跨度大、吊装空间小，吊车负荷率高、危险系数大等难点，为同类型设备吊装积累了丰富的经验。

2. 施工建设情况综合评价

工程施工过程中，各施工单位编制了详细的施工组织设计，包括施工方案和作业指导书，已经过企业管理层各职能部门审核，并报监理审核，程序上符合基本建设的要求。

各施工单位开工前制定了明确的进度、质量和安全文明施工控制目标。实施过程中严格执行质量技术交底制度和隐蔽工程验收制度，严格按施工方案施工，及时进行中间检验和验收，各分部分项工程质量优良率都达到了100%，工程总体质量达到优良级，很好地实现了质量控制目标。

各单位认真落实有关安全技术交底的精神，施工现场安全控制完全处于受控状态，未发生一起安全责任事故，较好地实现了安全文明施工控制目标。

四、启动调试评价

（一）启动调试过程评价

1. 1号机组启动调试评价

××公司负责电厂1号机组调试。为了做好1号机组的启动调试工作，在分部试运开始前，项目部按新启规的要求成立了1号机组试运指挥部。试运指挥部下设分部试运组、整套试运组、验收检查组、生产准备组、综合组和试生产组。在试运组成立的同时，按机组的实际情况下设了锅炉专业组、汽机专业组、煤灰专业组、化学专业组、电气专业组、热控专业组、消防暖通专业组、脱硫专业组共8个专业组。

试运指挥部根据1号机组调试面临的"新、紧、难"困难，即新技术、新工艺、新材料、先进设备的广泛使用，工程进度紧迫，新机调试难度大，从工程总的启动调试组织方面，重点关注以下几个方面的工作：

（1）统一的调试指挥协调系统；

（2）一套较完善的可操作性强的调试工作管理制度，明确调试工作程序；

（3）调试阶段安全管理；

（4）各单位分工负责各自职责范围工作同时，工作互相覆盖和延伸，尤其是安装和调试两个单位之间，以确保各项工作顺利开展；

（5）以调试促安装，确保工程进度按启动调试程序要求全面推进。

在调试质量控制方面，项目部编制了工程调试质量检验计划，包括锅炉、汽机、仪控、化学、灰渣、电气系统，覆盖整个启动调试过程；设置了调试过程中调试质量书面见证点和控制点，对调试的关键程序和步骤进行监控，使每项调试工作的质量都处于受控状态。

项目部在总结以往工程调试过程中经验教训的基础上，与有关单位一起完善了现场调试工作管理制度，重新编制调试项目方框图和项目进度计划表，以DCS受电、锅炉酸洗、锅炉冲管、机组开始整套启动为主要节点，注重整套启动前的分系统调试工作，严格把好验收关，包括安装完成转入调试的静态验收和分部试运后的验收，其次执行文件包制度，明确文件包必须包括的文件记录内容，为整套启动阶段调试工作打下基础。

进入整套启动调试阶段后，编制了机组启动试运流程图，编入《火力发电厂基本建设工程启动及竣工验收规程》（以下简称《启规》）规定的调整试验项目和机组本身要求进行的试验项目，重点做好汽机启动试验、锅炉燃烧调整试验和制粉系统试验以及机组自动控制的调整试验。

在机组启动调试中，重申启动试运中严格执行"两票三制"，着重强调在分系统调试阶段严格实行消缺工作票制度，使启动调试工作始终处于有组织、有计划的管理中，有力地保证了调试阶段设备和人身的安全。

根据《启规》及《××整套启动实施管理细则》的要求，调试单位在编写调试方案（技术措施）时将《火电工程调整试运质量检验及评定标准》的要求结合在方案中，以确保调试工作质量，根据以往开展系统调试工作的次序和过程，在机组的启动调试方案中，将这些过程程序化、标准化。根据机组的实际情况，共编机、炉、化学、仪控、灰渣、电气专业调试方案共60余份，包括《启规》规定的全部调整试验和特殊试验项目。

从实际的启动调试结果看出，组织机构设置切合工程实际的，启动调试工作安全、优质、高效。

为确保主设备和系统的功能满足设计要求，机组可靠运行，安全和经济指标创优，对各专业机组启动调试的关键技术研究如下：

1）超临界机组RB试验与优化研究。对RB控制策略和逻辑进行优化，在超临界机组成功地实现了RB功能设计，试验正确动作，并且在生产阶段的几次RB动作保证了机组的平稳运行，大大提高了机组的可靠性，为电厂带来了巨大的经济效益。

2）在超临界锅炉上采用了稳压冲管技术。××电厂1号机组为大容量、高参数机组，直流锅炉，蓄热能力较差，厚壁部件较多，压力、温度骤变对设备寿命影响较大，且启动循环泵一般也要求炉水压力不能过快变化。从机组的安全性考虑，同时结合1号机组安装进度状况和调试计划要求，采用稳压冲管。冲管期间投用两台制粉系统，节省了大量的燃油，从而取得了很大的经济效益。

3）提高自动控制投入率和控制品质。在整个机组试运过程中自动控制工作做得比较细致和及时，在充分消化设计意图的前提下，根据以往工程调试的经验，优化和完善了控制策略，在有条件的前提下就开展试投工作。因此，带负荷初期自动投入率即达到80%以上，至满负荷时自动投入率为100%，控制品质也较为理想。

4）锅炉启动初期左右侧汽温偏差调整试验。1号机组空负荷运行过程中出现左右侧过热汽温与再热汽温偏差较大的现象，由于这个阶段只有A制粉系统在运行，制粉系统的燃烧器摆角在等离子改造时已经锁死，无法摆动，同时在此阶段不允许投运过热器及再热器减温水，只能从配风方面考虑调整手段，试验人员对AA风进行了调节，发现其对主、再热蒸汽温度影响较大，经过调整后已基本消除左右侧过热、再热蒸汽温度偏差。

5）汽轮机启动过程中的温度制约与实践。1号汽轮机设计的快速启动方式受到温度准则和温度限制的制约。温度准则和温度限制不易满足的原因很多，其中主蒸汽温度对此影响最大。启动初期主蒸汽温度控制困难，汽温波动直接影响到主汽门与调节汽门的内外壁温差，经常造成主汽门和调节汽门的温度裕量不满足要求而使启动受阻。在机组整套启动过程中，调试人员在受到温度准则和温度限制的制约条件下，加强运行调整，使汽温保持匀速缓慢的变化，缩短启动时间。

2. 2号机组启动调试评价

为了保证××电厂2号机组调试工程的工期与质量，由××全面负责本项目调试进度及工作人员组织调配，各专业调试工程师均为参与过超临界机组调试的技术骨干，为××电厂2号机组的调试工作提供了保障。

××编写的调试大纲及各专业的调试方案，经项目部各专业人员现场收资，实地考察现场设备的供货及安装情况，并到现场征求业主、安装、监理等单位的意见。调试方案内容与实际设备、系统相符，程序与步骤明确、作业指导性强，质量控制点严格，质量记录规范，反事故及安全措施完善。

调试全过程中严格执行ISO-9001质量体系，严把质量关，做到各个分系统试运前仔细检查确认试运的条件已经满足，并验收合格。在机组整套启动前逐项确认整套启动应具备的条件，确保所有条件满足并通过××质检中心站和××质检中心站的联合质检。机组分系统与整套试运过程的质量验评表、验收签证齐全，质量记录齐全，机组通过168h满负荷试运行后竣工资料提交及时完整。

调试过程中，项目部根据现场实际情况制订了科学、严谨的调试计划并拆解到每一天。分部试运阶段就主持召开每天的调整试运会议，每天出一期"调试日报"，及时总结前一天完成的调试项目，安排当日的调试工作，协调解决分部试运和整套启动试运中存在的问题，真正做到了通过调试促安装。在整个过程中，调试人员严格执行调试工作的相关规程、规范和标准，严把调试工作的每一个环节，与业主及各参建单位团结协作，积极配合。2号机组于××年××月××日顺利通过168h试运行，高质量热态移交生产。

1号和2号机组168h试运行指标见表2-2-9。

表2-2-9　1号和2号机组168h试运行指标

序号	指 标 名 称	单位	1号机组	2号机组
1	连续运行时间	h	168	168
2	连续平均负荷率	%	98.92	99.18
3	连续满负荷时间	h	>96	137.4
4	168h发电量	亿kWh	1.66199	1.666224
5	热工仪表、测点投入率	%	100	100
6	热工主保护投入率	%	100	100
7	热工自动投入率	%	100	100
8	电气主保护投入率	%	100	100
9	电气自动投入率	%	100	100
10	发电机漏氢量	m^3/d	7.65	6.525
11	168h满负荷试运行启动次数	次	1	1
12	首次冲转至完成168h满负荷	天	52	20
13	调试期间总耗油量	t	3706	405
14	首次点火吹管至完成168h试运行天数	天	84	55

（二）启动调试总体评价

1. 调试创新情况与评价

（1）在超临界机组采用降压法吹管。传统汽包锅炉蒸汽管道吹洗一般采用蓄能降压法，而过去的直流锅炉在吹管时，考虑到汽水分离器的水容积较汽包锅炉的汽包小得多和水冷壁水动力的安全性，通常将入炉燃料加大到锅炉湿态转干态所需燃料量（或热负荷）以上，采用纯直流稳压方式吹洗。这种方式为了稳定吹管压力，临冲门的开度往往不大，若蒸汽流量上不去，则较难保证吹管系数和吹洗质量。

××在经过充分调研、分析和讨论后，决定在××电厂2号机组上继续采用二阶段、不熄火降压法吹洗。调试人员在锅炉吹管的升压和吹洗过程中采用合理的控制方式和吹管参数，保障了吹管系数大于1.0，最终使得降压法吹洗在超临界机组上获得成功。

（2）合理选择了锅炉化学清洗范围和方式。2号机组化学清洗碱洗除油使用高效碱洗除油剂，范围包括凝汽器汽侧、轴封加热器、疏水加热器、除氧器、电动前置泵、高压加热器汽侧、高低压加热器及其旁路、主给水管道、锅炉本体、启动循环泵及其系统；除锈清洗采用EDTA氨盐法，清洗范围包括轴封加热器、疏水加热器、低压加热器旁路，除氧器、电动前置泵、高压加热器及其旁路、锅炉本体、启动循环泵及其系统。

由于机组的化学清洗范围较大，使得机组在整套启动过程中冷态冲洗和热态冲洗的时间缩短，机组汽水品质能够尽快达到标准要求并予以回收，减少了机组启动过程中的水量消耗。

2. 启动调试情况综合评价

××公司根据《启规》的规定和要求，编写了详细的调试方案（技术措施），并将《火电工程调整试运质量检验及评定标准》的要求结合在方案中，确保了调试工作质量。

工程调试工作中严格遵照规定，按照经审批后的调试大纲规定的调试程序，以及经审批后的各类调试措施精心调试。同时，始终把工程安全工作放在调试工作的首位，强化现场调试的质量管理，促进并确保工程进度不延误，认真贯彻实施质量管理体系程序规定，"安全、质量、进度"管理工作开展正常、有效，整个工程的调试处于受控状态。

五、项目监理评价

1. 前期准备及监理执行评价

该项目的监理单位为××公司，具有甲级监理资质，通过招标选定。该公司承担××工程项目全部建设监理工作，包括"四通一平"、施工准备、桩基、设计、土建施工、安装施工、调试直至竣工验收等全过程的监理。

根据监理有关文件的规定与要求，结合工作范围和现场实际情况，监理单位在现场设立了项目监理部，由总监理工程师负责，期间曾配有总监代表（1名）、土建、安装、调试及安全副总监（各1名），土建专业监理工程师（6名），安全专业监理工程师（2名），焊接专业监理工程师（2名），锅炉监理工程师（5名），汽机监理工程师（4名），电气监理工程师（2名），热控监理工程师（3名），调试监理工程师（6名），共35名人员，所配备的专业监理工程师都持有电力系统或国家建设部颁发的岗位证书，人员资质及数量符合要求并满足现场施工需要。

依据《建设工程质量管理条例》《电力建设安全工作规程》《建设工程监理规范》《火电机组达标投产考核标准》，以及工程的各项管理制度和公司管理体系文件要求等开展监理工作，按照委托"建设监理合同"所界定的工作范围对工程的安全、质量、进度、投资等进行全过程的监控、协调和控制，认真执行《中华人民共和国安全生产法》《建设工程安全生产管理条例》《电力建设安全健康与环境管理工作规定》和强制性条文，强化安全预控措施，杜绝各类事故的发生。建设工程始终处在受控状态，保证了工程施工的顺利进行和各项进度目标的实现。

项目监理部在工程建设中，把工程建设质量的监督作为工作的重中之重。每月一次的质量例会，通报质量情况，分析质量趋势，提出改进措施。召开质量例会41次、质量专题例会172次。对各主要参建单位，特别是施工单位的质量保证体系、施工措施、特殊施工人员资质、隐蔽工程、施工和技术记录、施工质量验评等进行认真的把关，除了在日常的现场检查及时对发现的问题提出建议和改进的意见外，严格按照电力行业的《火电施工质量检验及评定标准》对需要监理参加的四级验收的单位工程、分部工程、分项工程进行验收和评定，并积极参与电力工程质量监督中心站组织的对每台机组6个阶段的监检；先后编制了11个土建监理实施细则、15个安装专业监理实施细则，以及调试、安全、强制性条文等共计29个监理实施细则，为有效控制施工质量提供了可靠的监督检查依据。

监理公司通过定期协调会或专项协调会议，对所暴露的问题进行协调解决。对于会议上未能解决的事项，各相关单位及时向上级领导反映，采取积极的态度求得合理解决。明确下步的工作思路，做好事前控制。监理工作注重实效，为工程排忧解难，避免工期拖后和重大质量或安全事故的发生。

工程建设期间，监理公司发出工程协调会会议纪要118期、安全会议纪要141期、质量会议纪要41期、专题会议纪要172期、综合会议纪要9期；监理工程师通知单210份、监理工程师联系单464份等过程文件。

2. 监理效果总体评价

各监理单位制定了详细的监理目标，包括工程进度目标、工程质量目标、工程安全目标和投资控制目标等；监理工作范围，包括设计文件材料监理和施工监理；监理工作成效方法措施，包括工程质量控制、工程进度控制、施工单位月进度款支付控制、安全文明施工控制、合同管理和工程信息管理。

各监理单位项目部开工前能制定详细的监理规划，认真审核施工单位的施工组织设计和施工方案，并对质量、进度、投资和安全等方面实施了事前、事中和事后全过程的监理。项目实施工程中严格按照监理合同和监理规范开展工作，严格执行《工程建设标准强制性条文》《建筑工程施工质量验收统一标准》等国家标准，对工程施工质量进行了有效控制。"监理日志""监理月报"、工程测量报验单和测量记录以及各种报审材料等监理资料完备，归档齐全。监理单位能严格执行《监理规划》和《监理细则》，实现了前期制定的建立目标。

六、建设单位管理评价

（一）开工准备评价

1. 占地情况

（1）土地使用情况。××电厂位于三面环山的海积平原上。厂区除部分围海滩、开山外，其余占用鱼塘、虾池和农田，基本无拆迁。厂区所围海堤区域的集水面积4.28km²，其中山地（5m等高线以上）为2.04km²，平原（5m等高线以下）为2.24km²。流域分水岭最高212m，平原低洼地区高程在××~××m。一期工程厂区规划占地面积84.19hm²，其中滩地面积44.54 hm²。

本期工程厂区布置呈典型的"三列式"，自北向南依次为煤场、主厂房以及升压站。固定端布置在厂址西侧，自西向东扩建。厂区辅助、附属及公用设施布置在主厂房西侧。脱硫设施布置在烟囱后与干出灰设施之间，脱硫辅助设施，如石灰石堆场、石灰石制粉制浆车间、石膏脱水车间等均就近布置，燃油库区布置在煤场西侧。厂前综合管理建筑物及其他辅助建筑物，例如食堂、材料库等布置在山体开方区域。

（2）土地审批情况。××电厂征地拆迁工作得到了××县政府、××开发区等当地政府的大力支持。××年××月××日，省统征办勘测定界所到现场进行征地边界的勘测定界工作，××月在省统征办的组织协调下，××公司和县政府就征地补偿包干价格进行了磋商。××月××日，一期工程征地协议在××由省统征办、××县政府和

××公司共同签署。

××年××月开始，当地政府即展开各村征地户土地的丈量、征地补偿兑现和拆迁工作，××月土地陆续交付使用，××月底基本全部完成，为"四通一平"的顺利开展创造了良好的条件。

2. 开工准备情况评价

××公司××年××月××日以××号下发关于××电厂一期工程开工请示的批复，××电厂一期工程"四通一平"等准备工作已完成；主要设备经招标确定，供货合同已签订；主要施工单位已经招标选定，施工承包合同已签订；项目的总体网络计划已编制完成，施工组织设计已审定；各项开工准备已做好，同意工程开工日期为××年××月××日。开工准备具体落实情况见表2-2-10。

表2-2-10　开工准备各项工作落实情况一览表

序号	具体内容	落实情况
1	项目审批	已完成
2	项目法人已经依法设立，项目组织管理机构和规章制度健全	已完成
3	主机、辅机招标	已完成
4	初步设计及总概算已经批复	已完成
5	主体施工单位已经招标选定，合同已签订	已完成
6	施工监理单位已确定，监理合同已签订	已完成
7	项目资本金和其他建设资金到位情况	已完成
8	施工组织设计与技术措施已完成并审定	已完成
9	主体工程的施工图至少应满足连续三个月施工的需要，并进行图纸会审和设计交底	已完成
10	开工许可手续已办妥，项目主体工程具备连续施工条件	已完成

其中，作为开工准备的亮点工作之一，主体施工招标合理划分标段。根据专业、场地布置等因素合理划分标段，形成竞争氛围，有利于施工、协调和管理，但标段也不宜太多，否则会给现场协调和管理带来很大的难度；重视对投标单位的资格预审工作。资格预审工作的重点是投标单位的信誉、施工承包能力、技术装备、财务实力和施工经验。通过资格预审，可以为正式邀标和后来的评标减轻工作量，缩小优中选优的范围；评价施工组织设计和重大施工方案。工程的施工能否顺利，关键看施工组织设计。

××电厂一期工程施工准备工作完善，各环节落实到位，满足《关于电力基本建设大中型项目开工条件的规定》要求，具备开工建设条件。

（二）采购招投标评价

××电厂一期建筑工程、安装工程、设备和材料采购招投标工作开展情况良好。在设备招标采购过程中，严格执行了总公司的招投标制度。制定了规范、可控的招标程序。通过招标，大部分设备合同金额低于概算金额，有效地降低了采购成本。建筑工程通过招投标、设计优化、工程量调整以及价差等因素，建筑工程造价较概算节余××万元。安装工程主要通过招投标，并采用工程量清单、综合单价报价方式进行招标，造价较概算降低工程造价××万元。主机及主要辅机均采用招标方式购买，较概算降低工程造价××万元。

××电厂按照《中华人民共和国合同法》及相应管理规定与相关单位分别签订了设计、监理、施工和调试合同，签订合同总金额达××万元。签订物质供应合同1255项，合同金额××万元。由于电厂一期和二期工程连续建设，所以在合同签订中，一期工程部分合同包括了二期部分。××电厂能够严格按照《中华人民共和国合同法》等有关法律法规制度进行合同和有关协议的签订，程序合法，注意了责、权、利的统一。合同分类清晰，编号标准统一。在所有合同签订过程中各方均严格遵循有关法律规范的要求，履行了必要的程序。

（三）合同执行评价

基建期间，××电厂依据建筑法、招投标法、合同法等有关法规和集团公司有关投资控制、内控等规章制度，对施工项目全面贯彻执行招标投标并签订合同后管理的程序，先后签订了多份施工、勘测设计和技术服务等合同。合同条款关于质量、进度、投资内容均已完成，并分别通过了相关部门的检查、验收和审计。

按照××公司控制工程造价的"两低"原则，围绕合同管理和概算管理两条主线，该工程的合同管理工作执行顺利、管理规范，工程建设没有因为合同执行上的问题而受到阻碍和影响工程进度，实现了参建各方的共赢，具体实施表现在：

（1）施工合同办理及执行有唯一的归口管理部门，所有费用尽量以合同形式规范，动态管理工程费用，避免了多头签约、多头支出。

（2）执行严格的会签制度，对于不同类型的合同，要求不同职能部门对合同相关内容进行全面审核，签署意见后与合同同时归档，以保证合同在技术、经济、财务、审计、法律等方面的准确性。

（3）结合招投标文件，主要细化合同在进度、质量、投资方面的条款，力求大的方面有预见性，使主要工作处于可控、在控状态，为领导决策提供有力可靠的基础资料。

（4）工程管理人员全员参与合同管理工作，在进行施工方案选择、工程量签证、费用计算时尽可能多地从合理节约投资方面考虑；对具体的合同，定期进行工程量、另委、签证、变更内容统计，每月对主要标段的问题进行协调，对重大问题及时磋商、记录和汇报；加强基建MIS系统的使用，定期将合同工程量、合同费用与对应的概算以及施工图工程量和费用进行对比分析，及时分析三者之间的差异原因，控制工程款的支付和扣除比例，并且掌握工程进度情况。通过以上的方法和措施，使得合同动态管理有的放矢，真正丰富了动态的内容，是对日常管理的创新和发展。

在合同执行过程中，大部分合同实际结算费用与合同费用差异不大，但也存在由于设计或标外项目等原因，使数据相差比较大的情况，造成结算金额与合同金额出现差异。

（四）试运行管理评价

按照公司要求机组投产要实现基建和生产的无缝移交，电厂生产人员在安装调试阶段就直接介入调试、试运的全过程，加强技术培训，制定修编各项生产管理制度，逐步掌握和熟悉了机组生产运行管理，两台机组运行平稳，生产考核期的管理工作具体体现在：

（1）加强技术管理工作，积极做好九项技术监督工作。建立设备异常定期分析制度和不安全情况分析制度，定期检查设备状况，分析和掌握设备动态，通过分析，找出异常发生原因和存在的安全隐患，提出解决措施。

（2）建立设备检修文件包制度和质量的三级验收制度，通过规范检修工艺和规范质量管理来保证质量，做到应修必修、修必修好。

（3）加强人员培训，尤其是运行人员的培训，通过邀请专家讲课、以老带新等各种方式，以适应机组的运行、维护。

（4）加强安全管理，通过开展春季安全大检查、防台防汛迎峰度夏安全大检查以及各种专项检查活动夯实安全管理的基础。

（5）建立锅炉防磨防爆管理制度，加强锅炉"四管"泄漏的控制。在1号机组C级检修期间，根据防磨防爆管理规程要求进行了锅炉防磨防爆检查，发现水冷壁高温氧化、二过管排出列等缺陷；通过拍片检查，共发现三过、四过12根管的节流孔内有异物。

（6）认真做好试生产期间运行记录，健全运行值班的各类报表、运行交接班记录、维护试验记录、运行分析记录、培训记录、缺陷登记等各类运行台账，防止管理上出现漏洞。

（五）竣工验收评价

××电厂一期超临界燃煤机组新建工程于××年××月××日开工（主厂房浇灌第一罐混凝土），××年××月××日两台机组顺利通过168h满负荷运行，工程日历工程××个月，比合同工期提前××。已按设计要求全部建成投产，符合原电力部《火力发电厂基本建设工程启动及竣工验收规程》及《火电施工质量检验及评定标准》。

在各级政府的支持下，在建设单位的精心组织下，通过设计、制造、监理、调试、施工、生产等单位的共同努力，本工程未发生重大设备损坏、重大火灾、重大交通、重大环境污染等事故，工程建设期间未发生四级及以上的安全事故，工程施工和调试质量优良。

××电厂一期新建工程使用了P92及T/P122、HR3C、SUPER304H等新材料；采用"双膜法"海水淡化工艺，建成海水淡化工程；采用低频柔性基座的设计方法进行汽轮机基座设计等××余项新技术，工程建设实现了技术创新。

根据《××公司火力发电厂基本建设工程竣工验收规程》，××电厂一期新建工程系统完整、配套设备齐全，机组建筑单位工程优良率为100%、安装单位工程优良率为100%，机组满负荷试运期间热控自动投入率100%，保护投入率100%，完成了全部性能实验，机组性能参数优良，投产后运行情况良好。

××电厂一期新建工程概算投资（动态）为××万元，经审计确认，竣工决算（动态）为××万元，实现了"高质量、高速度、低造价"的目标。

××电厂一期新建工程已完成安全、环保、消防、工程档案、水土保持和劳动卫生等各项验收，具体情况见表2-2-11。

表2-2-11 竣工验收情况

项目	内容	文号	验收单位	结论
安全	××	××号	国家安全生产监督管理总局	同意备案
卫生	××	××号	浙江省卫生厅	该项目职业病危害控制符合职业病防护法律、法规、标准的要求，执业卫生单项验收合格，准予正式投入使用
环境保护	××	××号	国家环保总局	环境保护手续齐全，建设过程中执行了环境影响评价和"三同时"管理制度，落实了环评及其批复文件提出的各项环保措施和要求，主要污染物基本达标排放，符合环境保护验收条件，工程竣工环境保护验收合格，准予投入正式运营

续表

项目	内容	文号	验收单位	结论
水土保持	××	××号	中华人民共和国水利部	建设单位重视水土保持工作，按照批复的水土保持方案，基本落实了各项防治任务与目标，建成的水土保持设施工程质量总体合格，达到了水土保持法律法规及技术规范、标准的要求。运行期间的管理维护责任落实。同意该工程水土保持设施通过竣工验收，正式投入运行
消防设施	××	××号	××省消防局	该工程基本符合国家消防技术规范、标准要求，在消防方面具备使用条件，经综合评定，该工程消防验收合格
项目档案	××	××号	××集团	该工程项目档案验收结果为合格，同意通过项目档案验收
专项验收	××	××号	××县人事劳动社会保障局	电厂的劳动卫生符合国家有关规定，验收合格

（六）项目投资控制评价

1. 资金筹措情况评价

自开工建设至××年××月××日，累计投入建设资金××万元。其中，累计投入资本金××万元（其中××公司累计投入资本金××万元，占资本金投入总额的100%），占到位基建资金总额的37%；累计银行借款××万元，占到位基建资金总额的63%。

根据《国务院关于固定资产投资项目试行资本金制度的通知》文件，电力建设项目资本金比例为20%及以上。该工程的资金筹措方案符合国家制度。

2. 概算执行总体情况

××年××月××日，××会计事务所有限责任公司对××电厂一期工程的竣工决算进行了审核。根据审核报告，××新建工程内控制度比较健全，在基建管理方面基本执行了国家有关工程造价管理的规定，能够依照合同法签订施工合同，并聘请了××工程造价咨询事务所对一期工程竣工结算进行了造价控制。会计核算和财务管理比较规范，项目成本核算能按概算口径设置，及时反映项目投资进展情况，竣工决算的编制符合财政部《基本建设财务管理规定》和××公司关于基本建设财务管理的要求。

××年××月××日，××公司以××号下发了《关于××电厂一期工程竣工决算的批复》，核定新建工程决算总值××万元，其中，移交生产流动资产××万元。核定新建工程交付使用资产总值××万元，其中固定资产××万元，流动资产××万元；核定新建工程未完尾工项目××万元（含尾工已投资部分××万元），投资执行情况及各项目所占节余比率见表2-2-12和图2-2-1。

表2-2-12　投资执行情况　　　　　　　　单位：万元

项目	可行性研究批复	批准概算	竣工决算	较批准概算增减额	较批复概算的增减率
建筑工程	××	××	××	××	−10.45%
安装工程	××	××	××	××	2.21%
设备投资	××	××	××	××	−9.97%
其他费用	××	××	××	××	−49.21%
总　　计	××	××	××	××	−16.28%

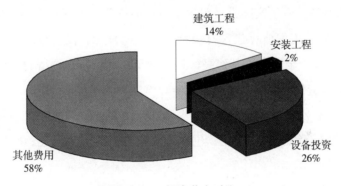

图2-2-1　投资节余对比

3. 资金控制情况评价

由于工程主要采用工程量清单、综合单价报价方式进行招标，较大幅度地降低了投资。从整个投资来看，达到了投资总量控制，降低工程造价的目标，投资节约的主要项目为：

（1）建筑工程。建筑工程概算投资××万元，实际投资××万元，投资节余××万元，节余率10.45％。除招标导致工程节余外，在施工过程中，研究、审查、优化设计和重大施工方案，选择设计先进、技术可行、经济合理的方案，在一定程度上也节约了投资，具体体现在：

1）通过招投标、设计优化、工程量调整以及价差等因素，建筑工程造价较概算节余××万元。

2）由于实际施工工程量增加，导致部分工程增加造价，具体见表2-2-13。

表2-2-13 建筑工程造价增加原因分析 单位：万元

项目	概算金额	实际金额	增加	超支率	原因分析
热力系统主厂房本体	××	××	××	18.24%	主厂房框架防腐油漆结算量较概算多4500t，地面处理增加花岗岩8851m²
除灰系统	××	××	××	68.53%	贮灰库和灰车车库工程量增加
水处理系统	××	××	××	61.27%	海水淡化车间、循环水加氯间工程量的增加
电气系统500kV进出线构架	××	××	××	70.36%	方案的变化
消防系统	××	××	××	15.42%	消防系统由于概算按照原来标准计列，实际实施是按照国家关于消防新标准实施
附属工程部分	××	××	××	—	厂区绿化由于概算较小

（2）安装工程。安装工程概算投资××万元，实际投资××万元，投资超支××万元，超支率2.21%。由于实际投资包含了材料的价差，工程概算不含材料价差，对比口径不一致，若安装工程概算包含材料价差为××万元，投资节约××万元，节约率1%。另外，项目处于全国电力基建高峰期，管道、阀门、电缆等材料价格上涨幅度较大，造成工程投资造价较高，具体体现在：

1）通过招投标较概算降低工程造价××万元，其中：热力系统投资节约了××万元；除灰系统投资节约了××万元；供水系统投资节约××万元；电气系统投资节约××万元。

2）由于实际施工工程量增加导致工程造价增加，具体项目见表2-2-14。

表2-2-14 安装工程造价增加原因分析 单位：万元

项目	概算金额	实际金额	增加	超支率	原因分析
热力系统砌筑保温及油漆	××	××	470	6.99%	砌筑保温及油漆由于方案的变化，工程量增加
燃料系统	××	××	233	16.90%	工程量增加
化学水系统	××	××	1542	71.29%	管道工程量的增加
热工控制系统	××	××	1174	13.07%	电缆及辅助设施等由于工程量的增加

（3）设备采购。设备费用概算投资××万元，实际投资××万元，投资节余××万元，节约率9.97%。主机及主要辅机均采用招标方式购买，大大降低了设备投资。同时，通过设计优化，在设计方案及设备选型方面一致按照"节能降耗优化"以及创建"节约环保型电厂"的要求，充分考虑合理性及经济性，降低工程总体投资。

1）通过招投标较概算降低工程设备节约投资××万元；燃料供应煤场机械、水力清扫系统及煤泥池系统设备节余了××万元；除灰系统实际投资与概算相比基本平衡；化学水系统锅炉补给水处理系统设备、凝结水精处理系统、循环水处理等设备招标节约××万元；供水系统设备节约投资××万元；电气系统设备节约投资××万元；热工控制系统设备节约投资××万元；与厂址有关的单项工程设备节约××万元。

2）由于设计优化、方案变化等因素，减少设备数量、调整设备型号等，设备采购费用较概算节余××万元。

3）电厂一期工程项目采购国产设备符合国家退税政策，××年××月收到设备退税款××万元，按会计核算原则冲减工程造价。

4）为落实节能减排措施，优化设计方案以及部分设备价格上涨等因素，增加设备投资项目见表2-2-15。

表2-2-15　设备购置造价增加原因分析　　　　　单位：万元

项目	概算金额	实际金额	增加	超支率	原因分析
海水淡化预脱盐系统	××	××	1428	13.95%	成套设备合同涨价
热力系统锅炉本体	××	××	1346	1.26%	采用锅炉等离子系统
皮带机上煤系统的设备费	××	××	1329	64.64%	优化设计
设备管道	—	—	312	—	雨水泵房设备由于处于海边，设备管道对于防腐要求比较高
设备费用	—	—	170	—	消防系统由于验收标准的变化

（4）其他费用。其他费用概算投资××万元，实际投资××万元，投资节约××万元，节约率49.21%，见表2-2-16。

表2-2-16　其他费用投资执行情况　　　　　单位：万元

项目	概算金额	实际金额	节余	节余率	原因分析
建设场地征用费	××	××	1012	8.06%	海域使用金、场地租用费节余
项目建设管理费	××	××	超3759	-37.34%	实际投资剔除了应计列在基本预备费中的工程保险费1880万元
项目建设技术服务费	××	××	2870	10.16%	勘察设计费通过合同谈判
生产准备费	××	××	9329	52.40%	分析见下文
其他（大件运输措施费等）	××	××	108	4.49%	
建设期贷款利息	××	××	49423	63.76%	分析见下文
基本预备费	××	××	22398	66.23%	分析见下文

项目	概算金额	实际金额	节余	节余率	原因分析
特殊项目其他费用	—	—	205	—	实际没有发生
工程质量监督检测费概算、施工安全措施补助费	—	—	超893	—	按定额费率计列，金额偏小
脱硫装置、码头其他费用	××	—	—	—	实际发生主体工程其他费用中，决算报表中没有单独列示，形成其他费用节余

在其他费用中，项目建设管理费、生产准备费、建设期利息和基本预备费节余超支分析如下：

1）项目建设管理费超支××万元，主要原因为概算建设管理费是按××年价格水平计列的，概算金额偏小。

2）生产准备费概算批复金额××万元，实际投资完成××万元，投资节余××万元；主要原因是由于调试期间售电收入××万元，较概算××万元多××万元，冲减了工程成本；锅炉通过设计优化，采用了等离子设备，节约了燃油费××万元；生产人员培训等费用节约了××万元。

3）建设期贷款利息概算批复金额××万元，实际投资完成××万元，投资节余××万元。主要原因：①合理筹措资金，降低资金成本，公司资本金为37%，远远超过批复概算25%的资本比例，有效降低工程项目资金成本，节省了贷款利息；②工程投资节余较大、工期较计划工期提前，减少了资金占用总量和占用时间，节省了贷款利息；③加强日常资金管理，通过动态预测资金需求量，采用多次分批提贷方式，提高资金使用效率，降低资金占用，节省贷款利息。

4）基本预备费概算批复金额××万元，其他费用中实际使用××万元，其中：工程奖励费××万元，工程保险费××万元，一期送出工程费用补偿××万元，其他费用中实际投资较概算节约××万元；另防洪抗台、等离子设备分别动用基本预备费××、××万元，并在其发生时计列各单项工程中；综上共计动用基本预备费××万元，较概算投资节余××万元。

一期工程动态概算为××万元，单位造价××元/kW，实际投资××万元，单位造价××元/kW，与概算相比工程节省资金××万元，节余率16.28%；实现了公司基建项目"两高一低"的控制目标。该工程投资控制良好，取得了很好的基建投资效益。

在整个建设过程中，××公司从以下方面进行投资的控制管理，具体控制造价措施表现在：

（1）实行招投标制。在工程施工、设备采购、调试、设计、监理等方面严格执行招投标制，较大幅度地降低了投资。

（2）建立健全制度，加强概算动态管理。建立健全了各项规章制度，加强了概预算的管理，明确各部门必须严格按照批准的概算进行投资控制，并对概算范围内的项目组织施工建设，不可擅自增加工程项目，提高建设标准，扩大建筑面积和增加其他费用的开支。

实行概算归口管理，对总概算的费用进行分解，对概算中的项目进行分类、逐级编号。工程中每发生一笔费用，均归入相应的项目编号，这样便于随时将工程实际发生额与概算额进行对比。在合同签订前，弄清每个项目资金来源；严格控制概算外项目并建立定期报表制度。

（3）强化合同管理，将合同管理贯穿于整个工程建设中。建立和完善了合同管理台账，并且根据《合同管理办法》的有关规定和要求，明确了内部各职能部门在合同执行方面的分工、责任，以及严格控制合同会签、审查、审计制度，依法执行合同。通过合同付款与概算项目对照，及时反映概算执行情况，有效控制了资金的使用。建立合同管理台账，所有合同均记录在案，进行跟踪管理，通过合同台账检查合同执行情况，做到不超额、不提前支付工程款项。

（4）严格合同条款，大力推行过程结算。签订合同时，力求条款严格，尽量将不可预见、进度协调、设备材料及图纸短期迟供、施工措施等包括在包干因素中，避免合同纠纷及索赔。全面推行过程结算，在过程中有效地解决合同执行问题。同时聘请××工程造价咨询公司参加本工程的结算工作，该公司从工程量入手，对于合理确定工程量，以及确定最终工程造价，节省投资，起到了比较好的作用。

（5）优化设计，降低投资。在工程建设中，始终坚持"两高一低"的基建管理方针，结合现场实际施工需求，积极与设计单位协商设计优化方案，为有效控制工程造价起到了积极作用。例如：通过优化设计，增设了等离子点火装置，虽然增加了设备的费用，但是大大节约了调试期间以及生产以后的燃油费用。

（七）建设单位管理总体评价

××电厂采用新型管理模式进行生产准备。电厂的生产准备工作以建立运行、检修和维护的技术管理在生产前期介入基建机制为突破口，使生产人员尽早明确在生产中的地位、职责和责任。因此，从工程开工就成立了生产准备组织机构，按照"四最一优"的目标，确定了生产准备工作的总体思路，建立健全了生产准备工作的各项制度，并将培植企业文化融入各项制度之中。同时编制了生产准备工作大纲和生产准备工作计划网络图，坚持以生产准备工作大纲为主线，使生产准备工作规范化、程序化、标准化。坚持做到了生产准备的各项任务责任到人，检查到位，坚持生产准备工作的各项目标与工程的节点进度计划要求同步，坚持把生产准备作为一项系统工程来抓，保证了各项工作按计划地实施。通过建设生产管理体系，提高了电厂综合管理水平。实现了基建与生产的无缝隙交接。

××电厂一期工程项目组织管理机构符合国家计划委员会《关于实行建设项目法人责任制的暂行规定》（计建设〔1996〕673号）的有关规定，各项规章制度健全完善。

××年××月××日，正式成立××电厂筹建处，并于××月××日召开了全体报到人员会议。××电厂工程部牵头制定了《××工程管理制度汇编》（以下简称"制度"）。该"制度"以××公司的基建工作管理制度为基础，借鉴了很多单位的成熟经验，并结合了电厂和此次工程的实际情况，对现实工作起到了重要的指导和规范作用。

××公司直接负责整个工程的建设，工程建设全面实行"五制"。全面推行了项目法人责任制。项目法人对工程的全过程负责，从工程咨询、前期准备、建设管理均由法人负责，有力地控制了工程造价，保证了工程安全、质量和进度全面受控。

第三节　项目生产运营评价

一、项目运行和检修评价

（一）项目运行评价

1.运行管理评价

电厂实现单元机组的机、炉、电集中控制，一期和二期四台机组合用一个单元控制室，在单元控制室内可进行所有自动控制、远方手操和运行监视。机组运行人员在少量就地人员的配合下可在单元控制室内实现整套机组的启停操作和事故处理。全厂辅助生产系统（如化学补给水、海水淡化、化学加药、废水、煤、灰等）均采用程序控制，联网组成辅助生产系统控制网，以实现在机组单元控制室进行集中控制。采用先进的微处理器为基础的分散控制系统（DCS），实现单元机组炉、机、电集控，完成单元机组主辅机及系统的检测、控制、报警、联锁保护、诊断、机组启/停、正常运行操作、事故处理和操作指导等功能。以CRT和键盘作为机组的主要监视和控制手段，设置少量必要的紧急事故停止和启动按钮，以便在DCS出现故障时，确保机组安全停运。同时，电厂还设有MIS和SIS系统，把全厂生产过程的所有实时数据按照某种规则和要求进行储存、归类，供使用者或其他程序调用。此外，还以这些数据为基础，利用各种先进理论和算法，通过计算和分析，将这些数据所代表的生产过程综合信息（机组效率、设备状态、运行经济评估等）呈现在使用者面前，作为他们改善管理和操作的依据。

××电厂运行管理制度的实施效果具体体现在：

（1）建立健全机制、提高执行力。坚持科学的发展观和正确的业绩观，认真贯彻执行公司的经营发展战略，从保证机组的安全稳定运行、争发电量、提高运行人员的综合素质、建立健全生产制度等方面着手，规范管理，提升执行力和组织能力，树立"有章可循，有章必循"的意识。建立"以制度激励为引导，制度惩罚为约束"的管理理念，快速形成强执行力的企业文化。使运行人员的一切行动与分公司工作目标保持高度一致。编制修订机组"运行规程"，编制"运行系统图册"，制定"巡回检查制度""设备定期切换制度""交接班制度"等各类管理规定。

（2）加强队伍的作风建设，树立主动工作意识。按照高质量地做好工作、高标准地完成各项任务、高水平地实现各项目标的工作要求，教育每一个员工积极主动的开展工作，发扬求真务实的精神，树立大局意识、纪律意识、责任意识和使命意识，真正做到顾全大局，令行禁止。运行部各岗位员工来自五湖四海，有着不同的工作、生活等方面的背景习惯特点，以共同建设××电厂为目标，尊重差异，求得认同，相互包容，形成共识，共同创业。同时，运行部门努力营造和谐的工作、学习和生活环境。坚持以人为本，不断探索引导员工意识的新途径、新方法；保持队伍稳定，树立运行形象；面对热点、难点和疑点问题，主动沟通，及时做好思想疏导工作；培育亲情文化，尊重和关心员工，内部多次组织开展丰富多彩的文体活动，努力营造温馨和谐的工作、学习和生活环境。

（3）工作层层细化、落到实处。在把握年度工作重点同时，将计划层层分解，将任务落实到各个专业、运行值及具体岗位，将计划分解到每季度、每月、每周，优化计划管理流程，以保证效果。任何一个工作，都要落实到个人，并要求在规定时间内有反馈。保证工作任务及时有效的完成。各值对自己各阶段的工作定期进行一次分析，值长每月进行梳理、汇总，对运行中存在的较大问题，及时汇报，并组织专人专题进行讨论，拿出具体措施，专人负责落实。

（4）加强与电网调度的沟通和联系。争取合理、安全的调度运行方式，合理控制低谷时段消缺许可，充分利用分公司发电量和机组出力系数考核机制，开展值际电量竞赛，创造机会抢发、多发电量。

（5）努力实现节能减排。积极开展运行小指标竞赛的活动，通过优化辅机运行方式，围绕节能减排的方针，从提高蒸汽参数、降低煤耗、降低厂用电率、降低补水率等各方面着手来降低电厂能耗。

（6）加强运行人员的培训，适应生产和调试的需要。充分利用学习班和仿真机开展运行人员的岗位培训，结合机组调试、整套启动和各项试验，以及过程中出现的异常情况，加强运行分析和运行操作总结，积累经验，及时改进、完善操作方法，提高运行人员专业水平、操作和事故处理能力。

××年初，电厂进一步完善了运行管理制度，明确了各岗位职责、管理程序及工作关系，并把××年作为运行部规范管理年，全年共组织制定各项措施92份，各类制度、办法、工作安排等运行部通知153份。做到了凡事有人负责、凡事有章可循、凡事有据可查、凡是有人监督。运行管理已经逐步走向标准化、程序化和制度化的轨道。

结合机组调试及生产出现的问题，针对机组的运行特点结合实际，组织成立专门小组，对《超临界燃煤机组运行规程》进行了修订完善，并正在进行宣贯；组织各专业、各值按照设计变更、设备异动和实际情况进行了专业系统图修改；组织进行了专业技术措施等完善并汇编成册；组织各专业编制了典型操作票、典型操作卡共计1249份。

2.安全生产评价

××年××月××日，××电厂1号机组顺利实现168h试运。2号机组也于同年12月6日开始整套启动。截至××年××月××日，电厂未发生电力生产人身死亡事故，未发生重大及以上设备事故，未发生电力生产人身重伤事故，未发生电力生产人身轻伤事故，实现全厂全年连续无事故纪录365天，无事故连续安全生产纪录398天。1号机组累计连续运行103天，2号机组累计连续运行257天。××年机组最长连续运行时间为1号机组68天、2号机组90天。截止到××年××月××日，电厂全年内实现安全生产54天，累计安全生产54天。

××电厂的安全生产管理措施具体有：

（1）加强生产组织管理，夯实管理基础。建立检修维护、燃脱运行维护、灰渣运输委托管理的生产组织体系，建立电厂有关履约评价体系，职责分明，流程畅通。

（2）狠抓生产技术管理，强化薄弱环节。针对新电厂、新设备、新管理模式的特点建立技术管理体系和各项技术管理标准，完善各项技术措施、设备台账和管理台账。加大培训力度，提高管理和维护人员专业技能。

（3）加强技术监督，提高设备健康水平。建立技术监督领导小组和各监督网成员，完善厂、部门、班组三级技术监督网络。重点对九项技术监督工作进行务实化的加强，认真制定监督计划，各专业跟踪、盯紧，并逐项落实检查和整改。每季度召开监督例会，并根据生产的实际情况，不定期召开专题研究会，对监督中出现的问题及时检查和反馈。

（4）加强运行管理，提高安全运行能力。建立值内讲课、交流制度，即能让骨干们互相交流经验互相学习，更有效地将这些经验传递给新员工。运行人员充分利用已投用的仿真机深入到实际操作和调整培训之中；严格执行"两票三制"，建立完善各专业标准操作票、检查卡，供培训学习和指导现场操作，有效降低因人员新、经验少可能带来的风险；制订机组启停操作卡，以减少启动过程中操作和检查可能的漏项；利用机组连续建设的机会，让更多的运行人员参与到机组的调试过程中，了解机组特性，掌握机组在试运阶段异常工况处理对策，提高运行人员异常和事故情况的处理能力。

（二）项目检修评价

1. 检修管理评价

规章制度是检修工作开展的依据，××电厂生产部根据机组设备的实际情况，对技术管理标准及检修管理制度不断进行制订、修改、完善和补充，先后修订定了11项技术标准，11项管理技术标准、15项科技监督管理标准、3项安保管理标准、12项设备管理标准等一系列规章制度，并在工作中严格执行，实现了技术监督工作和检修工作的标准化、规范化。

（1）切实落实各项检修、维护措施，确保机组安全运行。生产部对外委检修单位认真宣传有关规章制度，广泛收集、汇总运行经验，各检修单位认真贯彻"安全第一，预防为主"的方针，切实落实各项检修、维护措施，结合技改项目，加大了对设备的治理力度；在计划检修中，各检修单位坚持"应修必修，修必修好"的原则，严控检修工艺，实行三级验收制度，保证了检修后的设备运行稳定，为机组的安全运行和多发电起到了重要作用。

为了贯彻和落实分公司对检修管理的各项规章制度，结合电厂在日常维护检修中实施的点检定修制，从××年××月的1号机组B级检修开始第一次试行区域负责制和专业负责制，到××年××月的4号机组C级检修，区域负责制和专业负责制得到完善和发扬，效果也逐步得到了体现。

为了加强检修前项目的策划和准备工作的质量，电厂对机组检修进行全过程控制，确保实现检修后的长周期运行。为此，电厂制定了详细的《计划检修考核管理细则》，并在合同中明确了相应的考核办法，使工作做到有法可依。

（2）加强检修全过程技术监督和管理，提高设备健康水平。为了做好机组设备的监督工作，电厂各专业的技术监督员通过监督例会、技术监督通知单等形式贯彻落实有关技术监督文件和措施，对运行设备实现有效监督和管理，监督体系的良好运转对安全生产的可控、在控起到了保障作用，特别是对于可能引发事故的缺陷和隐患，由于及时消缺，有效避免了事故的发生。

××年××月××日至××日，××技术监督审核组依据《××公司技术监督管理办法》和国家、行业的技术监督法规、标准，结合电厂生产和设备的实际情况，通过查阅技术监督体系和各专业监督的技术资料、记录和报告，座谈交流、设备状态现场巡查等方式，对电厂9项技术监督和锅炉压力容器安全管理工作开展了全面审核，审核结果：严重问题及建议0项，重要问题及建议23项，一般问题及建议55项。

（3）预防为主，及时消缺，防止缺陷扩大化。××电厂在日常维护工作方面，主要抓了设备消缺管理流程及制度的建设和质量的控制，通过流程的明确，缺陷的发现→下单→消除→验收→总结等整个流程实现了计算机全程处理，每月统计下发缺陷月报，主要控制缺陷消除率及消缺及时系数指标的完成情况，并通过缺陷考核办法的模拟运行，使各部门提高了消缺的及时性和可靠性。

根据检修、运行及点检人员对设备的检查和判断，电厂在周、月计划中安排进行设备的定期检修维护。对运行和检修过程中发生的异常和不安全事件，及时组织参加分析讨论，制订对策和措施，并跟踪检查落实。通过日常巡回检查和分析，多次发现重大缺陷，并安排针对性处理。针对夜间和节假日消缺，电厂制定了专门的值班办法，落实人员及责任，确保对缺陷的及时响应，要求重大缺陷不过夜。

2. 设备状况评价

根据××电厂目前设备运行、检修和技改情况，对目前整体设备状态评价是：全厂设备除个别设备外，绝大多数设备选型正确、性能良好，处于健康水平状态，为该厂赢利、减少检修费用打下了坚实基础，但是目前机组设备还存在一些问题需要进一步解决：

（1）主给水系统疏水放气阀门内漏和外泄。主给水系统疏水放气阀门选用国产××阀门厂的高压疏水截止阀，自投用以来，一期两台机组多次发生该系统阀门内漏、阀杆盘根吹开事件。虽然都未直接造成机组停机事件，但也给机组的稳定运行带来重大隐患。

针对上述问题电厂采取了如下措施：

1）电动给水泵出口放空管及阀门已全部取消；

2）对出现故障的阀门更换为其他厂家的阀门；

3）加强了运行操作和检修维护，目前阀门运行情况良好。

（2）汽轮机本体的轴瓦质量问题。××年××月××日，1号机组轴承温度高保护动作，导致1号机组跳闸。分析原因主要在于轴承钨金自身的质量问题导致轴承钨金损坏。2号机组春节调停检修后，5号瓦一点温度超过115℃（检修过程中未动过，仅更换了坏的温度测点），高出另外一点温度20℃。由此，公司对一期两台机组国产轴瓦的质量能否满足主机厂的要求提出了疑问，目前采取的措施是密切观察机组轴振动、瓦振动、瓦温度、油温度的变化情况，在机组停机时间允许的情况下，对轴振动、瓦振动、瓦温度、油温度变化异常、超标进行检查，发现问题及时处理。另外，抓紧研究是否采用进口瓦替代的方案。

（3）给水泵汽轮机油动机调节器问题。电厂给水泵汽轮机由××公司成套供应，高、低压调节器采用××公司的产品，属低压汽轮机油控制系统，给水泵汽轮机控制油与润滑油共用油源，对油质要求较高，自投用以来，1、2号机组多次发生给水泵汽轮机调节器运行中突然关闭及晃动缺陷，虽然都未直接造成机组停机事件，但也给机组的稳定运行带来重大隐患。通过加强滤油和运行操作及利用机组检修机会定期检查，目前设备运行正常。主要采取的措施有：

1）加强对给水泵汽轮机透平油颗粒度及油中水分的监督，及时投入滤油机；

2）制订了防止密封水进入油中的技术措施，避免油动机内部部件因水分进入而锈蚀；

3）C级以上检修检查高、低压主汽门油动机及高、低压调门油动机；

4）给水泵汽轮机加装在线滤油机，此项目已获批准，正在实施中。

（4）锅炉水冷壁节流孔磁性氧化铁沉积问题。针对水冷壁节流孔磁性氧化铁沉积问题，已做专题分析汇报，对于××技术带节流孔圈的锅炉，在给水处理方式采用AVT（O）方式的情况下，由于给水铁的浓度不可能控制得更低，因此不可避免地会带来氧化铁在节流孔处富集，局部的酸洗只能解决局部的问题，故此在加装了壁温测点进行监测控制爆管后，还需要从根本上解决给水处理方式问题，从而真正地解决问题。目前正在制订计划，准备在2号锅炉安排酸洗后，先安排加氧处理方式运行。

（5）高、低压变频器故障。自机组投运以来，电气专业几次发生因变频器原因造成的异常事件。由于变频器属专业技术较强的精密设备，特别是高压变频器对运行环境要求较高，电气专业主要从以下几个方面着手解决和防范变频器故障：改善变频器运行环境；认真梳理与变频器相关配套辅助设备的薄弱环节，防止因辅助设备故障造成变频器跳闸；联系厂家加大人员培训力度，熟悉和掌握变频器原理及控制逻辑，在实践中逐渐探索出符合现场实际的检修规程及标准。

（6）500kV绝缘子大雾闪络。××年××月××日由于连续的大雾天气，导致1号主变压器出线门架A相悬挂绝缘子串发生污闪，造成1号主变压器A相单相接地，接地引起的电动力和大电流造成了A相悬挂绝缘子爆炸碎裂，引起1号主变压器差动保护动作机组全停。在抢修恢复时，对新更换的绝缘子进行耐压测试，发现不少绝缘子质量不合格。针对上述情况，电厂采取了如下措施：

1）已购买绝缘子，按机组检修计划逐步更换绝缘子。

2）利用检修机会对所有悬式绝缘子进行检查清扫，做到逢停必清；测量绝缘是否符合要求，对不符合要求的绝缘子进行更换。

（7）热控专业：

1）××年××月××日，因DEH布朗超速装置动作，机组跳闸。后分析原因，发现是该装置的硬接线设计图缺少三根连接线，在长时间运行后，将会产生误发信号。现已对设计图进行完善，增加了连接线。

2）由于安装锅炉壁温的电缆桥架不合理，造成2号机组锅炉壁温测量系统（IDAS）大量被烧毁。分析原因，由于敷设铠装热电偶的电缆桥架从炉膛一致延伸到前置机，当炉膛为正压时，大量热烟气顺电缆桥架直通至前置机，造成前置机和热电偶的引线被烧毁。现将桥架与炉膛连接处，拆掉部分桥架侧板，形成热烟气释放口，保证烟气不会到达前置机处。

3）××年××月××日，主蒸汽压力开关的卡套接头松脱，蒸汽喷出使电缆烧毁，机组跳闸。分析原因为基建期间，安装质量不过关，致使卡套接头松脱。现已进行改正，并对全厂的卡套接头全面排查，消除隐患。

4）空气预热器漏风间隙控制由于探头质量不可靠（新探头最多可以坚持两周即会损坏），导致该控制系统长期只能投温度跟随状态，效果很差。现对1号机组的间隙控制系统进行了换型改造，目前效果很好，漏风率在5%以下，长期效果继续观察中。

（8）脱硫系统。一期脱硫系统地沟由于地基沉降，防腐层脱落现象比较普遍，需重做防腐；一期脱硫系统地沟内流淌的是浆液，极易堵，因此需增加地沟冲洗系统；一期脱硫系统地沟改造工程已立项并开工，项目采用钢筋混凝土整体结构并在表面铺设大理石，可以解决地基沉降和防腐层脱落问题；地沟内流淌浆液、易堵问题，通过加强运行管理及时冲洗解决；脱水及废水电气系统为公用系统，母线检修将变得非常困难，建议对重要负载改为双电源供电；脱水系统电气负荷已较大，增加两条真空皮带后建议对脱水变扩容；经实际运行检测，增加两条真空皮带后变压器容量满足要求，无需增加变压器容量。两条真空皮带增加后，脱水系统瞬间流量增加，对于高硫煤的掺烧增加了砝码，效果需待观察；目前增加两条真空皮带安装工作已完成，正在调试中，高硫煤时脱水能力不足的情况已在前两年运行中长时出现，故新增皮带机项目考虑有两条真空皮带机同时脱一个吸收塔的运行方式以解决脱水系统出力不足的问题；废水污泥设计与实际偏差大的原因，污泥无法正常脱水，目前加抓斗改造项目已进行85%，效果需进一步观察。抓斗改造已完成，能临时解决清除污泥的问题并恢复系统的运行。

（9）输煤系统。场地喷淋水、煤泥坑回用水、码头回用水管路都采用地埋管，因地基沉降引起泄漏现象严重，急需改造。水处理系统自从锅炉渣水不处理直排至煤泥沉淀池后，1号水处理经常出现煤泥提升管堵塞。

对于场地喷淋水、煤泥回用水及码头回用水管路等地埋管的改造工作已列入了今年的自控技改项目，将所有地埋管改为明管布置，该项工作已完成。

对于锅炉渣水进入煤水系统造成水处理装置无法工作的问题，已计划进行改造，目前已有方案，正在落实中。

3. 设备检修评价

××电厂分别于××年××月××日至××月××日、××年××月××日至××月××日对1号机组进行了一次C级检修及一次B级检修，于××年××月××日~××月××日对2号机组进行了一次B级检修。1号机组C级检修中所发现的缺陷均得到处理，其他部件未发现异常。1号机组B级检修共完成标准项目784项，特殊项目54项；2号机组B级检修完成标准项目764项，特殊项目44项，新增项目4项。1号机组和2号机组检修中发现的重大问题及采取的处理措施具体情况见表2-2-17~表2-2-20。

表2-2-17　1号机组B级检修情况

专业	序号	机组问题	处理方式	效果
汽轮机	1	1B定冷水泵解体后发现叶轮磨损较严重	更换了整台泵体	已解决
	2	汽轮机支撑轴瓦6号下瓦存在一处长度为250mm的线性缺陷裂痕	圆滑过度处理	已解决
	3	在定冷水中混有树脂且发电机进口滤网破损	在隔离了离子交换器后拆除了滤网进行检查及清理，并在反冲洗后进行了放水换水	已解决
	4	6号顶轴油管进油软管检查发现已经折弯	更换处理	已解决
	5	在调整低发中心时发现发电机基础沉降	把发电机定子靠2号机组侧抬高了1mm	已解决
	6	低压缸隔热罩发现有掉落	补焊加强	已解决

续表

专业	序号	机组问题	处理方式	效果
锅炉	1	AA风道非金属膨胀节破损严重	8只已经全部更换	已解决
	2	过热器及再热器管磨损严重	加装防磨瓦共计1187件	已解决
	3	水冷壁左侧墙后数26、27、28、29、116管道粗胀	更换管道	已解决
	4	空气预热器B侧出口热一次风道挡板门轴承磨损严重	更换轴承	已解决
电气	1	励磁室电缆被水泥浇灌死	割断电缆，重新敷设安装	已解决
热控	1	主给水流量，两个变送器共用一对一次阀	一个流量变送器由一对一次阀控制	已解决

表2-2-18 1号机组检修前后锅炉主要运行技术指标

序号	指标项目	单位	检修前	检修后
1	蒸发量	t/h	2732.4	2596
2	过热蒸汽压力	MPa（表压）	24.4	24.62
3	过热蒸汽温度	℃	598.8	600.6
4	再热蒸汽压力	MPa（表压）	5.48	5.33
5	再热蒸汽温度	℃	598	603.3
6	省煤器进口给水温度	℃	285.9	309.5
7	排烟温度	℃	132.5	147.2
8	过量空气系数（炉膛出口）		3.6	3.5
9	空气预热器出口一次风温	℃	299.5	290.5
10	空气预热器出口二次风温	℃	317.6	305.5

表2-2-19 2号机组B级检修情况

专业	序号	机组问题	处理方式	效果
汽轮机	1	2A、2B凝汽器连通管内部衬胶经检查有局部翻起	对衬胶进行了修复	已解决
	2	电动给水泵出口电动调节阀检查发现阀杆与阀芯连接处断裂	重新加工阀杆进行更换	已解决
	3	6、7、8号低压加热器内部小人孔门检查发现变形严重	校正	已解决
	4	开式水2A、2B旋转滤网进出口门蝶板的密封压板经检查腐蚀严重	更换了材质为316L的压板	已解决
	5	循环水泵房旋转滤网在修前有卡涩现	对底部进行了彻底的清污	已解决
	6	2B循环水泵出口的循环水管在检查时发现有一道1.7m长、最宽处达10mm的裂缝	补焊处理	已解决

续表

专业	序号	机组问题	处理方式	效果
汽轮机	7	凝汽器循环水进出口蝶阀前后管道防腐漆大面积脱落	防腐处理并加装锌块	已解决
	8	2号发电机运行中漏氢量大	注胶排气	已解决
	9	真空严密性不合格，低压缸本体区域真空泄漏量较大	石墨垫片更换为石棉垫片（加密封胶）	已解决
	10	低压内缸隔热罩大量脱落	对隔热罩进行了全面的补焊加固	已解决
锅炉	1	2A空气预热器内部着火，传热元件盒损坏3仓	更换传热元件盒	已解决
	2	2B启动疏水泵启动时泵体内有异音	内部排空气后异音消除	已解决
	3	磨煤机热一次风快关门B、D门板及门框变形较大	更换整台快关门	已解决
	4	2A一次风机轴承箱二级端骨架密封及间隔衬套损坏	更换骨架密封和间隔衬套	已解决
	5	主变压器更换的套管在装复后精度试验不合格	装回原电流互感器	已解决
电气	1	主变压器更换的套管在装复后精度试验不合格	装回原电流互感器	已解决
	2	空气预热器2号机组A级检修主、辅电动机检修电缆熔化	更换电缆并对电缆走向进行更改	已解决
	3	励磁机主回路有一螺栓松动	紧固，并对其余类似螺栓进行检查紧固	已解决
	4	2号机组精处理MCC母线连接螺栓较多松动	紧固	已解决
	5	2A除尘PC段进线开关机构不稳定，经常拒动	开关进行更换	已解决
热控	1	2号机组励端密封油流量计外部筒体有变形	拆除了浮子，取消该流量计	已解决
	2	锅炉出口再热蒸汽温度6支需更换管接座	因螺纹生锈无法拆出导致损坏，更换6支新的热电偶	已解决
	3	2号锅炉后烟道入口联箱入口温度损坏	更换新热电偶	已解决
	4	#2A汽泵2号轴承处转速探头2插头被撞坏	用胶水进行黏合	已解决
	5	凝汽器水位变送器水侧一次阀有4只锈住	经割除更换新的阀门	已解决
	6	汽水分离器水位变送器显示不正确	汽水分离器水上满倒灌到水位变送器正压侧满水	已解决

表2-2-20　2号机组检修前后锅炉主要运行技术指标

序号	指标项目	单位	检修前	检修后
1	蒸发量	t/h	2872.01	2702.9
2	过热蒸汽压力	MPa（表压）	24.24	24.46
3	过热蒸汽温度	℃	599.9	603.1
4	再热蒸汽压力	MPa（表压）	5.54	5.59
5	再热蒸汽温度	℃	599.4	602.2

序号	指标项目	单位	检修前	检修后
6	省煤器进口给水温度	℃	290.54	288.37
7	排烟温度	℃	128.7	148.8
8	过量空气系数（炉膛出口）		5.29	3.98
9	空气预热器出口一次风温	℃	309.4	300.0
10	空气预热器出口二次风温	℃	341.6	322.8

检修后三级验收：共552项，全部完成；H点完成264项，合格264项，合格率100%；W点完成662项，合格662项，合格率100%；分部试转110套设备，一次成功率95%；大连锁28套，一次成功率100%；试转设备健康状况（如旋转设备振动情况、设备泄漏情况、检修后设备完整性）等：健康状况良好。

电厂在检修过程中严格贯彻全过程管理、PDCA持续改进的原则，在每次计划检修前对检修项目进行精心策划，项目的实施过程中，从安全、进度、费用、文明生产、质量等方面进行全方位的管理，提高机组的计划检修水平。通过检修，消除了影响机组安全、经济的缺陷，提高了机组的安全及经济性能。

4. 技术改进情况

××电厂一期工程总体设计、施工、设备选型及制造质量较好，针对设备存在的问题，电厂已经更改完成的技术改造项目见表2-2-21。

表2-2-21　　××电厂一期技术改进项目

序号	技改项目	技改原因与目的	技改内容及效果
1	1、2号机组DEH（××系统）网络配置改造	××系统未配置工程师站，对系统管理及操作带来不便，若用服务器或操作员站临时代作工程师站，会对系统安全或运行监盘操作带来影响。而且1、2号机组××系统临时授权到期，系统只保留永久授权，从而减少了某些功能，给××系统正常维护及运行操作带来较大不便	增加1台工程师站（机器配置与操作员站机器相同），更改相应系统授权，使工程师站生效，并增加部分××软件授权。改造最终提升了××系统的安全性，方便了系统维护
2	二级反渗透清洗临时管道改为正式管道	电厂海水淡化二级反渗透原来清洗系统为临时系统，在清洗过程中多次发生临时管道破裂、清洗药液流出的现象，既影响了人身安全，又降低了清洗效果	将临时清洗系统改造为正式系统。经过数次应用证明其达到了立项要求，化学清洗时人身安全、设备安全及环境安全得到保证
3	化水区域的防腐管道更新改造	电厂的海水淡化系统使用了大量的防腐管道，且电厂建设在滩涂上，防腐管道架设在不同的基础上，由于不同的基础的沉降速度不同，造成同一管道不同部分受力不同，出现了大部分管道受应力弯曲、膨胀节撕裂等管道失效现象	针对电厂的实际情况，对照地基沉降的测量数据，有计划、有步骤地对防腐蚀管道进行检查、更新改造，管道不再出现"跑、冒、滴、漏"的现象，目前化水区域防腐管道运行稳定，安全可靠

续表

序号	技改项目	技改原因与目的	技改内容及效果
4	反应沉淀池和污泥浓缩池节水改造	电厂全厂用水来自海水淡化，运行中发现其海水淡化的反应沉淀池及污泥浓缩池存在一些问题。反应沉淀池没有设计不合格水排放的运行方式，其启动后直接进入后续的超滤生产工艺，浊度及没有絮凝好的Fe影响了超滤的运行安全及寿命。而且其冲洗水采用淡水，由于附近没有合适的水源，改采用消防水冲洗，如此既不利于消防水的安全，又浪费宝贵的淡水资源	反应沉淀池出口设置不合格水排放装置、污泥浓缩池上设置冲洗水泵、反应沉淀池上安装冲洗管道；设置污泥回流管道。增加反应沉淀池污泥回流管道，从而去除反应澄清区域存在的缺陷，实施后可以稳定反应沉淀池产水的品质，增加超滤的运行周期，减少超滤的清洗费用。更改为海水清理污泥后，降低了淡水的消耗
5	1号和2号机组渣水系统连通改造	改造前1号和2号机组渣水系统各自独立运行，如果渣水沉淀池和贮水池的设备出现问题，需要采取非常措施进行处理，严重影响机组安全运行。而且一旦碰到沉淀池、储水池损坏，渣水只有外排，不但造成环境污染，而且会造成大量工业水损失	通过连通冲洗水泵入口管道、溢流水泵出口管道，使两系统互为备用。正常运行时通过阀门隔离，各自独立运行；在一个系统出现问题时，通过打开联络阀门，使两台机组共用一套系统。改造完成后，1、2号炉可相互切换。渣水不用再外排，环保和经济效果明显
6	1号机、炉完善性改造项目	（1）内漏阀门泄漏。 （2）水冷壁燃烧器附近存在磨损和高温腐蚀情况。 （3）1号炉空气预热器出入口烟道（包括支撑管）存在磨损，转弯处磨损较严重。 （4）1号炉顶棚大包存在局部塌陷、破损、龟裂现象，锅炉运行漏灰，且保温效果不良，该处环境温度明显偏高。 （5）锅炉防腐油漆脱落。 （6）凝汽器水位变送器需改造	（1）更换阀门后内漏得到有效控制，同时提高了机组的热效率。 （2）采用技术成熟的电弧喷涂工艺喷涂防磨，提高了锅炉水冷壁区域的耐磨性能，有效避免了水冷壁磨损和高温氧化问题。 （3）进行防磨，提高了烟道防磨能力，避免了烟道磨穿后漏灰、漏风现象，保证了机组的安全经济运行。 （4）改造后，锅炉保温性能得到一定程度的改善，散热损失降低。 （5）喷涂防腐油漆。 （6）采用导波雷达液位计对凝汽器水位测量进行改造，保证了测量信号的准确性，保证了机组的安全运行
7	2号机、炉完善性改造项目	（1）锅炉水冷壁喷燃器区域存在磨损情况，需做防磨喷涂处理。 （2）锅炉烟风道钢板、支撑管磨损。 （3）锅炉本体局部区域存在保温不良超温情况。 （4）电厂濒临沿海，锅炉钢结构局部存在严重腐蚀。 （5）内漏阀门泄漏	（1）采用等离子电弧工艺喷涂，提高了锅炉水冷壁区域的耐磨性能，降低了高温氧化的发生。 （2）采用盔甲网防磨技术可有效克服磨损情况，烟道防磨能力得到提高。 （3）通过局部保温改造，锅炉保温性能得到一定改善，散热损失降低。 （4）采用锅炉厂提供工艺进行防腐，包括锅炉项目2号炉水冷壁防磨、2号炉烟风道防磨、2号炉保温完善及2号防腐油漆。 （5）对2号汽轮机内漏阀门进行了更新改造，内漏得到了有效的控制，同时提高了机组的热效率

二、项目技术水平评价

（一）机组主要技术性能评价

××电厂1、2号机组的性能考核试验××负责，试验自××年××月起开始准备，到××年××月完成全部试验内容。

供货方保证机组在额定参数下运行，设备的运行指标包括：

（1）汽轮机单位热耗7300kJ/kWh；

（2）汽轮机最大连续出力××MW；

（3）汽轮机夏季工况出力××MW；

（4）锅炉效率93.50%；

（5）NO_x排放浓度不大于350mg/m³；

（6）空气预热器漏风率6%；

（7）烟尘浓度不大于50mg/m³；

（8）电除尘器效率99.70%。

1号机组性能试验情况：汽轮机热耗率7295.8kJ/kWh，达到设计保证值；汽轮机最大连续出力××MW，达到设计保证值；汽轮机夏季工况出力××MW，达到设计保证值；锅炉效率93.88%，达到设计保证值；机组在额定负荷下的发电煤耗率270.6g/（kWh），发电厂用电率4.45%，供电煤耗283.2g/kWh；烟气中氮氧化物（NO_x）排放浓度270mg/m³，达到设计值，优于国家排放标准。二氧化硫（SO_2）排放浓度17.6 mg/m³，优于国家排放标准。烟尘排放浓度39mg/m³，优于国家排放标准。

2号机组性能试验情况：汽轮机热耗率7314.9kJ/kWh，达到设计保证值；汽轮机最大连续出力××MW，达到设计保证值；汽轮机夏季工况出力××MW，达到设计保证值；锅炉效率93.76%，达到设计保证值；机组额定负荷下的发电煤耗率271.6g/kWh，发电厂用电率4.33%，供电煤耗283.9 g/kWh；烟气中氮氧化物（NO_x）排放浓度288mg/m³，达到设计值，优于国家排放标准。二氧化硫（SO_2）排放浓度18.1mg/m³，优于国家排放标准。烟尘排放浓度34mg/m³，优于国家排放标准。

××电厂一期工程机组的性能能达到供货商对其提供产品所做的性能保证，锅炉、汽轮机各项性能指标均达到设计保证值。机组的能耗和污染物排放指标达到当今世界同类型机组的先进水平，是目前最先进的清洁煤发电技术，具有很大的节能和环保效益。

一期两台机组半年生产考核期的主要技术经济指标详见表2-2-22和表2-2-23。

表2-2-22　1号机组性能考核试验技术指标实现程度

序号	考核项目	单位	设计值	实际值	备注	完成指标情况
1	锅炉热效率	%	≥93.65	93.88		已完成
2	锅炉最大连续出力	t/h	2952	2776.5	投上5层磨	未完成
				2795.6	投下5层磨	未完成
3	锅炉断油最低稳燃出力	MW	≤35%BMCR（368）	365		已完成
4	空气预热器漏风率	%	≤6.0	5.0		已完成
5	除尘器效率	%	≥99.7	99.71		已完成
6	制粉系统出力	t/h	≥70	86		已完成
7	磨煤机单耗	kWh/t	≤10.3	8.42		已完成
8	机组供电煤耗	g/kWh	290.9	283.2		已完成
9	厂用电率	%	≤6.5	4.45	含脱硫	已完成
10	汽轮机热耗	kJ/kWh	≤7316	7295.8		已完成
11	汽轮机最大出力	MW	≥××	××	VWO工况	已完成
12	汽轮机额定出力	MW	××	××	××（夏季工况）	已完成
13	污染物排放监测	mg/m³（标况下）	固态排渣：≤360 液态：≤1000	270	氮氧化物排放浓度	已完成
			燃料收到基硫分（≤1%）：≤50	17.6	二氧化硫排放浓度	已完成
			县级规划区内：≤50	39	烟尘排放浓度	已完成
14	噪声测试	dB	≤90	84.8		已完成
15	粉尘测试	mg/m³（标况下）	≤10	0.25~9.57	≤保证值	已完成

表2-2-23　2号机组性能考核试验技术指标实现程度

序号	考核项目	单位	设计值	实际值	备注	完成指标情况
1	锅炉热效率	%	≥93.65	93.76		已完成
2	锅炉最大连续出力	t/h	2952	2755.5	投上5层磨	未完成
				2737.5	投下5层磨	未完成
3	锅炉断油最低稳燃出力	MW	≤35%BMCR（368）	362		已完成
4	空气预热器漏风率	%	≤6.0	5.8		已完成
5	除尘器效率	%	≥99.7	99.72		已完成
6	制粉系统出力	t/h	≥70	87		已完成
7	磨煤机单耗	kWh/t	≤10.3	8.37		已完成

序号	考核项目	单位	设计值	实际值	备注	完成指标情况
8	机组供电煤耗	g/kWh	290.9	283.9		已完成
9	厂用电率	%	≤6.5	4.33	含脱硫	已完成
10	汽轮机热耗	kJ/kWh	≤7316	7314.9		已完成
11	汽轮机最大出力	MW	≥××	××	VWO工况	已完成
12	汽轮机额定出力	MW	××	××	××（夏季工况）	已完成
13	污染物排放监测	mg/m³（标况下）	固态排渣：≤360 液态：≤1000	288	氮氧化物排放浓度	已完成
			燃料收到基硫分（≤1%）：≤50	18.1	二氧化硫排放浓度	已完成
			县级规划区内：≤50	34	烟尘排放浓度	已完成
14	噪声测试	dB	≤90	87		已完成
15	粉尘测试	mg/m³（标况下）	≤10	0.25～9.57		已完成

××电厂一期工程机组的性能能达到供货商对其提供产品所做的性能保证，锅炉、汽轮机各项性能指标均达到设计保证值。机组的能耗和污染物排放指标达到同一时期世界同类型机组的先进水平，采用先进的清洁煤发电技术，具有很大的节能和环保效益。

（二）主要设备经济性能评价

1. 主要设备国产化情况

根据××文件批复要求，××电厂设备采购及国产化按照引进技术、联合设计、合作生产的方式，在国内厂家议标，由项目业主确定国内设备生产供货集团。设备制造供货以中方为主，可由外商负责技术支持和保证。通过××电厂两台超临界机组的建设，使制造厂、设计院掌握该类机组的生产制造技术，取得国际同类机组投标资质。

该工程汽轮机由××公司制造，××公司提供技术支持；发电机由××公司制造，××公司提供技术支持；锅炉由××公司制造，××公司提供技术支持；主变压器、高压厂用变压器由××公司制造，启动备用变压器由××公司制造。

××电厂自主设计获得了成功，它引领我国电力设计在超临界机组技术方面，大幅度缩小了与发达国家之间的差距，使我国电力设计水平站在了一个新的起点。以该工程为依托，××电力设计院同步完成了多项国家级课题研究，并直接应用于××电厂、

××电厂、××电厂等工程。××电厂的投运，使我国电站设备制造能力实现向更大机组容量、更高参数等级的质的飞跃。

根据××电厂目前设备运行、检修和技改情况，对目前整体设备状态评价是：全厂设备除个别设备外，绝大多数设备选型正确、性能良好，处于健康水平状态，为该厂赢利、减少检修费用打下了坚实基础。

2. 主要设备节能减排情况评价

××电厂以开拓国内高效洁净煤发电技术为目标。在工程设计自始至终，深入贯彻节能减排理念，在各个方面采取多种节能减排措施，并经过实际运行检验，达到了国内各项经济、环保指标领先的效果。

（1）汽轮机部分：

1）选择技术经济优化的高效主机：在主机确定阶段，深入分析，进行技术经济优化，应用多项新技术，将汽轮机保证热耗率优化到7316kJ/kWh：①结合国际上超临界机组的成熟技术水平，将主机参数由最初的24MPa/593℃/593℃优化确定为24.6/MPa/600℃/600℃，为高效机组奠定了良好的技术基础；②结合具体汽轮机结构及运行特点，采用过载补汽阀技术，提高了机组实际运行负荷范围的效率；③结合工程具体地理环境条件，灵活理解国内国际技术标准，确定合适的主机夏季满负荷工况点，减少过大的主机出力备用系数，提高了机组实际运行负荷范围的效率。

2）配套高效节能的辅助设备：在选择配套辅助设备的过程中，全面分析，进行技术经济优化，提高机组的整体效率：①结合工程具体地理环境条件，针对主机全年运行负荷情况，配套合适的凝汽器，提高了机组实际运行负荷范围的效率；②采用汽动给水前置泵同轴配置，每台机组减少厂用电负荷1330kW；③采用低压加热疏水泵，改善回热系统，提高机组整体效率。

（2）锅炉部分：

1）采用等离子点火，节约燃油。该工程设置等离子点火系统，以节约燃油。机组在试运期间要经过锅炉吹管、整定安全阀、汽轮机冲转、机组并网、电气试验、锅炉洗硅运行、机组带大负荷运行等许多阶段，在此期间锅炉要耗费大量的燃油。等离子点火系统可以直接点燃煤粉代替燃油，且使用安全、经济、可靠。锅炉设置等离子点火系统后，根据电厂2号机组调试期间数据，耗油量为：分步试运350t；整套启动716t。

2）提高磨煤机出口煤粉细度，降低NO_x排放。该工程在磨煤机技术协议中将煤粉细度提高到200目通过率78%，并在磨煤机上设置动态分离器，可进一步提高煤粉细度。随着煤粉细度的增加，更有利于锅炉低NO_x分级燃烧，降低NO_x的排放量。根据一期工程锅炉性能试验的数据，低NO_x燃烧器配合高细度的煤粉，锅炉NO_x排放量为270mg/m³（标况下），远低于锅炉合同规定的360mg/m³和当前国家环保标准450mg/m³。

3）锅炉供油泵加设变频器，节约运行电耗。虽然采用等离子点火，锅炉燃油系统在机组运行期间一直需要处在热备用状态。以往工程一般一台供油泵（电动机功率约200kW）长期运行，日积月累消耗大量厂用电。该工程供油泵增加了变频器，在燃油系统热备用期间，变频器调低油泵转速，可大量节约油泵运行电耗。

4）锅炉启动系统采用循环泵，减少启动热损失。在编写锅炉招标书和合同谈判期间，要求锅炉厂的启动系统采用循环泵。在启动过程中，循环泵将启动分离器的疏水直接回送到锅炉省煤器，充分利用疏水的热量和工质，减少启动阶段的热损失和工质损失。

（3）化学部分：××电厂化水专业设备选型为全厂的节能减排起到了积极的作用。

1）在海水淡化系统中采用了高压泵变频装置，可根据进水流量、温度以及含盐量的变化调节出水的压力，在满足出水要求的同时，可减少电力消耗15%～20%；

2）在海水淡化一级高压泵部件中采用了先进的PX能量回收装置，使得这部分的动力消耗降低了45%（与未装能量回收装置比较）；

3）经过一级高压反渗透膜组件排出的浓水直接进行电解制氯，一方面可以提高电解装置的效率，在单位能耗不变的情况下，提高了次氯酸钠的成品浓度，同时可减少向海体排放浓海水250m³/h，全年合计110万m³；

4）经过工业废水处理系统完全处理后的排水进行回收利用，每年不仅少排废水30万m³，还可少取同等量的原海水，一举两得。

从整个工程的建设和近两年电厂的运行情况来看，电厂一期工程节能减排工作成效显著，达到了预期的效果，具体体现在：

（1）高效节能环保，有效节约一次能源。电厂性能考核试验结果表明，机组供电煤耗283.2g/kWh，发电系统热效率达到45.4%，比国内已运行的超临界燃煤机组高3%~4%以上，达到国际先进水平。

该工程采用高效清洁的大容量超临界发电技术，最直接的效果是减少了一次能源的消耗。按照××年全国火电发电量××万亿kWh计算，如果全国火电机组煤耗达到这一水平，可以节约标准煤2亿t左右，接近当年全国用煤增长量。

该工程还在大机组锅炉上率先采用了等离子技术，工程调试及投产以来节约燃油万余吨。

一次能源利用水平的提高，带来了节能减排的显著效果。对比全国平均水平，××年电厂一次能源利用水平提高了20.6%，这样一年可直接减少二氧化碳排放262万t，减少二氧化硫排放15356t。相应的铁路运输、海洋运输、中转环节能耗也大大减少。

（2）全部发电用水采用海水淡化技术。电厂采用国际先进技术，采用"双膜法"海水淡化工艺，建成了国内特大容量的海水淡化水工程。电厂新鲜水全部采用海水淡化获得，每年可为当地节约淡水资源1000万m^3，并且不向环境排放废水。

（3）大机组成功采用单脱硫塔技术。电厂建设了实际烟气处理量为370万m^3/h的脱硫塔，目前脱硫效率稳定在95%以上，脱硫设施与主机同步投产、同步运行，投运率大于97.6%。

（4）单位容量占地指标居国内先进水平。电厂单位容量占地指标仅为0.19m^2/kW，而且大部分利用滩涂围垦而成，相比于国内目前平均0.26m^2/kW的占地指标，节约土地资源水平为26.9%，为目前国内最先进水平。

（5）采用了低氮燃烧器，并预留了脱硝系统位置。电厂锅炉采用双室燃烧技术，配备了48个低氮燃烧器，同步预留了脱硝系统位置。设计的氮氧化物排放量仅为360mg/m^3（标况下，后同），性能测试数据为270mg/m^3左右，平均运行值为214mg/m^3，远低于国家标准650mg/m^3。

三、项目生产指标评价

（一）主要生产指标评价

××年××月，××集团出台了《××公司节约环保型燃煤发电厂标准》（试行）。该标准详细给出了10万kW及以上不同容量各种类型燃煤发电机组的发电煤耗、发电厂用电率、供电煤耗的基准值，规定了集团节约环保型燃煤发电厂必须具备的基础管理、技术管理、设备管理条件和必须达到的资源消耗及环保指标，适用于集团全部燃煤发电机组。由此可见，机组的发电煤耗、发电厂用电率、供电煤耗等不仅反映了电厂生产状况，也是建立节约环保型电厂的重要指标。

1. 标准煤耗

标准煤耗是用来评价电厂设计、设备制造和运行管理水平的重要指标，也是电厂设计阶段预期达到的运行指标，并直接参与电厂经济效益计算。××电厂发电机组的发电标准煤耗、供电标准煤耗设计值分别为272、290.9g/kWh。

1号机组试运行期间，由于其带负荷很低、设备运行状态尚不稳定、运行参数尚不佳等原因，机组发电标准煤耗和供电标准煤耗最高，分别为392.04、407.79g/kWh。通过接近一年时间的运行和磨合，机组人员对机组特性、机组各工况下各种状态的数据及运行规律有了进一步的了解和熟悉，摸索出机组发电效率曲线，远离发电的低效区，节约使用每一克煤，使得标准煤耗逐渐降低，于××年××月至××月间接近、达到甚至低于设计值，成为机组标准煤耗曲线最低点。电厂加强对设备工况的分析以及对生产管理的技术经济分析得到显著效果。××年××月和××月期间由于雪灾天气的影响，××电网遭到很大破坏，导致机组带负荷小，出力系数低，机组出现标煤耗高点。机组另一个标煤耗高点位于××年××月和××月，这是由于这期间1号机组经历了一次B级检修，机组运行状态不稳定、启停次数增多（期间机组经历非计划停运4次）、带负荷低造成的。中修之后，1号机组处于平稳运行状态，机组标准煤耗也保持在一个较稳定的状态。

机组标准煤耗率主要受到机组负荷、出力系数、厂用电率、真空、给水温度、排烟温度、主汽温度、主汽压力和再热温度等因素的影响。1号机组的发电和供电标准煤耗值××年平均值为282.80、298.11g/kWh，××年为283.55、302.82g/kWh，与设计值之间还存在一定的差距。同全国燃煤机组发（供）标煤耗××年和××年的平均水平332g/kWh（356g/kWh）、325g/kWh（349g/kWh）相比，具有相当大的优势。由此可见，××电厂在节煤方面具有相当大的优势。全国同等级以上燃煤机组××年的发（供）电煤耗率分别为307、324g/kWh，1号机组的值较其分别小了24.21、25.89g/kWh，表明其具有显著的节能降耗效果。2号机组的发电和供电标准煤耗××年平均值为284.80、301.25g/kWh，××年为282.78、298.20g/kWh。2号机组在吸取1号机组运行管理经验的基础上保持平稳运行，各指标调节控制良好，标煤耗维持在一个较佳的状态，与全国同等级以上机组××年的标煤耗水平比较具有明显优势。

2. 厂用电率

厂用电主要消耗在经常连续运行的锅炉及汽机系统的辅机上，风烟、制粉、循环水三大辅助系统的设备用电量占全部厂用电量的70%~75%，除此之外，厂用电率的大小还受到机组出力系数、机组启停、运行状况的影响。

（1）1号机组。不考虑机组试运行和××年××月灾害期间的影响，××年××月至××年××月，机组平均厂用电率为5.18%，低于公司要求的节约环保型电厂5.2%的标准。

由于××年××月至××月期间电厂对1号机组进行了一次B级检修，××年××月厂用电率达到12.76%，远大于标准值。主要由于检修期间，机组启停次数增多，机组停运过程中及停运后，由于平均负荷低，甚至不带负荷，辅机系统相对运行时间长，必然会增大机组的厂用电率。经过B级检修之后，1号机组主辅等设备运行状况良好，机组连续运行平稳，厂用电率持续下降，××年××月到××年××月期间一直低于标准值5.2%，取得了明显的节能效果。

1号机组××年厂用电率平均值分别为5.12%，达到公司要求的节约环保型电厂5.2%的数值。××年由于机组检修的原因，厂用电率为6.30%，未达到环保要求。电厂1号机组××年厂用电率比全国同等级以上机组厂用电率当年水平低了0.29个百分点。

（2）2号机组。2号机组整体运行平稳，厂用电率××年、××年累计值分别为5.46%、5.17%。××年2号机组厂用电率高于全国水平，说明机组需要加强运行管理和设备改造，深挖高压辅机节电潜力，减少风烟、制粉、循环水三大系统辅机耗电量。

3. 补水率

电厂机组补水率是指补入锅炉、汽轮机设备及其热力系统并参与汽、水系统循环和其他生产用除盐水的补充水总量占计算期内锅炉实际总蒸发量的比例。电厂补水率的大小直接影响电厂运行的经济效益和安全性，同时也反映出发电厂运行技术的管理水平。降低补水量或减少热力系统水、汽消耗，可以降低补水率，节约水资源。

造成机组需要补给水的损失主要有以下几个方面：

（1）锅炉排污损失。现代大型电站锅炉对水质的要求很高，要对水进行除盐等特殊的化学处理，在运行中总会产生一些污物需要排除。

（2）锅炉吹灰损失。火电厂运行中需要用蒸汽吹去锅炉受热面上的积灰和积渣，以提高热传导率，这方面用汽较少。

（3）漏汽损失。主要是在汽轮机高中压转子轴承处。

××年××月和××月为1号机组投入运行的前两个月，机组运行时间短，暂时不存在补水问题，补水率为0；××年××月1号机组B修，机组水损失较大，出现补水率最高值；其他运行时间，机组补水率随着设备运行状况而时有改变。1号机组××年补水率累计值为0.81%，××年为0.68%，××年累计到××月为0.69%，补水率较低，但高于国家对补水率的标准。主要由于1号机组PCV阀、高压主汽门前电动门、气动调门、疏水气动门等存在内漏，以及水电动门法兰漏汽造成的。

2号机组的补水率总体水平较1号机组高，特别是××年××月后其一直居高不下。这主要由于2号机组磨煤机消防蒸汽系统设计压力低，蒸汽疏水无法回收且疏水不充分，各磨煤机消防蒸汽电动门内漏严重；PCV阀内漏；旁路、净烟气挡板处烟道腐蚀严重，到2号机组B修时到处漏冷凝水等原因造成的。

2号机组××年的补水率累计值为0.87%，××年为1.58%，××年累计至2月为2.33%，远高于国家对补水率的标准要求。可见，2号机组需及时深入了解补水率偏高的原因，改进系统及设备，优化运行调整方式，提高运行管理水平，消除了不安全因素，从而降低机组补水率,提高发电经济效益。

(二)主要生产技术经济指标综合评价

项目投产后,机组运行稳定,设备运行状况良好,各项经济指标达到国内同类机组领先水平,实现了既定的目标。

截至××年××月××日,累计完成发电量××亿kWh,上网电量××亿kWh,平均上网电价××元/MWh,发电设备平均利用小时××h,平均等效可用系数××%,平均发电煤耗××g/kWh,平均供电煤耗××g/kWh,累计盈利××万元。

第四节　项目经济效益评价

一、财务分析

1.总成本费用分析

后评价时点前两年的××工程总成本费用实际发生值分别为××万元和××万元,比可行性研究评估阶段××万元和××万元高出××万元和××万元,相差很大,但细分则各有高低,并不平衡。

一方面,机组可研评估机组利用小时数按5500h作为基本方案测算,而机组的实际年利用小时数低于基本方案值。××年1号机组利用小时数为4608.8h,2号机组为4465.54h,且××电厂一期工程可行性研究报告机组容量为××MW,实际竣工规模为××MW机组。

另一方面,由于近几年物价上升,标准煤等燃料价格直线上涨,造成实际运营中标准煤价格各年均比可研预测的××元/t要高出很多,同时材料费、职工工资及福利费也随之上涨。

评价时点之后至经营期结束各年的成本预测原则是:材料费、计划检修费、其他费用等单价及年工资及福利费总额参考××年数据和××年发电量增长率进行预测,即考虑了机组利用小时数增加导致相关费用的增加,未考虑物价上涨因素。燃料费按××年预测的标准煤耗和标准煤价测算,××年及以后参照××年水平计算。水费和动力费××年及以后暂不考虑。

2.燃料成本分析

可研评估阶段的含税标煤价格估算为××元/t,到××年机组投产当年标煤价格已经上涨为××元/t，上涨率达62.61%。××年，标准煤价格更是上涨到××元/t，较××年又上涨了61.95%，较可研预测标准煤价上涨了163%。考虑到近两年标准煤价格虚高，今后标准煤价格将会有所下降，本次后评价××年至经营期结束各年的标准煤价格暂按电厂预测的××年的××元/t考虑。

在燃煤电厂的电价中燃料成本的比重一般都要超过50%，燃料价格的高低直接影响到当年的收益，然而燃料价格随市场供求及国家政策变动，所以燃料价格不太容易控制，且从经济发展速度分析标煤价格总的趋势看涨。

另外，年燃料成本和年发电量直接相关，年发电量降低，相应年燃料成本也会降低，但单位发电量的标煤成本不会降低。

3. 基建贷款分析

××电厂一期工程各年投入的资金额详见资金筹措情况及评价章节。后评价时点后各年的贷款余额及还款情况根据电厂提供的××年财务费用测算表计算××、××和××年的财务费用取电厂实际发生的一期工程财务费用，××年及以后的财务费用根据测算表计算。

可研预测长期贷款利率为5.76%，实际电厂建设和投运之后，由于国家宏观调控和国际金融大环境影响，贷款利率较低，明显低于可研预测水平，所以电厂投运后的财务费用低于可研水平。

4. 折旧费用分析

年折旧费用和建设项目的总投资和折旧年限有关，可研阶段估算××电厂工程建设静态总投资为××万元，年折旧额为××万元；实际工程决算总值××万元，不包括流动资产，实际为××万元。

××年××月××日××批复了××电厂一期工程的竣工决算，在建工程转入固定资产价值。所以××年和××年的固定资产折旧额为电厂暂估值。在固定资产折旧费用计算中，××年折旧费取损益表数值，××年固定资产折旧额取电厂一期实际折旧额，××年折旧额按××年末累计折旧额与××年、××年折旧额的差额取值。××年至经营期结束各年折旧额按实际固定资产剩余使用年限直线折旧。固定资产折旧价值为××年××月固定资产净值和残值的差值，按实际年限折旧。设备超过使用年限进行更新改造，改造后的年折旧额取上一年折旧额的10%估算。

5. 投产后实际财务状况

××年，电厂一期工程实现营业收入××万元，实现利润总额××万元（根据一

期的实际财务费用调整总成本费用后的净利润）。××年一期和二期实现主营业务收入
××万元，按一期和二期机组发电量比例分担收入，××一期工程实现收入××万元。

二、盈利能力分析

在经济评价过程中，后评价时点前的数据均按照电厂实际发生的统计数据，××年
至运行期结束各年的数据采用预测值。

（1）机组年利用小时数：后评价时点前取实际值，××年至经营期结束年利用小
时数取××年电厂预测平均利用小时数5000h。

（2）××年发电量增长率：××年1号机组和2号机组的发电量分别为××万kWh
和××万kWh，××年按5000h测算，发电量为××万kWh，增长率为10.2%。

（3）其他费用：后评价时点前取实际值。后评价时点后各年按与××年基础数据
和2009年发电量增长率等同预测。

（4）年工资福利费用：后评价时点前取实际值。后评价时点后各年按与××年基
础数据和××年发电量增长率等同预测。

（5）综合厂用电率：后评价时点前取实际值；后评价时点按电厂××年预测综合
厂用电率，详见表2-2-24。

表2-2-24 厂用电率

年份	××年	××年	××年	××年以后
厂用电率（%）	6.27	5.6	5.78	5.45

（6）营业税金及附加按××年、××年和××年营业税金占主营业务收入的税负
比例平均值测算。所得税率××年为10%，××年为11%，××年为12%，××年及以
后为25%；法定公积金和公益金的提取率0%。

（7）供电标准煤耗：后评价时点前取实际标准煤耗，后评价时点按电厂××年预
测综合供电标准煤耗。

根据上述基本参数，计算得到项目的财务评价指标结果，见表2-2-25。

表2-2-25 项目经济效益指标

序号	指标	单位	指标值	备注
1	动态投资（批准）	万元	××	
2	建设期利息（实际）	万元	××	
3	动态投资（竣工）	万元	××	
4	全部投资内部收益率	%	14.55	

续表

序号	指标	单位	指标值	备注
5	全部投资净现值	万元	××	基准收益率8%
6	投资回收期	年	11.46	
7	资本金内部收益率	%	17.15	
8	资本金净现值	万元	××	基准收益率10%

从表中数据可以看出，全投资税前财务内部收益率为14.5%，资本金收益率为17.2%，根据《建设项目经济评价方法与参数（第三版）》，火力发电工程的行业税前财务全投资基准收益率为8%，项目资本金税后基准收益率为10%。由上表可以看出，项目的全投资内部收益率和资本金内部收益率都大于基准收益率，说明该项目的实际盈利水平基本达到了行业的收益水平，××电厂一期项目有较高的盈利水平。

××电厂实际资本金内部收益率为17.2%，可研资本金内部收益率为10%，测算全投资内部收益率。通过含税电价反推计算，当资本金内部收益率为10%时，测算全投资的内部收益率为9.39%，电价为0.39元/kWh，其他指标见表2-2-26。

表2-2-26　实际与可研经济指标对比情况

序号	指标	单位	可研指标值	实际指标值	对比情况
1	含税电价	元/kWh	0.33	0.39	高于可研
2	标煤价	元/t	380	473.5	高于可研
3	全部投资内部收益率	%	9.03	9.39	高于可研
4	全部投资净现值（基准收益率8%）	万元	××	××	—
5	投资回收期	年	12.63	14.44	高于可研
6	资本金内部收益率	%	10	10	—
7	资本金净现值（基准收益率10%）	万元	××	××	—

从上表可以看出，实际电厂内部收益率9.39%，高于可研水平，说明电厂的盈利水平好于可研水平。由于项目投产时，标煤涨价幅度较大，因此电厂实际上网电价也有一定幅度的调整。

三、敏感性分析

1. 年利用小时敏感性分析

当机组的年利用小时数变化±5%，项目的经济效益见表2-2-27。

表2-2-27 项目经济效益指标一览

序号	指标	预测（-5%）	指标值	预测（+5%）	备注
1	发电设备利用小时数	4750	5000	5250	
2	全部投资内部收益率（%）	14.07	14.55	15.01	
3	全部投资净现值（万元）	××	××	××	基准收益率8%
4	投资回收期（年）	11.64	11.46	11.29	
5	资本金内部收益率（%）	16.47	17.15	17.81	
6	资本金净现值（万元）	××	××	××	基准收益率10%

当发电设备利用小时数为5250h，全投资内部收益率为15.01%，投资回收期为11.29年，资本金内部收益率为17.81%。年利用小时数变化±5%，全投资内部收益率变化±3.16%。

2.标煤价敏感性分析

当标煤价变化为517.175元/t，全投资内部收益率为13.70%，投资回收期为11.80年，资本金内部收益率为15.93%。当标煤价变化为429.825元/t，全投资内部收益率为15.35%，投资回收期为11.17年，资本金内部收益率为18.30%。标煤价变化±5%，全投资内部收益率变化±5.84%，项目的经济效益见表2-2-28。

表2-2-28 项目经济效益指标一览

序号	指标	预测（-5%）	指标值	预测（+5%）	备注
1	标煤价（元/t）	429.825	473.5	517.175	
2	全部投资内部收益率（%）	15.35	14.55	13.70	
3	全部投资净现值（万元）	××	××	××	基准收益率8%
4	投资回收期（年）	11.17	11.46	11.80	
5	资本金内部收益率（%）	18.30	17.15	15.93	
6	资本金净现值（万元）	××	××	××	基准收益率10%

3.上网电价敏感性分析

当电价变化为0.49元/kWh，全投资内部收益率为15.88%，投资回收期为11.00年，资本金内部收益率为19.07%。当电价变化为0.44元/kWh，全投资内部收益率为13.08%，投资回收期为12.07年，资本金内部收益率为15.06%。电价变化±5%，全投资内部收益率变化±1.83%，项目的经济效益见表2-2-29。

表2-2-29 项目经济效益指标一览

序号	指标	预测（-5%）	指标值	预测（+5%）	备注
1	上网电价（元/kWh）	0.44	0.47	0.49	
2	全部投资内部收益率（%）	13.08	14.55	15.88	
3	全部投资净现值（万元）	××	××	××	基准收益率8%
4	投资回收期（年）	12.07	11.46	11.00	
5	资本金内部收益率（%）	15.06	17.15	19.07	
6	资本金净现值（万元）	××	××	××	基准收益率10%

4. 总结分析

上网电价、机组年利用小时数和标煤价对全投资的内部收益率影响程度见表2-2-30和图2-2-2。

表2-2-30 敏感系数一览表

序号	指标	指标变化率	内部收益率变化率	敏感系数
1	年利用小时数	5%	3.16%	0.63
2	标准煤价格	5%	-5.84%	-1.17
3	上网电价	5%	9.14%	1.83

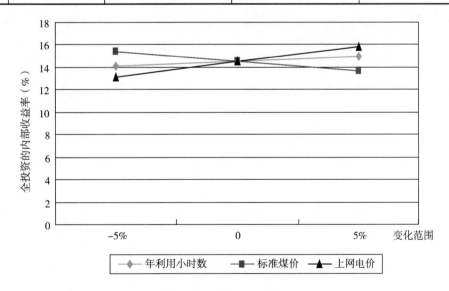

图2-2-2 敏感性曲线

综上所述，上网电价对项目的全投资内部收益率敏感性最强，其次是标煤价和年利用小时数。

第五节　项目环境效益评价

一、环境保护情况

（一）废气排放及治理措施

电厂排放的废气主要是经除尘、脱硫处理后的锅炉烟气，主要污染物有烟尘、SO_2和NO_x等，烟气采用烟囱高空排放，2台锅炉合用一座高度为240m的集束烟囱，内有2个内径为7.5m的钢筒。

1. 本工程采取的主要大气污染防治措施

（1）燃用低硫煤，并进行烟气脱硫；

（2）采用低氮燃烧器；

（3）采用高效静电除尘装置除尘；

（4）采用高烟囱排放；

（5）装设烟气连续监测装置，控制污染排放浓度和总量。

2. 主要烟气处理设备情况

（1）除尘设施：锅炉烟气除尘采用四电场高效静电除尘器，每台锅炉配置一套两台，每台高效静电除尘器为三室四电场除尘器，按照环评和设计要求除尘效率应大于99.7%，锅炉烟气经除尘后由引风机引入脱硫工艺。脱硫工艺也有50%的除尘效果。

（2）脱硫设施：锅炉烟气脱硫采用湿法石灰石–石膏法烟气脱硫技术，每台锅炉均有独立的脱硫系统。经除尘的锅炉烟气，进入脱硫工艺进行脱硫，设计脱硫效率大于95%。

（3）低氮燃烧器：锅炉设计采用低氮燃烧技术，即采用MHI的PM型燃烧器和MACT燃烧系统，将整个炉膛沿高度分成三个燃烧区域，即下部为主燃烧区，中部为还原区，上部为燃尽区，使浓淡燃烧均偏离了NO_x生成量高的化学当量燃烧区，大大降低了NO_x生成量，与传统的切向燃烧器相比，NO_x生成量可显著降低25%以上。设计的氮氧化物排放量仅为360mg/m^3（标况下，后同）。实际测试中仅为200~280mg/m^3。

3. 输煤系统、灰库及石灰石磨制除尘系统

输煤皮带所有转运落料点及到煤槽出口设置水喷雾抑制扬尘装置，在各转运站、碎煤机室、煤仓间皮带尾部及原煤斗均设有电除尘器，落差较大的转运点设有缓冲锁气器，以防止粉尘飞扬及保护胶带；煤场周围设绿化带。

灰库出口设有除尘装置及干灰调湿装置，在石灰石磨制车间设有扬尘防治措施，石灰石储仓上方及卸料机受料斗上方安装布袋除尘器除尘。项目在防止二次扬尘方面共安装53台静电除尘器和布袋除尘器。

4. 烟气在线监测装置

锅炉烟气在线监测装置（CEMS）采用直接抽取方式对烟气进行非分散红外分析，主要监测烟尘、SO_2、NO_x、O_2、CO等指标，并同时测量烟气温度、流速、湿度、压力等参数。全厂共设有2套CEMS装置，每套系统都有独立的控制室。

（二）废水排放及治理措施

1. 废水污染源

本项目的排水系统采用雨污分流制，产生的废水主要有工业废水、含煤废水、脱硫废水、生活污水、含油废水、除渣废水、冷却水（温排水）、雨水等。除冷却水（温排水）和雨水外排外，其他废水均经处理后循环使用或进行综合利用。正常情况下厂区所有工业、生活污水经集中处理和分类处理后根据处理后的水质情况进入回用水途径，或直接用于煤场喷淋或排入复用水池。

2. 工业废水集中处理装置

工业废水分为经常性废水及非经常性废水两大类，其中经常性废水主要包括各离子交换装置再生排水、凝结水精处理装置排水和实验室排水，日废水发生量为815m^3，废水系统出力为100m^3/h，日运行8h设计；非经常性废水主要包括空气预热器清洗排水、锅炉化学清洗排水、机组杂排水及主厂房场地杂排水，每年发生总量最大为131600m^3，选择系统设计出力为100m^3/h，年运行165天，日运行也按8h计。

经常性废水通常情况下仅pH不合格，废水通过各自的管道进入一个2500m^3废水贮存池中，池内设有空气搅拌装置，采用罗茨风机鼓风搅拌。经充分搅拌后的废水通过排水泵直接进入最终中和池，其中加入酸（碱），调节pH值达6~9范围后，流经清净水池至回用系统。不合格水则自动返回重作处理。

非经常性废水由锅炉空气预热器清洗排水、锅炉化学清洗排水、设备和场地杂排水等组成。这部分废水进入废水贮存池（共10000m^3）并经空气搅拌、曝气氧化（必要时还应加入氧化剂氧化），然后用泵送入pH调整槽，加碱调节pH值，然后依次流入反应槽、絮凝槽，分别加入凝聚剂和助凝剂，进入斜板澄清器澄清，自流入最终中和池，与经常性废水汇合后一起处理，直至达标后输送至海水原水池进入海水淡化系统。

3. 含煤废水处理系统

煤场、煤码头用水全部来自回用水池的回收水，经沉煤池澄清后再过滤，返回该系统重复使用，不足部分由回用水池的水补充。煤水的处理工艺为经过沉降、混凝、分离等。

4. 脱硫废水处理系统

脱硫系统的排水进入脱硫废水处理装置，加入CaO调节pH，使重金属离子生成氢氧化物微溶盐和难溶盐，再通过混凝澄清后从水中沉淀分离。处理后约有20m³/h的达标水量可用于干灰调湿，或至煤场煤水处理装置，经过最近的实际运行情况看，废水的产生量很少。

5. 生活污水处理系统

该工程集中设置生活污水处理站一座，布置在雨水泵房南侧，设置两套15m³/h地埋式一元化生活污水处理设备，一用一备运行，也可以根据需要两套设备减半负荷同时运行，并预留二期扩建一套处理设备场地。处理达标的污水正常情况下用于煤场区域绿化，紧急情况下溢流至雨水下水道。本工程煤码头冲洗水量约52m³/h，将码头冲洗水汇流到污水集水坑中，再用液下泵打到煤泥沉淀池中进行处理，处理后的水重新用于运煤系统的冲洗。

6. 油污水处理设施

油罐区及主厂区含油污水集中收集后，经隔油池撇油处理后进入油水分离器，分离后的水中油含量小于0.005‰，重复利用。

（三）噪声防治措施

1. 噪声源

电厂的噪声主要来自生产过程中各类风机、风管、汽轮机、气管中高压气流运动、扩容、排汽等产生的气体动力噪声；机械设备运转、振动、摩擦、碰撞而产生的机械动力噪声；电动机、励磁机、变压器在磁场交变过程中产生的电磁性噪声。电厂主要的噪声源有主厂房、碎煤机室、引风机房等。

2. 噪声防治措施

控制噪声源是降低电厂噪声对环境影响最有效的方法。本期工程高噪声设备在订货时，就向供货方提出防治噪声要求，一般设备噪声不得超过90dB（A），汽轮发电机组及磨煤机应配套提供隔声罩、隔声帘等设备。

发出高频噪声的锅炉排汽阀应配备高效排汽消声器，排汽口应朝向对环境影响较小的方向，在送风机吸风口可安装复合片式消声器。

建筑设计时控制主厂房和其他高噪声车间的窗户面积，并设隔声门窗，可以有效降低主厂房噪声的外逸，减轻对环境的影响。

尽量将高噪声设备集中、低位布置，并使其远离噪声敏感点。

在主厂房周围、生产办公区、电厂生活区及南厂界围墙处集中植树绿化，并种植一些有较好降噪功能的树种。

煤码头采取降噪措施，转运接引风机加消声器。

（四）固体废物处理处置

1. 固体废物产生量

电厂产生的固体废物主要是除尘器下的粉煤灰、燃烧后剩余的炉渣、磨煤机排出的石子煤和脱硫系统产生的石膏，属于一般固体废物。本工程采用灰渣分除方式，每台炉的底渣、石子煤和飞灰输送系统均采用单元制。产生的粉煤灰、煤渣、石子煤及石膏均外卖或综煤码头船舶垃圾由港航及检疫部门负责回收，禁止抛弃在煤码头附近海域。

2. 贮灰场

贮灰场设计距电厂约2km，由长约2.2km的灰坝围垦而成，属滩涂灰场，面积约 $61 \times 104m^2$。灰场底部主要由全新统海积黏性土组成，含水性差，渗透性弱，渗透系数小于10~7cm/s，灰场堆灰高度10m时，堆灰库容约 $459 \times 104m^3$，可满足一期工程按设计煤种堆灰11.5年，按校核煤种堆灰9.3年。设计采用密封式汽车将灰渣运到灰场存放。××年上半年电厂一期工程征地时，灰场与厂区土地一起征用，征地协议与省统征办和当地政府一并签订。由于当时运灰道路未开始设计，也就未与厂区一起征地。××年下半年，运灰道路完成设计，在省、市、县各级政府和有关部门的大力支持下，开始进行征地工作。××年××月完成了土地报批和征用，灰场道路开始施工，到××年××月底全线贯通，灰坝具备了开工的条件。××年××月初，××开始进行灰场滩涂的征用和养殖补偿工作，在与××村签订了滩涂征地协议和养殖补偿协议时，由于开发区与村民关于沿灰场山坡截洪沟土地征用未达成一致意见等原因，使灰场两段截洪沟未能按期施工。

为了确保电厂按计划日期投产，××公司和××开发区达成协议，将位于电厂东部偏北，距离约4km，和正式灰场相邻的因砖场取土形成的200亩土塘作为临时灰场回填平整。

二、环境保护评价

1. 环保监督管理落实情况评价

××电厂重视环境保护工作，环境管理机构制度较为健全，该厂根据国家环境保护总局办公厅和国家电力监管委员会办公厅联合发布的文件——《关于开展大型电力企业环境监督员制度试点工作的通知（环办××号）》及××集团公司文件——《关于转发开展大型电力企业环境监督员制度试点工作的通知》文件的要求，企业设置了企业环境总监和环境监督员，由主管生产的经理担任企业环境总监，生产部为该厂的环保职能部门，设置企业环境监督员，具体负责日常环保管理工作。公司下设3个生产部门均设有兼职环保管理员。公司在化水楼内设有污水化验室，由化学分析专业人员对公司内产生的废水进行日常检测，同时协助环保部对其他污染源进行定期检查。环保机构的设置情况见图2-2-3。

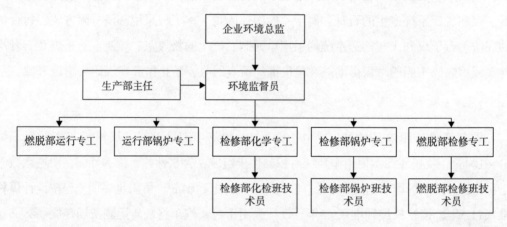

图2-2-3　环保技术监督网络图

根据环保工作特点，电厂还制定了较为完善的环境保护管理制度，已制定了《××电厂环保监督管理标准》等环保管理程序文件，另外还建立了《环保考核实施细则》《污水处理设施环保监督管理办法》等环保考核和环保设施维护管理作业文件。

2. 环境管理执行情况评价

根据《中华人民共和国环境影响评价法》和相应的管理规定，工程项目开展环境影响评价。按照《中华人民共和国环境保护法》《中华人民共和国大气污染防治法》《中华人民共和国水污染防治法》《中华人民共和国环境噪声污染防治法》《中华人民共和国固体废物污染环境防治法》《中华人民共和国水土保持法》《建设项目环境保护管理条例》和《建设项目环境影响评价制度有关问题的通知》的要求，该工程环境评估报告中对废水、废气、噪声污染源和固体废弃物的防治措施进行了设计，努力将对环境的影响降低到最小程度，使污染物的产生降低到最低限度。

××电厂超临界机组新建工程较好地执行了国家有关环境保护的法律法规，环境保护审批手续齐全，履行了环境影响评价制度，项目配套的环保措施按"三同时"要求设计、施工和投入使用，运行基本正常。电厂内部设有专门的环境管理机构，建立了环境管理体系，环境管理制度较为完善，环评报告书及批复中提出的环保要求和措施得到了落实，具体执行情况见表2–2–31。

表2–2–31 环评批复要求落实情况

序号	环评批复要求	实际建设情况
1	项目拟在××新建两台超临界燃煤发电机组，配置2台2810t/h煤粉炉，同步建设烟气脱硫装置	已落实
2	新增二氧化硫总量按照××省环境保护局要求，通过异地脱硫方式解决	公司已实施××电厂现役2台机组的脱硫改造工程，目前××电厂脱硫改造工程已于××年××月××日完成
3	燃用设计煤种，采取石灰石–石膏法烟气脱硫，脱硫效率不得低于90%。烟囱高度应为240m。采用高效静电除尘器，除尘效率不得低于99.5%。选用低氮氧化物燃烧技术，减少氮氧化物排放量。认真落实原辅料储运、破碎等环节及煤场、灰场等地的扬尘控制措施	已落实，烟囱高度240m
4	优化厂区平面布置，选用低噪声设备，对高噪声设备采取隔声、降噪措施，确保厂界噪声符合《工业企业厂界环境噪声排放标准》（GB 12348—1990）Ⅲ类区标准	降噪措施已落实
5	厂区实行清污分流。工业废水和生活污水处理达标后应回用，不得外排	清污分流。工业废水和生活污水经处理后回用，零排放
6	同意采取灰渣分除、干贮灰方式。做好石膏堆放场、灰场防渗工作，其建设和使用应符合《一般工业固体废物贮存、处置场污染控制标准》（GB 18599—2001）。在灰场周围建设绿化带，并及时做好灰场的植被覆土。进一步做好灰、渣及石膏的综合利用	石膏在石膏车间内按要求堆放，然后外运综合利用。灰场的建设由于与滩涂征地和养殖补偿等问题未达成协议，未能如期建设，评价时点已开始建设，临时堆放灰地位于规划中的××工业园区内，公司对灰、渣、石膏等采取碾压、喷水措施，防止二次扬尘并在回填到适当高度时及时用塘渣覆盖
7	加强施工期环境保护管理。落实各项生态保护措施，做好管线施工、山体开挖和取弃土场水土保持和植被恢复。合理布设取水口和温排水口。厂区的海堤、灰场的灰堤和码头施工应采用先进施工工艺，做好海洋生态和湿地保护，减少对海洋资源和养殖业的影响	已落实
8	按国家有关规定设置规范的污染物排放口，贮存（处置）场，安装烟气烟尘、二氧化硫在线连续监测装置	已落实

第六节 项目社会效益评价

一、对区域经济社会发展的影响

××地区是××省经济最活跃的地区之一，××电厂的投运在一定程度上缓解了电力不足对该地区、××省和××地区经济增长的制约。同时，电厂的投运为××省电网提供了支撑性电源点，减轻了电网供电压力，有利于提高受端系统和地区电网运行的可靠性和经济性。工程投运后，截至××年底项目累计供电××亿kWh，支撑GDP能力达到××亿元/亿kWh，有效促进了地方区域经济的发展。

二、利益相关方的效益评价

火电厂投资建设相关利益群体是指与建设工程项目有直接或间接的利害关系，并对项目的成功与否有直接或间接影响的所有有关各方，如项目的受益人、受害人以及项目有关的政府组织和非政府组织等。

相关利益群体影响分析的主要内容是：

（1）根据要求与项目的主要目标，确定项目包括的主要利益群体；

（2）明确各利益群体与项目的关系以及相互关系；

（3）分析各利益群体参与项目的各种方式；

（4）分析各利益群体的利益所在以及利益冲突。如表2-2-32所示，分别列出项目的主要利益群体、与项目的关系、在项目中的角色，以及他们从项目中获得的利益和受到的损失。

表2-2-32 相关利益群体影响分析表

主要利益群体	关系	角色	损益
中央政府	间接	政策、审批、资金支持	近期和远期的社会发展效益，国家基础设施建设（＋）
地方政府部门	直接	政策、审批、资金支持	社会经济发展，地方财政收入提高（＋）
地方发电公司	直接	管理，建设	完善地方电源结构，供电可靠性提高，增加收入（＋）投资效益不够理想（－）
相关电力单位	直接	设计、施工、管理	收入增加，积累经验（＋）

主要利益群体	关系	角色	损益
直接参与项目人员	直接	参与实施	增加就业机会，参与项目实施，从中获利（＋）
设备、原材料提供商	直接	供应商	增加收入、提高利润、获得发展（＋）
当地居民	直接	部分抵制	占用部分土地（－） 施工带来噪声及环境污染（－）

从国家及地方政府层面来看，电网投资能够促进社会经济的发展，促进地方财政及国家财政收入提高，完善国家基础设施建设，因此火电厂投资起着支持促进的作用；从相关建设参与单位来看，如地方发电公司、电力单位、实施单位等，火电厂投资建设带来了直接的经济效益，积累了相关的工程经验，因此火电厂投资对建设参与单位起着支撑作用，其中工程设备购置费××万元、勘察设计费××万元、施工费××万元、监理费××万元，各参建单位效益良好。从地方电网企业来看，工程建成后新增接入电网电量累计增加售电收入××亿元，效益显著。从当地农民及城镇居民来看，火电厂投资建设有效提高了供电可靠性；另一方面给地方的社会经济发展带来巨大的机会，同时增加了相关地区就业岗位。

三、对项目所在地社会环境和社会条件的影响

项目建设本身将带来大量的就业机会，有利于社会稳定和人民生活水平的提高。该工程的建设将增加政府的财政和税收收入，使地方政府在改善公共设施、文化教育设施、医疗卫生和社会保障等方面的能力得到进一步加强。

缺水是××县多年来的心病。××电厂工程采用先进的海水淡化工艺，建成了大容量海水淡化工程。电厂使用的全部淡水，包括工业冷却水、锅炉补给水、生活用水等均通过海水淡化制取，海水淡化系统采用双膜法，即超滤+反渗透工艺，设计制水能力$1440m^3/h$，合35000t/日。电厂海水淡化项目实施以来，不仅解决了该厂的淡水资源，还承担起了一定的社会责任。

××年，在××出现供水困难时，为当地居民无偿提供生活用水，同时将列为电厂专用的里墩水库仍留给地方居民使用。××年开春至夏季来临之际，××省东部再一次遭遇干旱，电厂连续几个月向县自来水公司提供淡水，高峰时达$500m^3/h$，缓解了市民生活用水困难问题，受到了当地政府和百姓的好评。

第七节 项目可持续性评价

一、外部因素对项目持续能力的影响评价

1. 国际国内环境对项目的影响

从经济层面分析，由美国次贷危机引发的国际金融危机涉及范围广，影响程度深，冲击强度大，导致世界经济增速减缓。受国际金融危机的影响，以民营经济为主的××省对外出口需求减少，关停、减产的民营企业不断增加，省内各行业用电需求继续下降，势必对全省整个发电行业产生巨大的不利影响。

××年××月召开的中央经济工作会议进一步指出，把保持经济平稳较快发展作为当年经济工作的首要任务，全面部署保增长、扩内需、调结构、促发展的各项举措，着力推进促进经济社会发展的各项工作。××年的政府工作报告中指出，"××年将推进资源性产品价格改革。继续深化电价改革，逐步完善上网电价、输配电价和销售电价形成机制，适时理顺煤电价格关系。"电价改革得到了明确，这对于电力行业的发展都是一个机遇。同时，国家经济刺激措施逐渐见效，我国经济有望率先回稳。此外，国家"上大压小"政策的深入实施，对××省电力市场节能环保机组有一定的优势，尤其是××电厂超临界机组参与替代电量具有良好的条件。

2. 电力市场本身分析

××省统调装机××年计划新增340万kW，同比增长11%，在全社会用电预计增长5%的前提下，统调发电量按同比增长1.5%预安排年发电量计划，统调燃煤机组基础发电计划仅为5050h，比××年下降了650 h，不同压力等级机组的发电计划级差由50 h调整为30 h，××电厂超临界加装脱硫机组年平均利用小时5240 h。考虑线路受限因素，××年全厂发电量计划仅为176.85亿kWh，剔除年计划检修42.5天/台因素，预计全年机组平均负荷率仅为57%，发电形势相当严峻。

3. 燃料市场分析

××年电厂全年燃煤采购累计平均热值只有5030kcal/kg，但入厂煤折标准煤采购单价却达到533.23元/t，标准煤采购单价、单位燃料成本增幅均大大超出控制目标。由于煤炭市场走势与宏观经济、电力市场走势、国际能源资源供应及能源投机行为等多种因素密切

相关，仍具有很大的不确定性和不稳定性，且五大发电集团仍未与煤炭企业签订全年计划合同，电力、煤炭两个行业间还在博弈，煤炭供应还会在较长的时期里存在趋势不稳定、价格不稳定、供应不稳定，煤炭的稳定供应和煤炭价格仍会出现新的问题和挑战。

4. 输变电设施的投运影响

为解决电厂二期送出线路投用前送出限额的500kV××输变电工程项目已于××年××月开工建设，预计将于××年迎峰度夏之前投运，届时将进一步提高电厂送出限额，这对缓解线路出力受阻有好处，同时可以提高电厂机组的年利用小时数，从而使各机组的指标得到更有效的控制。

二、内部因素对项目持续能力的影响评价

（一）技术水平

××电厂建设国产大容量超临界机组，是国内机组热效率、发电煤耗和环保综合性能极高的燃煤发电厂。电厂技术水平的优势详见本案例设备选型相关章节。

（二）企业管理体制和激励优势

1. 生产管理的规范化

电厂积极探索大容量机组检修管理模式，××年成功组织1号机组B级检修和2号机组B级检修招标工作，达到了选择技术力量雄厚、价格合理检修单位的目的，为保证机组检修质量、进度奠定了基础，节约了检修费用；树立"应修必修、修必修好"的工作理念，加强检修管理。精心组织，精细检修，顺利完成1、2号机组的B级检修工作，在检修工作中开展专业负责制、区域负责制及点检定修管理制，在确保质量的前提下，通过精心策划和组织，大大缩短了检修工期，为完成全年电量创造了条件；在设备维护管理中，公司进一步规范消缺流程，保证消缺的及时性，提高消缺质量。及时修改完善生产MIS系统内的设备缺陷信息系统流程，明确各级人员的工作职责，加大对检修部、燃脱部消缺的监督和指导力度，消缺前多提醒、消缺中严把关、消缺后常跟踪，全年消缺完成率与及时性大幅度提高；作为集团实行外委检修维护管理的示范电厂，电厂在总结一年多外委管理经验的基础上，组织与××电厂进行主体检修维护、燃料脱硫系统检修维护合同进行了多次磋商并达成一致，更加明确了外委检修项目的内容、范围、标准、质量，为集团系统设备运行与维护的外委管理提供了模板；大力提倡设备修旧利废，不断提升设备国产化进程来降低成本。制定了各专业的备件储备最小定额，为今后建立最

低备件储备定额、降低物资库存、减少流动资金占用奠定了基础。

2. 节能减排运行管理制度

（1）基础管理方面：

1）狠抓制度，强化落实。根据节约环保示范燃煤电厂的要求，电厂成立了以厂长为领导小组组长的创建节约环保型企业的组织机构，明确了各级人员的职责，制定了科学、可行的创建节约环保企业规划，制定了明确的年度目标。

在整个生产过程中，有针对性地加强了机组节能降耗的管理，坚持了每月一次的节能监督分析，并同××的专家共同对各专业存在的问题和节能的空间进行了认真的分析，形成了专题的节能减排报告，并制订了措施进行统筹安排。

2）细致对标，促进提高。在对标对象上，电厂选择在国内同行中某方面突出的企业作为对标对象，比如能耗和环保指标与××电厂对标，利用小时指标与××电厂对标，燃料价格和采购指标与××电厂对标；在对标内容上，从指标差距着手，以制度建设为切入点，促进流程优化、标准提升；在对标报告分析上，既要分析经济指标存在的差距，又要分析管理方法、管理手段和管理流程存在的差距；在措施实施上，目标要明确，人员要落实，责任要考核，效果要评价。通过对标更新了目标，引进了国内外同业企业的先进管理理念、管理机制和先进做法，全面提升了企业技术、经营管理的水平，增强了核心竞争能力。

3）加大宣传，树立意识。电厂建立和完善了支部宣传管理网络，做到宣传节约环保信息及时、准确、充分、有效，形成良性的运转机制；通过知识竞赛和节能评比，在办公区域和生产现场悬挂宣传警示牌和宣传标语，增强员工节能环保的意识。

（2）技术管理方面：

1）加强监督，夯实基础。重点对9项技术监督工作制定监督计划，逐步逐项检查落实，对发现的问题及时进行整改。以绝缘监督为例，一是针对设计、设备制造、安装过程中遗留问题进行分析、研究，提出合理的解决方案，提高机组设备运行稳定性；二是有条不紊地开展机组设备和全厂公用系统电气设备预防性试验，及时消缺，保证电气设备安全稳定运行。

2）开展试验，节能降耗。从机组投产以来，电厂先后做了能量平衡试验、燃料平衡试验、水平衡试验、电能平衡试验等诸多平衡试验。通过平衡试验，全面掌握电厂能量、燃料、用水、电能等方面的情况。通过能量平衡试验，查找煤、油、汽等能量损失，挖掘节能潜力，同时制订了改进技术措施，保证全厂能量合理利用，例如回收利用汽轮机轴封加热器疏水、锅炉辅助蒸汽疏水，减少能量损失。

（3）设备管理方面：

1）完善制度，明晰分工。设备管理制度是设备检修管理的基础。电厂在管理中进一步完善设备分工，细化检修管理制度，明确检修工艺，建立质量考核体系，保证了设备管理的常态化。出台了设备划分管理规定，详细划分了各个部门之间、各个专业之间、各个班组之间的设备分界，明确了运行和检修部门之间的职责，做到了每个设备都有人管，每件事情都有人干。修订和出版了检修规程，建立了定期巡检制度，完善了状态检修规定，规范了检修行为。

2）强化检修，保证运行。电厂通过详细规定点检人员的巡检时间、巡检路线、点检方法以及需记录的指标和参数，确保设备运行状况时时处在监视下。根据每日详细记录的设备运行参数，分析轴承温度、振动等运行参数，找出设备存在的隐患，并排定检修时间和日期。通过设备缺陷分析，找出设备产生缺陷的原因，制订避免设备出现重复缺陷的防治措施。在设计和安装方面查找设备出力和运行状态不佳的原因，提出改进和改造方案，并在合适的时间予以实施。通过强化状态检修，保证了设备健康稳定运行。

3）细化台账，建立履历。根据厂家的图纸说明书等资料，电厂细化设备台账管理，并挂在生产管理MIS平台上，做到动态更新；对检修过的设备，详细记录设备的检修范围、检修原因、检修方法、检修工艺、更换备件情况以及检修后的健康状况，就像对待患者一样，为每台设备建立健康履历。

（三）人员优势

电厂在队伍建设中弘扬了集团企业精神，大力倡导家文化，结合员工来自五湖四海的特点，以共同建设、管理工程为目标，以共同建设我们的家园为导向，不断实现着全体员工共同的美好愿景。大力开展员工培训，按照各岗位、专业分别制订滚动培训计划，并逐步实施，通过培训，年轻的优秀人才大都已到运行重要岗位，管理骨干在生产经营管理过程中得到了培养和历练，确保了4台超临界机组的正常稳定运行；分公司进一步构建了紧紧依靠群众、倾听群众意见、接受群众监督的良好氛围，下大力气切实解决员工群众切身利益方面的问题，不断丰富员工业余文化生活。同时，分公司还涌现出一大批成绩突出的先进，获得了电力行业和股份公司的荣誉和表彰，展示了电厂良好的精神风貌。

三、项目的竞争力评价

1. 装机容量

××电厂一期工程的投运，作为大容量、高参数的现代化示范电厂，为××省重要的电源点，为保证全省电网的稳定运行发挥着重要的作用。

2. 装备能力

电厂设计充分借鉴了国内外大容量超临界机组的设计经验并加以创新；主机设备依托国际最先进的超临界发电设备前沿科技，并由国内发电设备制造业龙头的两家主机厂精心制造。一期两台机组的性能考核试验表明，各项技术经济指标全面超过设计值，远优于国家标准，达到国际先进水平。

3. 机组效率和安全性

从××年一年来的运行情况分析，在1、2号机组全年出力系数仅69.48%的情况下，厂用电率达到5.18%，供电煤耗达到299.57g/kWh，成为集团内在投产后第一个运行年度即建设成为"节约环保"型燃煤火力发电示范电厂。

第八节　项目后评价结论

一、项目成功度评价

通过对××电厂建设、运行情况的分析研究，并结合该项目的实际建设条件和经营管理特点，有关专家对各项评价指标的相关重要性和等级进行了评定，综合各专家意见，评价结果见表2-2-33。

表2-2-33　项目成功度评价表

序号	评定项目指标	权重	得分	评定等级	备注
1	项目实施过程评价	××	××	A	
2	项目生产运营评价	××	××	A	
3	项目经济效益评价	××	××	B	
4	项目环境效益评价	××	××	A	
5	项目社会效益评价	××	××	A	
6	项目可持续性评价	××	××	A	
	项目总评	1.0	91	A	

注 1. 各分项评价指标的权重合计为1，单项得分满分100分，加权求和得到项目总分。

2. 得分与评定等级的关系：0~25分评定为不成功；26~50分评定为部分成功；51~75分评定为比较成功；76~100分评定为成功。

3. 成功度等级划分：成功、比较成功、部分成功、不成功。

1.成功

项目在产出、成本和时间进度上实现了项目原定的大部分目标，按投入成本计算，项目获得了重大的经济效益；对社会发展有良好的影响。标准为（A）。

2.比较成功

项目在产出、成本和时间进度上实现了项目原定的一部分目标，项目获投资超支过多或时间进度延误过长；按成本计算，项目获得了部分经济效益；项目对社会发展的作用和影响是积极的。标准为（B）。

3.部分成功

项目在产出、成本和时间进度上只能实现原定的少部分目标；按成本计算，项目效益很小或难以确定；项目对社会发展没有或只有极小的积极作用和影响。标准为（C）。

4.不成功

项目原定的各项目标基本上都没有实现；项目效益为零或负值，对社会发展的作用和影响是消极的或有害的，或项目被撤销、终止等。标准为（D）。

项目总评得分91分，评定等级为A。工程建设实现预期目标，绩效良好，项目决策正确；实施过程和运行管理规范、有效；工期、质量和投资控制得力；工程技术水平达到同类工程先进水平，质量优良，运行性能良好，社会效益显著；项目具有继续发挥其功能、效果、效益的持续能力。总体来说，工程是成功的。

二、项目后评价结论

××电厂厂区绿化良好，道路畅通，环境优美，安全文明生产局面良好。主辅设备选型适当，技术性能优良，主厂房内设备、管线布置顺畅，工艺流程合理。建筑安装质量总体优良，运行管理较好，主厂房洁净明亮，设备清洁，机组运行稳定，主要技术经济指标先进，一期工程投运后发挥出可观的经济效益和社会效益。后评价结论具体体现在以下几个方面。

1.项目建设合法合规

××电厂从投资决策、勘察设计、施工准备、建设实施和竣工验收直至投产运行的各个阶段，符合国家电力建设项目相关程序和管理规定的有关要求，手续齐全、完备。

2. 工期控制得力

××电厂可行性研究计划建设工期，从主厂房开工至1号机组投产，总工期为43个月，机组投产间隔期为9个月。实际工程进度，基建工程于××年××月××日浇第一罐混凝土，1号机组和2号机组分别于××年××月××日和××月××日完成168h试运行，实际建设工期30个月，机组投产间隔期为1个月。

3. 工程质量控制显著

工程施工建设过程中，经过业主、设计、施工、监理、物资供应等各参建单位的共同努力、团结协作，工程的质量和性能满足设计要求，工程质量达到了优良级标准。工程整体内在质量优良，工艺观感良好；建筑工程共75项单位工程，其中一期主体公用系统建筑工程5项，一期其他公用系统31项，1号和2号主厂房区域30项，一期烟囱1项，循环水排水3项，码头工程5项，评定优良率100%；安装工程共100个单位工程，其中1号机组及公用系统58项，2号机组38项，1号机组脱硫2项，2号机组脱硫2项，评定优良率100%。

4. 工程项目管理规范有效

××电厂项目法人制、合同制、资本金制、招投标制和监理制执行情况较好。施工监理充分发挥了"四控制、两管理、一协调"的作用。

按照国务院《建设工程安全生产管理条例》的要求，××公司直接负责整个工程的建设，工程管理实现科学化、信息化、程序化和标准化管理，工程建设科学、有序，进展顺利。

5. 工程施工安全"零"事故

在工程施工建设全过程中，××电厂及各参建单位始终重视安全工作，建立健全了各项安全管理措施和安全生产规章制度。该工程于××年××月××日浇第一罐混凝土，1号机组于××年××月××日完成168h试运行，共计883天，全过程未发生一起人身轻伤以上事故，创造了工程建设全程安全"零"事故的佳绩。

6. 工程建设资金筹措有方，投资控制效果明显

一期工程动态概算为××万元，单位造价××元/kW，实际投资××万元，单位造价××元/kW，与概算相比工程节省资金××万元，节余率16.28%；实现了公司基建项目"两高一低"的控制目标。

7. 机组性能、技术指标的先进性

（1）调试指标。168h试运考核期间，平均负荷率1号机组为98.92%，2号机组为

99.18%；机组168h满负荷试运期间发电标煤耗最低1号机组为272.2g/kWh，2号机组为276.2g/kWh；供电标煤耗1号机组为284.2g/kWh，2号机组为287.6g/kWh；两台机组自动、仪表及保护投入率均达100%，脱硫装置均达到了同步投运。平均脱硫率1号机组为97.2%，2号机组为96.5%。

（2）性能考核指标。两台机组运行工况考核情况：汽轮机热耗率1号机组7295.8kJ/kWh，2号机组为7314.9kJ/kWh；汽轮机最大出力1号机组为××MW，2号机组为××MW；汽轮机夏季工况出力1号机组为××MW，2号机组为××MW；锅炉效率1号机组为93.88%，2号机组为93.76%；机组在额定负荷下的发电煤耗率1号机组为270.6g/kWh，2号机组为271.6g/kWh；发电厂用电率1号机组为4.45%，2号机组为4.33%；供电煤耗1号机组为283.2g/kWh，2号机组为283.9g/kWh，均达到设计保证值。1号机组热效率为45.4%。

烟气中氮氧化物（NO_x）排放浓度1号机组为270mg/m^3（标况下，后同），2号机组为288mg/m^3；二氧化硫（SO_2）排放浓度（由××省环境监测中心测试）1号机组为17.6mg/m^3，2号机组为18.1mg/m^3；烟尘排放浓度1号机组为39mg/m^3，2号机组为34mg/m^3，均优于国家排放标准。

8. 项目运营状况良好

以0.47元/kWh和5000h的年利用小时数测算，××电厂一期工程全投资税前财务内部收益率为14.55%，资本金收益率为17.15%，根据《建设项目经济评价方法与参数（第三版）》，火力发电工程的行业税前财务全投资基准收益率为8%，项目资本金税后基准收益率为10%。项目的全投资内部收益率和资本金内部收益率均大于基准收益率。项目的投资回收期为11.46年，比可行性研究投资回收期13.28年短。该项目的实际盈利水平基本达到了行业的收益水平，电厂有较高的盈利水平。

通过对上网电价、标准煤价和机组年利用小时数对内部收益率的敏感分析，上网电价对项目的内部收益率最敏感，敏感系数为1.83，其次是标准煤价和机组年利用小时数。

9. 项目可持续性好

××电厂一期工程是超临界机组的重点项目。设备选型上采用国际最先进的超临界发电设备前沿科技；设计上充分借鉴国内外大容量超临界机组的设计经验并加以创新，施工上运用了大量的新设备、新材料、新工艺、新技术。电厂装机容量、技术水平的优势等方面保证了电厂经营的持续性。

10. 环保措施落实到位，污染控制有效

××电厂超临界机组新建工程环境保护手续齐全，建设过程中执行了环境影响评价和"三同时"管理制度，落实了环评及其批复文件提出的各项环保措施和要求。主要污染物基本达标排放。环保管理机构健全，规章制度较完善。

11. 社会效益显著

××电厂一期工程的建成投产，有力推进了我国超临界机组的完全自主化进程和规模化发展，大力推动了我国产业结构的优化调整，引领我国电力设备制造水平、电力工程施工水平、电站管理水平跃上了一个新的台阶。电厂的建成不仅推动我国电力工业国产装备水平迈上了一个新台阶，而且利于增强××省电网的安全稳定性，缓解××省电力紧张、拉闸限电的局面，促进当地经济的发展；同时，电厂在生产经营运行过程中缴纳的各种税费、支付职工的工资、社保基金等将对国家做出更大的社会贡献。

12. 档案资料规范齐备

××电厂依据《电力工业企业档案分类规则》，完成档案的收集、整理、分类、立卷、登记造册、编目排架工作，做到了及时、完整、准确、系统、分类科学、排架合理、查阅方便、登记清楚、账物相符。资料移交生产及时，全面、完整。

三、主要经验及存在的问题

（一）主要经验

1. 优化设计，促进运行的规范化和人性化管理，提高设备运行的可靠性

电气系统通过优化设计，使设备选型合理。电气设备周围环境清洁，运行环境良好。如6kV及380V厂用电开关柜室设置了中央空调及排风系统，可保证度夏时气温不致过高，有利于电气设备安全运行。

厂级管理MIS系统在电厂实际应用中开发出的综合查询功能具有输入关键字搜索的功能，查询运行日志、设备状态、故障记录等均非常快捷，同时考虑了数据和信息的唯一性、规范性和标准化，为全厂生产和管理数据信息化提供了良好的工具。

设计设置了电气设备监控用的通信网络系统，在节约电缆、减少投资的条件下，主要增强对6kV厂用电系统的监控与管理，保证运行安全。

设计中采纳、实现了业主提出的辅机大顺控的技术，一键顺序操作提高了自动化水平，减少了误操作，提高了机组安全性。

辅控联网优化设计，确定了辅控联网一步到位的方案，直接在集中控制室设置辅控网操作员站，水、煤、灰三个传统的就地监控点按无人值班设计，仅考虑在电子设备间内设置就地调试、维护、巡检用工程师站（根据运行管理的需要，在脱硫电控楼增加了辅机控制室，经授权可以对脱硫、除灰、除尘和输煤进行操作），适应启动调试和生产运行阶段现场消缺、检修维护的需要，实现了辅助系统集中监控及减人增效的目标，也保证了机组的稳定运行。

2. 采购招标降低工程造价效果显著

按照国家的相关法律法规及集团的有关规定，全面落实了招投标管理制度。采用打捆招标和项目现场招标的方式，实现了安全可靠、经济实用的招标原则，满足了项目建设的需要。

招投标工作效果显著，较概算降低投资约××亿元，对工程造价的控制起到了重要的作用。

3. 注重技术改造，实现节能减排

投入运营后，电厂先后实施了1、2号机组DEH（××系统）网络配置改造化水区域的防腐管道更新改造、1号和2号机组渣水系统连通改造、锅炉完善性改造等多项技改工作，降低了能耗、电耗、油耗、水耗等指标，达到了提高企业运行的技术经济指标的目的，为盈利打下了良好的技术基础。

4. 项目建设管理工作规范、细致，效果显著

项目建设管理单位和管理机构注重建立和完善工程质量、进度、投资和安全工作的控制体系，完善相关制度，认真策划方案、明确各项目标和控制措施，编制计划，落实相关参建单位的职责，加强协调和沟通及检查监督工作，使工程质量、进度、投资和安全工作均受到有效控制，取得了良好的成效。

5. 运行调试工作到位，保证了工程的顺利投产运营

调试组织机构健全，配备的技术和管理人员满足要求，并能够于建设期间先行介入，既保证了调试方案编制内容的完整、采取的措施合理而有效，也保证了调试工作操作程序的正确性。

调试过程管理上，严格执行《火电工程调试管理手册》等相关规章制度，并根据集团公司《强化超临界火电机组工程建设和调试管理工作指导意见》做好过程管理。做到了领导和主要专业技术人员24h现场值班；每天召开试运行例会，盘点前日工作，布置

当天工作，专人跟踪落实，做到当日工作不过夜；组织召开专题会，协调解决试运中的设计、设备、安装等难点问题，使试运行指标达到优良标准。

6. 认真完成竣工验收工作，有利于项目的后续管理

项目按规定完成了环境保护、水土保持、消防、安全及劳动卫生、职业卫生、脱硫改造工程、工程档案等方面的单项工程验收工作，并通过了达标投产考核。从而使工程基本达到了各方面的要求，为项目后续运营管理提供了基础信息和资料，也有利于促进建设管理工作的完善。

（二）存在的问题

1. 物资管理工作有待进一步总结经验，向国际一流看齐

××电厂一期工程实现了两台机组一年"双投"的目标，成为火电建设史上的经典案例，克服了工期紧、人员少等困难，物资管理工作同样存在人员少等相应问题，物资管理工作有待于进一步总结经验。

（1）按照公司基建物资自管的要求，电厂采取了设备、材料物资自管的方式。工期紧、任务重，同时因施工队伍人员多、来源杂，造成部分物资丢失，影响现场施工进度，造成了人力、物力的浪费。

（2）由于工程时间紧，物资管理人员及仓库人员到位后马上上岗立即开展工作，缺少工作磨合时间，在物资管理过程中走了些弯路，给工作带来了一定的影响。

（3）电厂一期工程由于设备到货时间比较集中、设备安装周期短，所需材料品种复杂、用量分散、时间紧急，施工单位提报材料需用计划的同时立即要领用物资，给采购工作带来一定的困难，采购不能集中，形不成批量、资金、计划等优势。

（4）少量物资采购合同的相关条款细节需进一步细化，避免合同执行过程中出现模糊的概念。

2. 电厂同步的输变电设施建设不及时

××电厂二期工程已于××年竣工投产，而为解决电厂二期送出线路限额的500kV输变电工程项目预计于××年迎峰度夏之前投运，导致电厂送出瓶颈，影响了机组的年利用小时数及各项运行指标。

3. 灰场建设滞后

××电厂灰场的建设由于与滩涂征地和养殖补偿等问题未达成协议，从而使灰场两段截洪沟未能按期竣工。

第九节　对策建议

一、对国家、行业及地方政府的宏观建议

（1）加强涉外合同的约束管理。为实现国内制造业水平的提高，国家对国际先进水平的设备、材料、技术等的引进越来越多。由于中外文化的差异，导致涉外合同在执行过程中存在或多或少的问题，从而有可能导致对外合同的索赔工作。所以，建议国家制定相关方面的法律法规或加强管理，避免由于合同的执行导致国家的重大损失。

（2）加强工程建设"五制"管理。随着国家拉动内需，加大对基本建设的投资，国内大型基建的项目将很多。各参建单位或建设单位在建设过程中可能会因工期、造价等目标的要求，导致项目建设"五制"管理在执行过程中不完善。建议国家在加大投资建设的同时，更应该加强工程建设管理，特别是"五制"的落实情况。

（3）加强行业内各专业单位的协调配合，使项目发挥最大的规模效益。××电厂二期的电量送出工程，由于电力公司输变电设施建设不及时，使电厂的发电机组年利用小时数达不到设计水平，造成了资源的浪费。建议国家统筹规划行业内各专业单位的协调配合，落实配套工程，使项目发挥最大的效益。

二、对企业及项目的微观建议

（1）加强生产管理，完善节能减排工作。××年全厂非停次数为4次，其中1号机组和2号机组分别为3次和1次。全厂全年非计划停运1.5次/台，超过公司0.5次/（台·年）的年度计划；非计划停运次数比××年多2次；非计划强迫停运率1.73%，比××年升高了1.27个百分点。从指标的分析看出，隐患排查治理工作还不彻底、不够深入，生产管理方面还有许多工作需要改进和提高。××年节能减排指标中综合厂用电率完成5.78%，比公司下达的5.3%的年度计划高0.48%，与项目预期的地位、形象不匹配。

（2）配备一定外语水平的外事管理人员。电厂共有14项设备材料采用全进口方式采购，在合同执行过程中，出现了设备考核不能满足要求的情况。由于中外文化的差异以及处理问题方式的差异，预计双方在费用的计算和承担方式上会有较大的分歧。针对上述情况，建议电厂配备具有一定外语水平的外事管理人员。

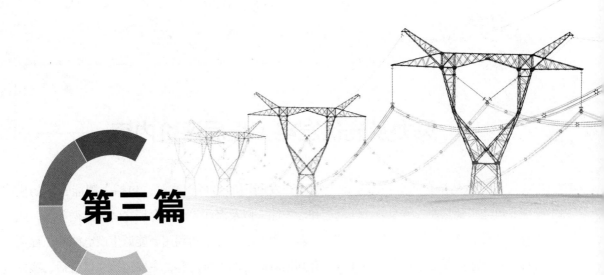

第三篇

新能源发电工程后评价

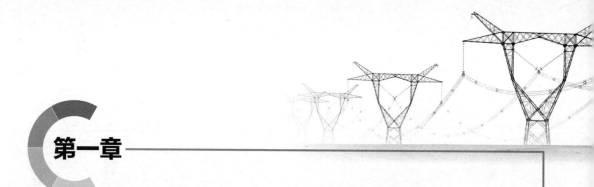

第一章

风力及光伏发电工程后评价内容

新能源是指在新型技术基础上加以开发利用的可再生能源，包括太阳能、生物质能、风能、地热能、波浪能、洋流能和潮汐能，以及海洋表面与深层之间的热循环等；此外，还有氢能、沼气、酒精、甲醇等。新能源发电工程是指利用新能源生产电能的工程项目。对新能源发电工程开展后评价，有其相对固定的评价内容，主要包括项目概括、项目实施评价、项目生产运营评价、项目经济效益评价、项目环境效益评价、项目社会效益评价、项目可持续性评价、项目后评价结论、对策建议。相关参考指标集、收资清单和报告大纲见附录4~附录6。但同时，应根据工程的立项目的、建设规模、与周边同类型项目之间的共性和差异等实际情况选择适合项目特点的后评价方式，主要包括单项新能源发电工程后评价、区域新能源发电工程项目群后评价两种评价形式。因此，后评价时应有所侧重，能够充分体现出不同类型、不同性质工程的项目特点。需要指出的是，本书中新能源发电工程后评价内容介绍，主要是以单项风力/光伏发电工程后评价为主，生物质能、地热能、潮汐能发电工程等其他单项或区域新能源发电工程后评价可参照使用。

第一节　项目概况

一、评价目的

项目概况介绍，主要是对新能源发电工程的基本情况做简要的说明及分析，以便于后评价报告使用者能够迅速了解到项目的整体情况，掌握项目的基本要点。

二、评价内容与要点

项目概况的主要内容包括：项目情况简述、项目主要建设内容、项目建设里程碑、项目总投资、项目运行效益现状。

1. 项目情况简述

项目情况简述主要介绍内容包括：项目建设地点、项目业主、项目性质、项目主要技术特点等。

2. 项目主要建设内容

项目建设内容（以实际投产规模为准）主要介绍内容包括：本/远期装机容量、主要电压等级本/远期出线规模、风机数量（风力发电）、光伏组件数量（光伏发电）、布置方式、运行方式、并网方案以及其他需要特别说明的事项。

3. 项目建设里程碑

项目建设里程碑主要介绍内容包括：项目启动前期工作时间、完成可行性研究时间、项目可行性研究获得批复、核准（或备案）时间，初步设计批复时间，开工时间，整体竣工投产时间等。

4. 项目总投资

项目总投资主要介绍内容包括：项目可行性研究批复/核准（或备案）投资、初步设计批复投资、竣工决（结）算投资等。

5. 项目资金来源及到位情况

项目资金来源及到位情况主要介绍内容包括：项目建设资金中资本金占比、资金来源情况（自有资金、银行贷款等）、各款项到账时间及金额等。

6. 项目运行及效益状况

项目运行及效益状况主要介绍内容包括：项目投产运行时间、安全运行情况、发电量、利润额、CDM收入、CCER减排量等。

第二节　项目实施过程评价

一、前期决策评价

（一）评价目的

新能源发电工程建设项目投资巨大，决策的失误将造成重大的损失，因此，科学决策的重要性不言而喻。前期决策评价的主要目的是通过对比项目规划与可行性研究报告、可行性研究报告与初设批复，重点对项目建设投资、建设规模的一致性科学性、合理性进行评价。通过梳理项目决策程序，评价前期决策流程的合规性。

（二）评价内容与要点

项目前期决策评价主要是对项目规划到核准阶段的工作总结与评价。评价内容主要包括决策和实施过程的合规性评价和决策结果的合理性评价。

1. 决策和实施过程的合规性评价

回顾前期立项决策和实施全过程，评判前期工作是否按国家规定程序按法定步骤推进，决策过程是否符合相关要求；各项支持性文件是否全部合规取得（见表3-1-1），对项目生产经营是否有重大影响和限制。

表3-1-1　项目主要合规性文件表

序号	工程阶段	批复单位	文件及文号	批复时间
1	前期工作批复			
2	接入系统批复			
3	土地批复			
4	环境影响批复			
5	可行性研究（初步设计）审查批复			
6	核准批复			
7	项目开工批复			
8	执行概算批复			
9	通过240（120）h运行			
10	商业化运营许可			
11	竣工验收			

2. 决策结果的合理性评价

对项目前期工作涉及的厂址条件、风资源、送出、环境、市场等多项主要外部条件进行可行性研究阶段和运行阶段对比分析，反映当时预测分析的准确性程度，揭示前期预测产生偏差的深层次原因，以及预测偏差对后期项目综合成功性的影响情况，提出避免在其他项目中犯类似相同错误的合理化建议，以评判前期工作决策的合理性。

厂址条件：分析厂址是否为环境敏感区域，征地的难易程度，地形的复杂程度，影响工程投产、商业化运营和工程总投资的程度等；分析地质条件，是否有地质变化影响工程投产和工程总投资等。

风资源：分析投资决策时测风数据的完备性和可靠性。将风电场年平均风速、年平均风功率密度、有效小时数和项目投产后的风资源状况进行对比，分析偏差。

光资源：分析投资决策时测光数据的完备性和可靠性。将光伏电站年平均太阳能辐射量、年利用小时数和项目投产后的光资源状况进行对比，分析偏差。

送出：重点分析送出系统的投资主体、投产同步性、设计的合理性，影响工程投产、商业化运营的程度等。

环境：重点分析项目建设期间落实环评报告的要求、影响商业化运营程度等。

市场：重点分析电力市场的变化原因，影响商业化运营的程度等。

其他：水土保持、外部交通等方面。

（三）评价依据（见表3-1-2）

表3-1-2　项目前期决策评价依据表

序号	评价内容	评价依据	
		国家、行业、企业相关规定	项目基础资料
1	项目规划评价	各新能源发电企业项目规划相关内容深度规定	（1）规划报告； （2）规划单位资质证书； （3）规划委托书； （4）地区国民经济和社会发展规划资料； （5）国家产业政策
2	可行性研究评价	各新能源发电企业新能源工程可行性研究内容深度规定	（1）可行性研究报告及其批复； （2）可行性研究编制单位资质证书； （3）可行性研究编制委托书； （4）初步设计及其批复
3	项目评估或评审评价	各新能源发电企业新能源工程可行性研究内容深度规定	（1）可行性研究报告评审意见； （2）可行性研究评审单位资质证书； （3）设计文件
4	项目决策程序评价	（1）国务院关于投资体制改革的决定； （2）企业投资项目基本建设流程； （3）各新能源发电企业新能源工程前期工作管理办法	（1）选址选线报告； （2）选址选线批复； （3）可行性研究报告； （4）可行性研究报告评审意见； （5）可行性研究报告批复； （6）可行性研究核准报告

续表

序号	评价内容	评价依据	
		国家、行业、企业相关规定	项目基础资料
5	项目核准或批准评价	（1）企业投资项目核准暂行办法（发改委第19号令）； （2）国务院关于取消和下放一批行政审批项目等事项的决定（国发〔2013〕19号）； （3）地方政府投资主管部门有关新能源发电工程项目核准办法； （4）各新能源发电企业新能源工程前期工作管理办法	（1）省发改委同意项目开展前期工作的批复意见； （2）环境保护行政主管部门的项目环境影响评价文件审批意见； （3）城乡规划部门的项目选址选线意见； （4）国土资源行政主管部门的项目用地预审意见； （5）可行性研究报告评审意见； （6）设计、招标、施工等项目实施过程资料

注 相关评价依据应根据国家、企业相关规定动态更新。

二、项目实施准备评价

（一）评价目的

工程实施准备是项目建设施工必要的基础性工作，对项目实施准备工作评价，主要目的是通过实施准备各项工作合规性检查，评价实施准备工作的充分性，是否满足项目建设及施工需要。

（二）评价内容与要点

项目实施准备评价是评价从初步设计到正式开工的各项工作是否符合国家、行业及企业的有关标准、规定。评价内容主要包括初步设计评价、施工图设计评价、采购招标评价、征地拆迁评价、资金筹措评价和开工准备评价。

1. 初步设计评价

项目初步设计评价主要包括设计单位资质评价、设计工作评价、主要设计指标评价、初步设计评审与批复情况评价。

（1）设计单位资质评价。核实设计单位资质等级和设计范围，评价设计单位是否具备承担项目的资质和条件。

（2）设计工作评价。设计工作质量评价主要包括设计工作进度评价和设计工作质量评价。

1）工作进度评价。评价各单项工程初步设计是否按计划进度完成；若有推迟设计进度的，应说明其原因。

2）工作质量评价。设计依据评价，主要是对检查项目是否依据国家相关的政策、法规和规章，工程设计有关的规程、规范，政府和上级有关部门批准、核准的文件，可行性研究报告及评审文件，设计合同或设计委托文件，城乡规划、建设用地、环境保护、文物保护、消防和劳动安全卫生等相关依据开展初步设计。

初步设计内容深度评价，主要是简要叙述初步设计文件包括的主要内容，评价其是否符合行业、新能源发电企业深度规定要求。

（3）主要设计指标评价。将初步设计规模及主要技术方案与施工图或竣工图进行对比，包括工程规模、主要技术方案及工程投资等，分析差异变化，说明变化原因，评价项目初步设计合理性。

（4）初步设计评审与批复情况评价。简要叙述初步设计评审与批复情况，评价其是否符合国家、行业、新能源发电企业相关管理规定。

2. 施工图设计评价

项目施工图设计评价主要包括设计工作质量评价、施工图交付进度评价和设计会审及交底情况评价。

（1）设计工作质量评价。设计工作质量评价主要包括设计依据和设计内容深度评价。

1）设计依据评价。检查项目是否依据国家相关的政策、法规和规章，电力行业设计技术标准和新能源发电企业标准的规定，批准的初步设计文件、初步设计评审意见、设备订货资料等相关依据开展施工图设计。

2）施工图设计内容深度评价。简要叙述施工图设计文件包括的主要内容，分析其是否符合行业、新能源发电企业规定内容深度要求。

（2）施工图交付进度评价。评价各单项工程施工图设计是否按计划进度完成；若有推迟设计进度的，应说明其原因。

（3）设计会审及交底情况评价。简要叙述施工图设计会审及设计交底开展情况，评价其是否符合国家、行业、新能源发电企业相关管理规定。

3. 采购招标评价

采购招标评价包括设备材料采购招标评价、参建单位招标评价两部分。

（1）设备材料采购招标评价。查阅关键设备材料的采购合同和招投标文件，调查关键设备材料的采购方式、性能质量、订货价格、供货进度，评价采购招标是否符合有关招标管理规定，分析其经济性与合理性。对其存在的问题，要查找原因，分析对工程进度、质量和投资的影响。

主要设备材料采购明细见表3-1-3。

表3-1-3　主要设备材料采购明细　　　　　　　　　　单位：元

设备材料名称及型号	设备材料厂家	单位	批准概算			合同金额			差额		
			数量	概算单价	合计	数量	合同单价	合计	数量差	单价差	总价差

（2）参建单位招标评价。评价项目的设计、施工、监理等参建单位的招标范围、招标方式、招标组织形式、招标流程和评标方法是否符合有关招投标管理规定，对采用非招标方式的应说明原因，对其合规性、合理性进行评价，见表3-1-4。

表3-1-4　参建单位招标情况统计表

序号	招标批号	招标时间	招标范围	招标方式	招标组织形式	招标代理人	招标流程	评标方法	中标单位名称	中标金额（元）	合同金额（元）
一					设计招标						
1											
2											
3											
二					施工招标						
1											
2											
3											
三					监理招标						
1											
2											
3											

4. 征地拆迁评价

征地拆迁评价需要对征地拆迁审批流程规范性、相关支持性文件齐全性、实际完成情况进行评价。

5.资金筹措评价

说明项目可行性研究、初步设计、实际竣工等各阶段资金来源、筹措方式、资本金比例及金额有无变化，如有变化，说明变化的原因。评价资本金比例是否满足国家项目资本金制度的有关要求。

资金筹措统计见表3-1-5。

表3-1-5 资金筹措统计表

项目阶段	资金来源	金额（万元）	备注
可行性研究批复或核准	资本金		资本金比例
	贷款		贷款比例
实际竣工	资本金		资本金比例
	贷款		贷款比例

6.开工准备评价

开工准备评价需要对施工图设计满足施工进度情况、施工及监理单位的人材机准备情况、现场"四通一平"工作完成情况、资金落实情况等开工准备工作是否完善进行评价。评价开工条件是否充分，手续是否完备及其对项目工期、质量、投资及安全的影响，评价分析项目开工准备各项工作是否适应项目建设及施工需要，见表3-1-6。

表3-1-6 开工准备条件落实情况统计表

序号	开工条件	落实情况	备注
1	项目法人已设立，项目组织管理机构和规章制度健全		
2	项目初步设计及总概算已经批复		
3	项目资本金和其他建设资金已经落实，资金来源符合国家有关规定，承诺手续完备		
4	项目施工组织设计大纲已经编制完成并经审定		
5	主体工程的施工队伍已经通过招标选定，施工合同已经签订		
6	项目法人与项目设计单位已确定施工图交付计划并签订交付协议，图纸已经过会审		
7	项目施工监理单位已通过招标确定，监理合同已经签订		
8	项目征地、拆迁和施工场地"四通一平"工作已经完成		
9	主要设备和材料已经招标选定，运输条件已落实		
开工条件落实率（%）			

7.项目实施准备评价结论

根据以上各项评价，对项目实施准备进行概括性汇总，得出综合评价结论，重点突

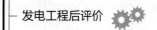
出实施准备工作内容的完整性、深度及合理性，程序的完整性和合规性。

（三）评价依据（见表3-1-7）

表3-1-7　项目实施准备评价依据

序号	评价内容	评价依据	
		国家、行业、企业相关规定	项目基础资料
1	初步设计评价	（1）各新能源发电公司新能源工程初步设计内容深度规定； （2）各新能源发电公司新能源工程初步设计评审管理办法	（1）初步设计委托书或者设计合同； （2）可行性研究报告及批复； （3）城乡规划、建设用地、环境保护、文物保护、消防和劳动安全卫生等批复； （4）初步设计单位资质证明； （5）初步设计文件； （6）初步设计评审会议纪要； （7）初步设计批复申请与批复文件； （8）批复初步设计概算书； （9）设计总结
2	施工图设计评价	各新能源发电公司新能源工程施工图设计内容深度规定	（1）施工图设计委托书或者设计合同； （2）施工图设计文件； （3）施工图设计会审及设计交底会议纪要； （4）施工图交付记录； （5）批复施工图设计预算书； （6）设计总结
3	开工准备评价	关于电力基本建设大中型项目开工条件的规定	（1）初步设计批复文件； （2）工程开工报审表； （3）施工组织设计文件； （4）施工合同； （5）施工图会审文件； （6）监理合同； （7）项目建设资金落实证明文件或配套资金承诺函
4	采购招标评价	（1）中华人民共和国招标投标法及相关法律、法规； （2）各新能源发电公司招标活动管理办法； （3）各新能源发电公司招标采购管理细则	设计、施工、监理、主要设备材料招投标有关文件（招标方式，招标、开标、评标、定标过程有关文件资料，评标报告，中标人的投标文件，中标通知书等）
5	征地拆迁评价	（1）中华人民共和国土地管理法； （2）关于完善征地补偿安置制度的指导意见； （3）省（市）人民政府关于征地补偿标准等有关规定	（1）项目选址意见书； （2）项目用地预审意见； （3）建设用地征地协议； （4）财务决算报告有关实际征地情况

续表

序号	评价内容	评价依据	
		国家、行业、企业相关规定	项目基础资料
6	资金筹措评价	（1）国务院关于固定资产投资项目试行资本金制度的通知； （2）国务院关于调整固定资产投资项目资本金比例的通知	（1）可行性研究报告批复或核准； （2）初步设计概算书批复； （3）财务决算报告

注　相关评价依据应根据国家、企业相关规定动态更新。

三、项目实施过程评价

（一）评价目的

项目建设实施阶段是项目财力、物力集中投入和消耗的阶段，对项目是否能发挥投资效益具有重要意义。项目建设实施评价的主要目的是通过对建设组织、"四控"以及竣工阶段的管理工作进行回顾，考察管理措施是否合理有效，预期的控制目标是否达到。

（二）评价内容与要点

项目建设实施评价主要是对项目开工建设至工程投运阶段工作的总结与评价。通过对比项目实际建设情况与计划情况的一致性，以及建设各环节与规定标准的适配性，重点对投资、进度、质量、安全、变更以及竣工验收几个重要评价点进行评价。评价内容主要包括：合同执行与管理评价、工程建设与进度评价、设计变更评价、投资控制评价、质量控制评价、安全控制评价监理评价、竣工验收及启动试运行评价。

1. 合同执行与管理评价

项目合同管理是为加强合同管理，避免失误，提高经济效益，根据《中华人民共和国合同法》及其他有关法规的规定，结合项目单位的实际情况，制订的一种有效进行合同管理的制度。

项目合同执行与管理评价主要评价项目合同签订是否及时规范以及合同条款履行情况。

（1）合同签订情况评价。评价项目合同签订情况，可以按照表3-1-8中内容进行统计评价：

1）查阅合同签订流程是否符合要求，满足规范性。

2）查阅中标通知书下达时间、开工时间以及合同签订时间，评价合同签订是否及时。

表3-1-8 合同签订及时性统计

序号	类别	合同名称	中标通知书发出时间	项目开工时间	合同签订时间
1	勘察设计				
2	设备采购				
3	监理				
4	施工				
5	其他				

（2）合同执行情况评价。评价项目合同执行情况，可按照以下步骤进行：

1）评价合同整体执行情况，以及双方各自履行义务的情况，有无发生违约现象。对比勘察设计合同、监理合同以及施工合同中主要条款的执行情况，并对执行差异部分进行原因和责任的分析，见表3-1-9。

表3-1-9 合同履行情况评价分析框架

序号	合同名称	合同主要条款	实际执行情况	执行的主要差别	原因与责任
1	勘察设计				
2	设备采购				
3	监理				
4	施工				
5	其他				

2）评价合同进度条款执行情况。查阅勘察设计、设备采购、监理、施工以及其他合同中进度条款的执行情况，并分析原因、界定责任，见表3-1-10。

表3-1-10 合同进度条款履行情况评价分析框架

序号	合同名称	合同进度条款	实际进度执行情况	进度条款偏差	原因与责任
1	勘察设计				
2	设备采购				
3	监理				
4	施工				
5	其他				

3）评价合同资金支付条款执行情况。查阅合同支付台账，评价合同支付金额是否符合规定比例，合同支付时间是否及时，见表3-1-11。

表3-1-11 合同条款支付情况评价分析框架

序号	合同名称	合同金额	签订日期	应付款时间	实付款时间	应付款金额	实付款金额	实付款占应付款比例	累计支付比例
1	勘察设计								
2	设备采购								
3	监理								
4	施工								
5	其他								

2. 工程建设与进度评价

工程建设与进度评价主要通过梳理工程整体实施进度情况，对比实际建设工期与计划工期之间的差异，评价工程的进度控制水平。

（1）工程总体实施进度评价。新能源发电工程的建设进度受到多方面因素的影响，如当地气候条件、设备供货进度的制约等，新能源发电工程进度控制评价需透过计划工期和实际工期的偏差，深入分析影响工程进度的主要因素。

评价工程从前期策划到竣工投产的全过程进度控制情况：

1）查阅项目核准批复文件，初步设计报告、初设评审及批复文件，招投标及中标文件，分析各类前期文件取得时间是否符合新能源发电企业项目前期工作管理办法相关规定的要求。

2）查阅项目合同及开工报告，对比合同规定的开工时间和实际开工时间是否相符。

3）查阅工程施工计划及竣工报告，对比计划竣工投产时间与实际竣工投产时间是否相符。

4）根据梳理内容填写工程整体实施进度表，见表3-1-12。

表3-1-12 工程整体实施进度表

阶段	序号	事件名称	时间	依据文件
前期决策	1	可研评审		评审意见
	2	下达核准文件		核准文件
开工准备	1	设计招标		招标文件
	2	施工招标		招标文件
	3	监理招标		招标文件
	4	初设评审		评审意见
建设实施	1	工程开工		工程开工报告

续表

阶段	序号	事件名称	时间	依据文件
竣工验收	1	工程验收		竣工验收报告、工程总结、监理工作总结
投运	1	工程投产		启动投产签证书
结算阶段	1	工程结算审定		工程结算审核报告
决算阶段	1	工程财务决算报告审核		工程竣工决算审核报告

（2）施工进度控制措施评价。梳理施工单位进度控制措施，评价进度控制措施实施效果：

1）查阅施工单位施工组织设计文件，梳理相关进度控制措施。

2）评价施工单位编制的组织措施、技术措施、管理措施是否得到有效执行，以及进度控制措施的实施效果。

3.设计变更评价

项目设计变更评价主要评价设计变更原因的频发度和设计变更手续的完备性。

评价设计变更的主要原因及变更手续是否完备，可以按照表3-1-13中内容进行统计评价：

（1）查阅设计变更单，梳理设计变更内容，评价设计变更手续是否完备，变更程序是否规范。

表3-1-13　设计变更统计

序号	编号	主要变更内容	变更原因	变更金额	变更类型	签章			
						施工单位	监理单位	设计单位	业主项目部
1									
2									
3									
…									

（2）统计设计变更的原因及影响，可配合统计表（见表3-1-14）绘制变更原因分布饼图。

表3-1-14　设计变更原因统计表

变更原因	变更次数	变更次数所占比例	变更金额绝对值（万元）	变更金额所占比例	平均变更金额（万元）
设计原因					
外部环境影响					

续表

变更原因	变更次数	变更次数所占比例	变更金额绝对值（万元）	变更金额所占比例	平均变更金额（万元）
设计改进					
……					

4. 投资控制评价

项目投资控制评价主要是工程投资偏差分析，在建设项目施工中或竣工后，对概算执行情况的分析。即：竣工财务决算与设计概算对比，运用成本分析的方法，分析各项资金运用情况，核实实际造价是否与概算接近，分析偏差原因，为改进以后工作提供依据。评价内容主要包括项目整体投资情况评价、各分项工程投资情况评价以及超支/节余原因分析三个部分。

（1）评价新能源发电工程整体的竣工财务决算投资较项目批复概算投资的偏差情况。

（2）各分项工程投资情况评价主要是对比决算投资与批复概算投资中细分项目，寻找偏差较大的项目，为分析原因做基础。一般项目投资可分为建筑工程费、安装工程费、设备价值以及其他费几个部分。

（3）超支/节余原因分析是针对超支的费用项以及节余较大（一般超过10%）的费用项深度挖掘原因。导致投资偏差的几个主要影响因素包括：项目实际规模较初设批复规模存在较大变化；实际施工工程量较工程量清单存在较大变化；设备采购时，通过招标或改变设备型号导致设备价格变化；建设期人工单价、人力投入、物价等存在较大变化。

新能源发电工程投资控制评价可以按照以下几个步骤进行：

1）查阅项目可行性研究报告中投资估算报表、初设批复中概算报表、项目最终决算审核报表。对比"三算"之间的偏差，汇总形成表3-1-15。

表3-1-15　投资控制指标总体情况一览表

序号	项目名称	投资估算		批准概算			竣工决算		
		静态投资	动态投资	静态投资	动态投资	概算较估算节余率（动态）	静态投资	动态投资	决算较概算节余率（动态）
1									
2									

2）对比决算投资额与初设批复概算投资额的偏差，该偏差即项目总投资的超支/节余率，绘制各子工程偏差对比柱形图。

3）对决算较概算超支/节余率较大的费用项进行原因分析。

5. 质量控制评价

质量控制评价根据竣工验收结果和运行情况，全面评价工程及设备质量水平，同时依据法律、法规，规程和规范评价工程质量保障体系的完备性。

（1）质量控制效果评价。评价工程质量控制措施实施效果，是否实现质量控制目标，可以按照表3-1-16中内容进行统计评价：

1）查阅建设单位、设计单位、监理单位和施工单位施工组织设计文件或工作方案，梳理质量控制目标。

2）查阅工程验收报告，对工程总体合格率和分部分项工程合格率进行梳理。

3）评价工程质量控制目标实现情况，分析出现偏差的原因。

表3-1-16　质量控制效果

分项工程	建设/施工/监理单位	质量目标	质量目标实现情况	偏差分析
1				
2				
3				
…				

（2）质量保障措施评价。评价工程质量保障措施是否符合行业和新能源发电企业相关要求，可按照以下步骤进行：

1）查阅工程建设单位、设计单位、监理单位和施工单位编制的施工组织设计报告或工作方案，梳理工程质量控制组织措施。

2）评价工程质量保障体系是否完备，是否符合法律、法规，规程和规范的相关规定。

6. 安全控制评价

安全控制评价，主要评价安全管理体系管控效果和安全管理体系建设和措施。

（1）安全管理体系管控效果。评价工程安全管理体系管控效果，是否实现安全目标，可以按照表3-1-17中内容进行统计评价：

1）对安全目标实现情况的梳理，见表3-1-17。

表3-1-17　安全控制效果

子工程	建设/施工/监理单位	安全目标	安全目标实际情况	偏差分析
1				
2				
3				
4				
...				

2）统计工程建设阶段人身死亡事故情况、轻伤负伤率、重大机械设备损坏事故次数、重大火灾事故次数、新能源发电企业安全管理办法规定的其他事故次数。评价工程建设过程中的安全控制水平。

（2）安全管理体系建设和措施。评价项目安全管理体系及措施是否完备，是否符合国家、行业和新能源发电企业的相关要求，重点评价以下两点：

1）查阅工程建设单位、设计单位、监理单位和施工单位的施工组织设计报告或工作方案，梳理项目安全管理体系及措施。

2）对比相关法律、法规，规程和规范，评价项目安全管理体系的健全性和完备性。

7. 工程监理评价

工程监理即监理单位受项目法人委托，依据法律、行政法规及有关的技术标准、设计文件和建筑工程合同，对承包单位在施工质量、建设工期和建设资金等方面，代表建设单位实施监督。

评价项目是否执行工程监理制以及监理单位在新能源发电工程项目实施过程中是否按照合同要求履行职责。在进行项目后评价时，重点评价以下四点：

（1）查阅监理组织机构、责任制、管理程序、实施导则、质量控制等建立及落实情况。

（2）评价监理准备工作与监理工作执行情况，重点评价监理发生问题可能对项目总体目标产生的影响。

（3）评价监理工作效果，如四控制（安全、进度、质量、投资的控制）、两管理（合同、信息管理）、一协调执行情况，以及全过程监理工作情况。

（4）对监理工作水平做出总体评价，并对类似工程提出改进建议。

8. 竣工验收和试生产评价

（1）竣工验收评价。竣工验收是全面考核建设工作，检查是否符合设计要求和工程质量的重要环节，对促进建设项目（工程）及时投产，发挥投资效果，总结建设经验有重要作用。新能源发电工程竣工验收主要从验收流程、总体验收两个方面进行评价：

1）查阅新能源发电工程项目竣工验收流程是否符合国家、新能源发电企业要求。

2）查阅新能源发电工程验收报告，质量要求是否达标。

（2）试生产评价。试生产工作是做好工程投运的生产准备，为工程的成功投运、安全运行打下坚实基础，重点评价以下两点：

1）查阅新能源发电工程项目试生产工作是否按照流程进行。

2）查阅新能源发电工程项目试生产报告，评价新能源发电工程是否达到投运的要求。

9. 项目建设实施评价结论

根据以上各项评价，对项目建设实施进行概括性汇总，得出综合评价结论，重点突出合同管理、变更设计、"四控"、工程监理、竣工验收、试生产等几个方面在项目实施过程中的执行情况。

EPC模式是新能源建设项目常采用的承包模式，在该模式下，建设单位一般只负责提出新能源工程项目的预期目标、功能要求和设计标准等内容，而把设计、采购、施工和试运行的全部工作都交给承包商。建设单位一般只对承包商文件进行审核，按照合同中规定的付款计划表向承包商支付工程款，减少了许多管理任务，因此，上述后评价内容适用于建设单位直管模式下的新能源建设项目。采用EPC模式的新能源工程后评价需要考虑其与传统工程模式的区别，包括招标方式的不同、风险承担形式的不同、管理方式的不同等方面。

（三）评价依据（见表3-1-18）

表3-1-18 项目建设实施评价依据

序号	评价内容	评价依据	
		国家、行业、企业相关规定	项目基础资料
1	项目合同执行与管理评价	（1）中华人民共和国合同法； （2）各新能源发电企业合同管理办法	（1）设计、施工、监理以及咨询合同（有盖章、有签字的正式版）； （2）合同补充协议（若有）； （3）中标通知书； （4）合同支付台账

续表

序号	评价内容	评价依据	
		国家、行业、企业相关规定	项目基础资料
2	工程建设与进度评价	各新能源发电企业新能源工程进度计划管理办法	（1）施工组织设计报告及工作方案； （2）工程开工报告、分部分项工程开工报审表； （3）施工总结； （4）监理总结； （5）竣工验收报告
3	项目设计变更评价	各新能源发电企业设计变更管理办法	（1）设计变更单； （2）设计总结
4	投资控制评价	（1）国务院关于调整和完善固定资产投资项目试行资本金制度的通知（国发〔2015〕51号）； （2）建设工程价款结算暂行办法（财建〔2004〕369号）的通知； （3）各新能源发电企业关于工程资金管理办法； （4）各新能源发电企业关于输变电工程结算管理办法； （5）各新能源发电企业关于工程竣工决算报告编制办法	（1）批复可行性研究估算书； （2）批复初设概算书； （3）结算报告及附表、相应的审核报告及明细表； （4）竣工财务决算报告及附表
5	工程质量控制评价	（1）国家和电力行业颁布的一系列规范和标准； （2）各新能源发电企业工程质量管理办法； （3）建设工程质量管理条例（国务院令第279号）； （4）电力建设工程质量监督规定（暂行）（电建质监〔2005〕52号）	（1）参加单位施工组织报告及工作方案； （2）竣工验收报告
6	工程安全控制评价	（1）各新能源发电企业输变电工程施工安全设施相关规定； （2）电力建设工程施工安全监督管理办法（国家发改委令第28号）	（1）参加单位施工组织报告及工作方案； （2）竣工验收报告
7	工程监理评价	（1）工程建设监理规定（建监〔1995〕第737号文）； （2）建设工程监理规范（GB/T 50319—2013）； （3）各新能源发电企业工程建设监理管理办法	（1）监理规划； （2）监理实施细则； （3）监理总结； （4）监理日记； （5）监理旁站记录
8	竣工验收、试生产评价	（1）各新能源发电企业建设项目（工程）竣工验收办法； （2）各新能源发电企业关于工程项目竣工验收的试行规定	（1）现行施工技术验收规范以及主管部门（公司）有关审批、修改、调整文件； （2）劳动安全、环境设施、消防设施、职业卫生等单项验收文件； （3）工程竣工验收报告

注　相关评价依据应根据国家、企业相关规定动态更新。

第三节 项目生产运营评价

一、项目运行检修评价

1. 评价目的

新能源发电项目的安全、高效运行离不开发电设备的检修管理，发电设备的检修管理是项目生产运营全过程管理的重要组成部分，是围绕着企业的生产经营目标提高设备健康水平和设备可靠性而开展的一系列设备检修、维护和管理工作。项目运行检修评价主要目的是收集各新能源发电设备的运行检修情况，评价新能源发电场的运行检修工作的合理性。

2. 评价内容与要点

项目运行检修评价主要包括以下内容：

（1）评价设备检修维护管理制度是否健全，以及检修人员培训、持证上岗、绩效考核等规章制度的实施情况。

（2）检查日常检修记录，对检修制度的执行效果进行评价，以及评价现有检修体系、人员、实际运作是否适应现场实际的需要。

（3）检查现场缺陷的发生次数和消除率，评价检修维护队伍的技术力量能否满足实际需要。

（4）查阅检修管理手册和检修记录，评价检修前准备工作是否按企业相关规定落实到位，检修后是否达到预期效果。

（5）查阅工单、验收单和技术方案等技术资料，评价检修管理是否规范、到位，是否形成闭环管理。

3. 评价依据（见表3-1-19）

表3-1-19　项目运行检修评价依据

评价依据	
国家、行业、企业相关规定	项目基础资料
（1）新能源发电企业设备检修管理制度； （2）新能源发电企业绩效考核制度； （3）新能源发电企业的相关运行制度	（1）发电设备的日常检修记录； （2）发电设备的缺陷消缺记录； （3）发电设备运行检修的技术方案； （4）发电设备运行检修的工单和验收单

二、项目运行效果评价

1. 评价目的

项目运行效果评价是项目后评价中的重要环节，运行效果评价的目的主要是通过收集新能源发电工程运行数据，对比工程建设立项时运行指标预期数据，评价工程的运行效果是否满足工程建设需求。

2. 评价内容与要点

项目运行效果评价主要以新能源发电厂运行指标与设计值、国内同类型发电厂的平均值和先进值进行对比分析，对比内容主要包括发电量、利用小时数、厂用电率、设备正常运行率、风电机组可利用率及容量系数评价、风电机组功率曲线验证、光伏发电厂系统效率等。

（1）发电量。对新能源发电厂的年发电量和月发电量进行统计（见表3-1-20和表3-1-21），并分别与可行性研究设计值、计划值进行对比，分析发电量的月度变化规律，以及影响发电量变化的主要内外部因素，根据新能源发电厂的实际情况，有针对性地提出建议和相关措施。

表3-1-20　发电量统计表　　　　　　　　　　单位：万kWh

指标	××年	××年	……	年设计值
一期				
二期				
……				
合计				

表3-1-21　月度发电量统计表　　　　　　　　单位：万kWh

指标	1月	2月	3月	4月	5月	6月	7月	8月	9月	10月	11月	12月	合计
计划电量													
实发电量													

（2）利用小时数。对新能源发电厂年实际利用小时数进行统计（见表3-1-22），并与可行性研究设计值进行对比，分析利用小时数产生偏差的原因。

表3-1-22　利用小时数统计表　　　　　　　　　单位：h

指标	××年	××年	……	年设计值
一期				
二期				
……				
平均				

（3）厂用电率。统计新能源发电厂投运以来的厂用电率实际运行值，与厂用电率设计值、新能源发电企业给定的目标值、国内同类型发电厂平均值及先进值进行比较（见表3-1-23），分析造成新能源发电厂厂用电率差别的原因，并在加强运行管理、设备维护治理以及节能改造等方面提供指导性意见。

表3-1-23　厂用电率统计表

指标	设计值	企业给定目标值	国内同类型发电厂平均值	国内同类型发电厂先进值	实际值	原因
年发电量（万kWh）						
发电厂用电率（%）						
综合厂用电率（%）						

（4）设备正常运行率。设备正常运行率指的是设备的正常运行时间与总运行时间的比值，统计风力发电和光伏发电的设备正常运行率，分析设备不正常运行的原因，并提出对设备运行有利的改善措施，见表3-1-24。

表3-1-24　设备正常运行率统计表

名称	正常运行时间（h）	总运行时间（h）	设备正常运行率（%）	不正常运行原因
逆变器				
风机				
太阳跟踪器				
……				

（5）风电机组可利用率及容量系数评价。按年度和月度统计风电机组的可利用率及容量系数，分析其变化趋势及原因，见表3-1-25~表3-1-28。

表3-1-25　可利用率指标统计表　　　　　　　单位：%

指标	一期	二期	……	全场
评价起始年				
评价第二年				
……				

表3-1-26　可利用率指标逐月统计表　　　　　　　单位：%

指标	1月	2月	3月	4月	5月	6月	7月	8月	9月	10月	11月	12月	平均
评价起始年													
评价第二年													
……													

表3-1-27　容量系数指标统计表　　　　　　单位：%

指标	一期	二期	……	全场
评价起始年				
评价第二年				
……				

表3-1-28　容量系数指标逐月统计表　　　　　　单位：%

指标	1月	2月	3月	4月	5月	6月	7月	8月	9月	10月	11月	12月	平均
评价起始年													
评价第二年													
……													

（6）风电机组功率曲线验证。在测风塔数据较为齐全、风电机组功率曲线明显偏低等情况下，选取具有代表性的风电机组，进行风电机组的功率曲线验证工作。通过验证功率曲线与保证功率曲线的对比，以及对曲线形状、数据点位置的分析比较，找出问题并分析原因。

（7）风电场弃风率。弃风指的是由于当地电网接纳能力不足、风电场建设工期不匹配和风电不稳定等自身特点导致的部分风机暂停。统计风电场的弃风率，分析其变化趋势，并与国内同类型风电场的弃风率进行对比，评价该项目弃风率所处的水平。

（8）光伏发电厂弃光率。弃光指的是光伏系统所发电力功率受环境的影响而处于不断变化之中，不是稳定的电源，出于安全管理电网的考虑，拒绝光伏系统并网。统计光伏发电厂的弃光率，分析其变化趋势，并与国内同类型光伏发电厂的弃光率进行对比，评价该项目弃光率所处的水平。

（9）光伏发电厂系统效率。光伏电站系统效率是光伏电站质量评估中最重要的指标，它是实际发电量和理论发电量的比值，是一个不受外界因素干扰的量化指标。统计光伏发电厂的系统效率，与国内同类型光伏发电厂系统效率的平均值和先进值进行对比，评价该项目系统效率所处的水平，见表3-1-29。

表3-1-29　光伏电厂系统效率统计表　　　　　　单位：万kWh、%

指标	设计值	国内同类型光伏发电厂系统效率平均值	国内同类型光伏发电厂系统效率先进值	实际值	备注
理论发电量					
实际发电量					
系统效率					

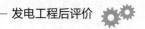

3. 评价依据（见表3-1-30）

表3-1-30　项目运行效果评价依据

评价内容	评价依据	
	国家、行业、企业相关规定	项目基础资料
项目运行评价	（1）国家、行业对新能源发电厂的技术规范； （2）新能源发电企业的发电设备指标规定； （3）新能源发电厂运行规程； （4）各新能源企业同业对标相关规定	（1）项目可行性研究报告； （2）新能源发电厂运行资料

注　相关评价依据应根据国家、企业相关规定动态更新。

三、风电工程电网友好型评价

（一）评价目的

风电场输出功率具有波动性、间歇性，为确保电网稳定、安全运行，电网需要留有足够的旋转备用来完成系统对波动能源的调节。分析风电场接入电网后的有功控制、无功控制、低电压穿越、功率预测等技术性能，与国家、行业相关规定中的要求进行对比，评价风电场对电网接入及调度的友好程度，为新能源发电企业进一步提高风电上网水平提供借鉴。

（二）评价内容与要点

风电工程电网友好型评价的主要评价内容包括：有功调节能力评价、功率预测能力评价、风电场电压控制评价、低电压穿越能力评价、电能质量评价。

1. 有功调节能力评价

考察风电场是否上传风机监控系统的远方控制投入退出信号、AGC状态投入信号、风电场并网点发电有功功率、风电场全部可调机组的不停机下限值、风电场实际可控的上限值、风电场调节速率、网调主站下发调节指令的反馈值等信号，是否接收并自动执行调度部门远方发送的有功功率控制信号。

2. 功率预测能力评价

考察风电场所安装的风电功率预测系统是否具有短期和超短期预测功能，风电场是否每天按照电网调度部门规定的时间上报次日0～24h风电场发电功率预测曲线，是否每

15分钟自动向电网调度部门滚动上报未来15min~4h的风电场发电功率预测曲线，预测值的时间分辨率均为15min。

评价风电功率预测系统的预测误差是否满足要求，风电场短期预测月均方根误差应小于20%，超短期预测第4小时预测值月均方根误差应小于15%。

3. 风电场电压控制评价

评价风电场是否根据电网调度部门指令，通过其无功电压控制系统自动调节整个风电场发出（或吸收）的无功功率，来实现对并网点电压的控制，及以其调节速度和控制精度是否满足电网电压调节的要求。

评价当公共电网电压处于正常范围内时，风电场是否能控制风电场并网点电压在额定电压的97%～107%范围内。

评价风电场变电站是否采用有载变压器，是否具有通过调整变电站主变压器分接头控制场内电压的能力。

4. 低电压穿越能力评价

评价风电场内的风电机组是否具有在并网点电压跌至20%额定电压时能够保证不脱网连续运行625ms的能力，评价风电场并网点电压在发生跌落后2s内能够恢复到额定电压的90%时，风电场内的风电机组是否能够保证不脱网连续运行。

评价在电网故障期间没有切出电网的风电场，其有功功率在电网故障清除后能否以至少每秒10%额定功率的功率变化率恢复至故障前的值。

评价电网发生不同类型故障时，风电场低电压穿越是否满足如下要求：

（1）当电网发生三相短路故障引起并网点电压跌落时，风电场并网点各线电压在电压轮廓线及以上的区域内时，场内风电机组必须保证不脱网连续运行，风电场并网点任意一线电压低于或部分低于电压轮廓线时，场内风电机组允许从电网切出。

（2）当电网发生两相短路故障引起并网点电压跌落时，风电场并网点各线电压在电压轮廓线及以上的区域内时，场内风电机组必须保证不脱网连续运行；风电场并网点任意一线电压低于或部分低于电压轮廓线时，场内风电机组允许从电网切出。

（3）当电网发生单相接地短路故障引起并网点电压跌落时，风电场并网点各相电压在电压轮廓线及以上的区域内时，场内风电机组必须保证不脱网连续运行；风电场并网点任意一相电压低于或部分低于电压轮廓线时，场内风电机组允许从电风切出。

5. 电能质量评价

根据电科院等权威部门出具的风电场电能质量测试及稳定校核测试报告，评价风电场的电能质量是否满足国家、行业的相关规定。

（三）评价依据（见表3-1-31）

表3-1-31　风电工程电网友好型评价依据

序号	评价内容	评价依据	
		国家、行业、企业相关规定	项目基础资料
1	有功调节能力评价	（1）国家、行业对风电场接入电网后的技术性能相关规定； （2）《风电场接入电网技术规定》（国家电网公司Q/GDW 392—2009）； （3）各新能源发电公司对风电场有功调节能力的相关规定	（1）风电场控制系统技术方案； （2）风电场有功功率调节的相关数据
2	功率预测能力评价	（1）国家、行业对风电场接入电网后的技术性能相关规定； （2）《风电功率预测系统功能规范》（国家电网调〔2010〕201号）； （3）各新能源发电公司对风电场功率预测能力的相关规定	（1）风电场功率预测系统技术方案； （2）风电场功率的实际预测数据
3	风电场电压控制评价	（1）国家、行业对风电场接入电网后的技术性能相关规定； （2）各新能源发电公司对风电场电压控制能力的相关规定	（1）风电场电压控制系统技术方案； （2）风电场接入系统的相关审查资料； （3）风电场电压控制相关数据
4	低电压穿越能力评价	（1）国家、行业对风电场接入电网后的技术性能相关规定； （2）各新能源发电公司对风电场低电压穿越能力的相关规定	（1）风电场风电机组出厂资料； （2）风电场接入系统的相关审查资料； （3）低电压穿越能力的相关检验报告
5	电能质量评价	（1）国家、行业对风电场电能质量的相关规定； （2）电网公司对风电场电能质量的相关规定； （3）各新能源发电公司对风电场电能质量的相关规定	设计、施工、监理、主要设备材料清单

第四节　项目经济效益评价

一、评价目的

财务效益评价是根据项目实际发生的总投资、运维费用、财务效益等财务数据，计算项目的投资净现值、投资回收期、投资收益率等财务指标，并进行敏感性分析，来对项目财务上的可行性和经济上的合理性进行分析，做出全面的经济后评价，为综合评价项目效益目标提供评判依据。财务效益评价是新能源发电工程后评价的核心内容之一，是衡量新能源发电工程成功与否的重要依据。

二、评价内容与要点

财务效益评价主要是计算后评价时点的新能源发电工程财务效益相关指标，并与可研阶段相应指标进行对比，分析项目财务效益情况，并分析效益偏差的主要原因。新能源发电工程效益评价计算主要参数如下：

（1）总投资：总投资反映项目的投资规模，分别形成固定资产、无形资产和其他资产三部分。

（2）总成本费用：新能源发电工程总成本费用包括生产成本和财务费用两部分。生产成本包括折旧费、材料费、工资及福利费、修理费和其他费用等。

（3）盈利能力指标：总投资内部收益率、资本金内部收益率、财务净现值、项目投资回收期等。

（4）偿债能力指标：利息备付率、偿债备付率、资产负债率、流动比率、速动比率等。

（一）成本费用测算

对项目历年生产成本及财务费用进行深入分析，分析各成本占总成本费用的百分比，评价项目未来成本费用变化趋势。

1. 总投资

新能源发电工程总投资包括工程动态投资和生产流动资金。

工程动态投资即决算投资，包括资本金、基建投资借款、债券资金和国家拨款等，数据来源于工程竣工决算报告。

生产流动资金可以采用详细法和规模法估算，后评价阶段一般按规模法估算，即按生产流动资金占固定资产原值的5‰计算。

2. 购电费

购电费指新能源发电厂在并网前，为了满足其安装、调试等工作的需要，从而外购电量所花费的费用。

3. 运维费用

运行维护费指新能源发电工程维持正常运行所需的费用,包括材料费、修理费、职工薪酬和其他费用。

材料费指新能源发电企业为特定的新能源发电工程提供发电服务所耗用的消耗性材料、事故备品、低值易耗品等的费用。

修理费指新能源发电企业为了维护和保持特定的新能源发电工程相关设施正常工作状态所进行的修理活动而发生的费用。

职工薪酬指新能源发电企业为提供发电服务的职工提供的各种形式的报酬,包括职工工资、奖金、津贴和补贴,职工福利费,养老保险、医疗保险费、工伤保险费、失业保险费和生育保险费等保险费用,住房公积金,工会经费和职工教育经费等。

其他费用指新能源发电企业提供正常发电服务发生的除以上成本因素外的费用。包括办公费、会议费、水电费、研究开发费、电力设施保护费、差旅费、劳动保护费、物业管理费、保险费、劳动保险费、土地使用费、无形资产摊销等。

4. 折旧费

新能源发电工程固定资产采用年平均直线法折旧,折旧年限与业主沟通取定,残值率5%。

5. 摊销费

新能源发电工程摊销费是无形资产和递延资产的分期平均摊销。

6. 财务费用

新能源发电工程财务费用是为筹集债务资金而发生的费用,包括生产经营期间发生的利息支出、汇兑净损失、相关的手续费及筹资发生的其他费用,按发生额实际计入。

(二)财务收益测算

新能源发电工程财务收益主要为售电收益,根据中国现行的财务核算体制下,售电收益计算公式如下:

售电收益=售电量×上网电价

上网电价=发电成本+税金+利润(税后)

发电成本=折旧费+维修费+工资福利+保险金+材料费+摊消费+利息+其他

税金=增值税+增值税附加+所得税

增值税=售电收入×8.5%

增值税附加=增值税×8%

所得税=（售电收入–发电成本–税金）×33%

利润=售电收益–发电成本–税金

（三）财务指标计算与评价

1. 盈利能力

（1）财务内部收益率（Financial Internal Rate of Return，FIRR）：考虑到输变电工程在全生命周期内的净现金流量的现值之和为0时的折现率，即是把输变电工程的财务净现值折现为0时的折现率，是考察输变电工程盈利能力的主要动态评价指标。其计算公式如下

$$\sum_{t=1}^{n}(CI-CO)_t(1+FIRR)^{-t}=0 \qquad (3-1-1)$$

式中　　　　　CI——现金流入量；

CO——现金流出量；

$(CI-CO)_t$——第t期的净现金流量；

n——项目计算期。

一般而言，求出的$FIRR$应与行业的基准收益率（i_c）比较。当$FIRR \geq i_c$时，应认为项目在财务上是可行的。同时，还可通过给定期望的财务内部收益率，测算不同类型项目的电量电价和容量电价，与政府主管部门发布的现行输配电价收取标准对比，判断项目的财务可行性。

（2）财务净现值（Financial Net Present Value，FNPV）：在输变电工程全生命周期内的各项净现金流量，按照电力行业的基准收益率或选定的标准折现率折现到项目初期的现值总和。其计算公式如下

$$FNPV=\sum_{t=1}^{n}CF_t(1+i)^{-t} \qquad (3-1-2)$$

式中　CF_t——各期的净现金流量；

n——项目计算期；

i——基准收益率。

只有当财务净现值大于或等于0时，项目才是经济上可行的，财务净现值越大，项目的盈利水平也就越高。

（3）项目投资回收期（Payback Period，PBP）：以投资收益来回收项目初始投资所需要的时间，是考察项目财务上投资回收能力的重要静态评价指标，也是评价项目风

险的重要指标，项目的投资回收期越短，风险越小。可通过求解项目累计现金流量为零的时期计算而得

$$\sum_{t=1}^{p_t}(CI-CO)_t=0 \qquad (3-1-3)$$

投资回收期也可用项目投资现金流量表中累计净现金流量计算求得，即动态投资回收期，计算公式如下

$$P_t=T-1+\frac{\left|\sum_{i=1}^{T-1}(CI-CO)_i\right|}{(CI-CO)_T} \qquad (3-1-4)$$

式中　T——各年累计净现金流量首次为正值或零的年数。

项目投资回收期指标因其未考虑到资金的时间价值、风险、融资及机会成本等重要因素，并且忽略了回收期以后的收益，所以往往仅作为一个辅助评价方法，结合其他评价指标来评估各投资方案风险的大小。

（4）总投资收益率（Return on Investment，ROI）：项目达到设计能力后正常年份的年息税前利润或运营期内平均息税前利润（Earnings Before Interests and Taxes，EBIT）占项目总投资（Total Investment，TI）的比率，体现的是总投资的盈利水平。其计算公式如下

$$ROI=\frac{EBIT}{TI}\times100\% \qquad (3-1-5)$$

式中　$EBIT$——项目正常年份的年息税前利润或运营期内年平均息税前利润；

　　　TI——项目总投资，是动态投资和生产流动资金之和。

总投资收益率高于同行业的收益率参考值，表明用总投资收益率表示的盈利能力满足要求，其计算方法简单，但忽略了资金的时间价值，因而往往用于横向比较，判断不同投资方案之间财务效益的优劣。

（5）项目资本金净利润率（Return on Equity，ROE）：项目经营期内达到正常设计能力后一个正常年份的年税后净利润或运营期内平均净利润（Net Profit，NP）占项目资本金（Equity Capital，EC）的比率，反映了项目投入资本金的盈利能力。其计算公式如下

$$ROI=\frac{NP}{EC}\times100\% \qquad (3-1-6)$$

式中　NP——项目正常年份的年净利润或运营期内年平均净利润；

　　　EC——项目资本金。

项目资本金收益率体现的是单位股权资本投入的产出效率。项目资本金净利润率常用于比较同行业的盈利水平，在其他条件一定的情况下，项目资本金净利润率高于同行业的净利润率参考值，表明用项目资本金净利润率表示的盈利能力满足要求。

2. 偿债能力

（1）利息备付率（Interest Coverage Ratio，ICR）:在借款偿还期内的息税前利润（EBIT）与应付利息（PI）的比值，考察的是项目现金流对利息偿还的保障程度。其计算公式如下

$$ICR = \frac{EBIT}{PI} \qquad (3-1-7)$$

式中　$EBIT$——息税前利润；

　　　PI——计入总成本费用的应付利息。

利息备付率反映了项目获利能力对偿还到期利息的保证倍率。要维持正常的偿债能力，利息备付率应不小于2。利息备付率越高，项目的偿债能力越强

（2）偿债备付率（Debt Service Coverage Ratio，DSCR）：在借款偿还期内，项目各年可用于还本付息的资金与当期应还本付息金额的比值。其计算公式如下

$$DSCR = \frac{EBITAD - TAX}{PD} \times 100\% \qquad (3-1-8)$$

式中　$EBITAD$——息税前利润加折旧和摊销；

　　　TAX——企业所得税；

　　　PD——应还本付息金额，包括还本金额和计入总成本费用的全部利息。融资租赁费用可视同借款偿还。运营期内的短期借款本息也应纳入计算。

偿债备付率反映了项目获利产生的可用资金对偿还到期债务本息的保证程度，偿债备付率应不小于1.2。偿债备付率越高，项目的偿债能力越高，融资能力也就越强。

（四）敏感性分析

敏感性分析是分析不确定性因素变化对效益指标的影响，即根据对成本和收入影响程度的大小，确定电价、利用小时数、贷款利息等作为敏感因素，设定敏感性因素变化范围为0～±5%、0～±10%，测算项目税后财务内部收益率的变化程度，确定项目敏感因素排序，分析预防敏感因素变动风险应采取的措施。敏感性分析表如表3-1-32所示。

表3-1-32　敏感性分析表

序号	敏感性因素	变化率（%）	全投资内部收益率	资本金内部收益率
0	基本方案	0		
1	利用小时数	−10		
		−5		
		5		
		10		

续表

序号	敏感性因素	变化率（%）	全投资内部收益率	资本金内部收益率
2	电价	−10		
		−5		
		5		
		10		
3	贷款利息	−10		
		−5		
		5		
		10		

（五）EVA指标评价

EVA指标是全面衡量企业生产经营真正盈利或创造价值的一个指标或一种方法。所谓"全面"和"真正"，是与传统会计核算的利润相对比而言的。会计上计算的企业最终利润是指税后利润，而附加经济价值原理则认为，税后利润并未全面、真正反映企业生产经营的最终盈利或价值，因为它没有考虑资本成本或资本费用。所谓附加经济价值，是指从税后利润中扣除资本成本或资本费用后的余额，其一般计算公式是

经济增加值=税后净营业利润−资本成本

=税后净营业利润−调整后资本×平均资本成本率

税后净营业利润=净利润+（利息支出−研究开发费用调整项−

非经常性收益调整项×50%）×（1−所得税率）

调整后资本=平均所有者权益+平均负债合计−平均无息流动负债−平均在建工程

式中，平均资本成本率为年度资本成本率。

三、评价依据（见表3-1-33）

表3-1-33　项目财务效益依据

评价内容	评价依据	
	国家、行业、企业相关规定	项目基础资料
财务效益评价	（1）建设项目经济评价方法与参数（第三版）； （2）《中央企业负责人经营业绩考核暂行办法》； （3）国家、行业相关的财务税收政策制度	（1）竣工决算报告及附表； （2）项目运行单位资产负债表、利润表和成本快报表； （3）项目运行单位折旧政策表； （4）项目融资情况详表及还款计划； （5）项目输入输出、上网下网电量详表； （6）政府批复的售电价； （7）项目运行单位执行的营业税金及附加税率、所得税率及税收优惠政策

注　相关评价依据应根据国家、企业相关规定动态更新。

第五节　项目环境效益评价

一、评价目的

随着环境问题的日益突出，人们对环境保护的认识越来越高，进而对项目环境效益的评价尤为重要。项目环境效益评价主要目的是通过评价项目在前期决策、设计时是否充分考虑了项目对环境可能带来的影响及效益，涉及的人群是否可接受项目可能带来的这些影响，以及在施工阶段、运营阶段所采取的环保措施是否得力，是否能够真正有效保护环境，从而综合判定项目环境治理与生态保护的总体水平。

二、评价内容与要点

项目环境效益评价主要是评价项目对周围地区在自然环境方面产生的作用、影响及效益。评价内容主要包括环境影响评价和环境效益评价。

（一）环境影响评价

评价建设前、施工期间、竣工后对自然环境的影响，如古迹遗址、保护农田及耕地等；主体工程建设对水土流失及生态环境的实际影响范围、程度、时间，水土保持工程的控制效果，防治成效。

评价风电场及光伏电站运行产生的电磁辐射和噪声强度、距离居民区远近，对居民身体健康产生的危害程度，对当地无线电、电视等电器设备的影响程度，见表3-1-34和表3-1-35。

表3-1-34　工程电磁辐射达标情况

指标	指标限值	实际测量值
工频电场（kV/m）		
工频磁场（mT）		
无线电干扰（dB）		

表3-1-35　工程声环境影响达标情况

指标		指标限值	实际测量值
周围区域声环境质量 [dB（A）]	昼间		
	夜间		

续表

指标		指标限值	实际测量值
厂界区域声环境质量[dB（A）]	昼间		
	夜间		

（二）环境措施评价

环保措施及成果评价主要是对项目环境设施及制度的建设、执行情况的评价。评价项目可研阶段环境效益评价工作开展情况，总结工程施工期间的环境保护措施，并明确工程是否通过环保验收。

1. 环评批复的落实情况

参照各阶段设计文件、施工组织设计、环境影响报告书等文件，分别评价项目在设计、施工、运行阶段的环保措施落实情况，见表3-1-36。

表3-1-36 环评批复落实情况

序号	环评要求	初步设计	实际落实情况	差异及原因
1				
2				
...				

2. 环评验收的落实情况

通过查阅项目竣工环境保护验收调查工作相关资料，以及环境影响报告书/表批复文件，评价环境影响报告书/表批复的相关要求在实际项目建设中的落实情况，见表3-1-37。

表3-1-37 环评验收落实情况

序号	竣工验收文件要求	环评批复意见	实际落实情况	差异及原因
1				
2				
...				

（三）环境效益评价

风能和太阳能是清洁可再生能源，在电能生产的过程中没有产生"三废"，按照风电场及光伏电站年发电量折合成同等发电量的火力发电厂，折算出每年节约的标准煤量，折算减少的CO_2、SO_2、NO_x等污染物以及粉尘的排放量（见表3-1-38），从而对风电场及光伏电站节能减排效益进行积极评价。

表3-1-38　节能减排效果统计表

指标	第1年	第2年	……
发电量（亿kWh）			
节约标准煤量（万t）			
折算减少CO_2排放量（万t）			
折算减少SO_2排放量（万t）			
折算减少NO_x排放量（万t）			
折算减少粉尘排放量（万t）			

三、评价依据（见表3-1-39）

表3-1-39　项目环境效益评价依据表

序号	评价内容	评价依据	
		国家、行业、企业相关规定	项目基础资料
1	环境影响评价	（1）工业企业厂界环境噪声排放标准（GB 12348—2008）； （2）声环境质量标准（GB 3096—2008）； （3）关于建设项目竣工环境保护验收实行公示的通知（环办〔2003〕26号）	（1）环境影响调查报告及审查意见； （2）相关调查监测材料； （3）环境保护验收意见； （4）公众意见调查结果； （5）新能源送出等项目相关数据
2	环境措施评价	（1）建筑施工场界环境噪声排放标准（GB 12523—2011）； （2）建设项目环境保护管理条例（国务院令第253号）； （3）建设项目竣工环境保护验收管理办法（2010年修正本）（环保部令第16号）	（1）设计文件； （2）施工组织设计； （3）环境影响报告书/表； （4）环评批复文件； （5）环境保护验收报告

注　相关评价依据应根据国家、企业相关规定动态更新。

第六节　项目社会效益评价

一、评价目的

随着社会对新能源发电工程的建设运营过程中的大量投入，新能源发电工程社会效益的逐步显现并得到社会的普遍认可。这种社会效益主要体现在项目对经济社会发展、产业技术进步以及其他方面社会影响的综合效益。社会效益评价的目的主要是评价新能源发电工程项目对区域经济社会发展、产业技术进步等方面有何影响及促进作用，总结分析项目对各利益相关方的效益影响及对社会环境的影响情况。

二、评价内容与要点

社会效益评价主要是通过收集各方资料，总结工程各阶段经验、成果及社会反馈，综合评价项目的社会效益。评价内容主要包括：对区域经济社会的影响、对产业技术进步的影响、对利益相关方的效益评价、对项目所在地社会环境的影响。

（1）对区域社会经济的影响。计算工程支撑GDP能力、拉动就业效益，分析项目对地区经济的作用、对地方税收的贡献、对当地居民收入提高和生活水平提升的影响以及对上游风电和光伏设备产业的拉动作用。

（2）对产业技术进步的影响。根据本项目技术特点、设备系统的先进性，分析评价对行业技术进步的推动作用以及对促进当地电力工业的发展做出的贡献。

（3）对利益相关方的效益评价。分析工程项目对政府税收及新能源发电项目投资建设相关利益群体的影响，统计工程在设备购置、勘察设计、施工、监理等过程中的投资金额，分析投资效益。

（4）对当地社会环境的影响。根据项目社会稳定风险分析报告或其他资料，针对项目各阶段中可能出现的不利于社会稳定的诱因，分析相应风险防范、化解措施的制订及落实情况。

三、评价依据（见表3-1-40）

表3-1-40　项目社会效益评价依据

序号	评价内容	评价依据
		项目基础资料
1	对区域经济社会的影响	（1）项目年供电量、地区全社会用电量、地区GDP、工程建设投资等相关数据； （2）相关调查资料
2	对产业技术进步的影响	项目相关设计文件
3	对利益相关方的效益评价	（1）项目各相关利益群体情况； （2）项目建设期、运营期纳税情况； （3）工程各阶段投资数额； （4）发电企业增发电量等数据

续表

序号	评价内容	评价依据
		项目基础资料
4	对当地社会环境的影响	（1）项目社会稳定风险分析报告； （2）相关调查资料

注　相关评价依据应根据国家、企业相关规定动态更新。

第七节　项目可持续性评价

一、评价目的

项目持续性是指项目的建设资金投入完成之后，项目的既定目标是否还能继续，项目是否可以持续地发展下去，接受投资的项目业主是否愿意并可能依靠自己的力量继续去实现既定目标，项目是否具有可重复性。简单来说，即为项目的固定资产、人力资源和组织机构在外部投入结束之后持续发展的可能性，未来是否可以同样的方式建设同类项目。通过项目持续性评价，能够对项目可持续发展能力进行预判，以期指导待建同类项目的建设方式，改进在建同类项目的建设方式。

二、评价内容与要点

项目可持续性评价内容主要包括：外部因素对项目持续能力的影响评价和内部因素对项目持续能力的影响评价。

（一）外部因素对项目持续能力的影响评价

1. 国家政策的可持续性

对照国家环保、电力、能源相关法律法规及产业政策的规定和要求，从电力发展规划、国家鼓励发展的技术、国家鼓励的电力建设项目、科学发展等方面，阐述政策法规等对项目持续性的影响。

2. 资源条件的可持续性

一方面，从地理位置、地质、气象等方面分析建设项目的可持续性及发展的可能性，尤其风资源和光资源的变化趋势；另一方面，从项目所在地风资源和光资源以及送出线路等条件分析对项目扩建的影响，见表3-1-41。

表3-1-41　资源条件情况评价表

序号	资源类别	可研时情况	后评价时情况	变化情况及原因	是否具备扩建条件
1					
2					
3					
…					

3. 电力市场的需求影响

结合区域经济发展情况及电力电量增长水平，预测中、远期最高负荷、用电量增长率，并分析项目利用小时数在区域电力市场中所处的水平，判断项目所在区域电力市场变化趋势以及对项目持续发展的影响，见表3-1-42。

表3-1-42　区域电力市场情况表

序号	内容	评价年	预测年
	电力平衡		
1	系统需要容量		
1.1	最大负荷		
1.2	备用容量		
1.3	外送电力		
2	参加平衡电力装机容量		
2.1	风电		
2.2	光伏发电		
3	电力盈亏		
	电量平衡		
1	系统需要电量		
1.1	负荷电量		
1.2	外送电量		
2	系统供应电量		
2.1	风电电量		
2.2	光伏发电电量		
3	外购或外送电量		
4	利用小时数		
4.1	风电利用小时数		
4.2	光伏发电利用小时数		

（二）内部因素对项目持续能力的影响评价

1. 市场竞争能力的可持续性

根据项目运营成本、盈亏平衡点，分析项目在区域电网中的竞争力指标，评价项目的竞争力水平。

2. 技术水平的可持续性

根据第三节中主要技术指标的分析评判新能源发电项目的先进性和可靠性，并对项目综合技术水平在电力市场中的竞争能力给予合适的评价。

3. 项目财务盈利能力的可持续性

在项目财务经济评价的基础上，通过合理预测新能源发电项目利用小时数的变化趋势、电价结算水平等，分析项目未来财务盈利能力的变化趋势。

4. 管理体制与激励机制的可持续性

分析项目经营管理机构、人力资源状况、企业激励机制等设置情况，评价企业管理体制是否有利于企业的可持续发展。

内部因素评价指标见表3-1-43。

表3-1-43　内部因素评价指标

序号	指标	单位	数据
1	机组容量		
2	发电单位成本		
3	可利用率		
4	厂用电率		
5	结算电价		
6	全投资内部收益率		
7	资本金内部收益率		
8	投资回收期		

三、评价依据（见表3-1-44）

表3-1-44　项目可持续性评价依据

序号	评价内容	评价依据	
		国家、行业、企业相关规定	项目基础资料
1	政策环境	国家、地方颁发的与电力市场有关的政策文件	—

续表

序号	评价内容	评价依据	
		国家、行业、企业相关规定	项目基础资料
2	资源条件	—	（1）风资源评估报告； （2）光资源评估报告； （3）项目终期规划资料
3	市场变化及趋势	国家、地方颁发的与电力市场有关的政策文件	（1）统计年鉴； （2）地区经济发展、电网规划文件
4	技术水平		（1）项目技术水平评价结论； （2）报奖材料
5	经济效益	—	（1）项目财务经济效益评价结论； （2）项目规划文件
6	运营管理水平	—	（1）培训记录、总结等相关资料； （2）职工创新和科研项目相关资料

注 相关评价依据应根据国家、企业相关规定动态更新。

第八节　项目后评价结论

一、评价目的

项目后评价结论是在以上各章完成的基础上进行的，是对前面几部分评价内容的归纳和总结，是从项目整体的角度，分析、评价项目目标的实现程度、成功度以及可持续性。对前述各章进行综合分析后，找出重点，深入研究，给出后评价结论。

二、评价内容与要点

综合项目全过程及各方面的评价结论，并进行分析汇总，形成项目后评价的总体评价结论。评价内容主要包括：项目成功度评价、项目后评价结论、主要经验及存在问题。

1. 项目成功度评价

根据项目目标实现程度的定性的评价结论，采取分项打分的办法，评价项目总体的成功程度。

依据宏观成功度评价表，对被评价的工程项目建设、效益和运行情况分析研究，对该工程各项评价指标的相关重要性和等级进行评判。针对被评价项目侧重的工程重点，各评定指标的重要程度应相应调整。

表3-1-45显示了工程项目综合成功度评价的内容。

表3-1-45　综合成功度评价表

评定项目目标	项目相关重要性	评定等级	备注
1. 宏观目标和产业政策			
2. 决策及其程序			
3. 布局与规模			
4. 项目目标及市场			
5. 设计与技术装备水平			
6. 资源和建设条件			
7. 资金来源和融资			
8. 项目进度及其控制			
9. 项目质量及其控制			
10. 项目投资及其控制			
11. 项目经营			
12. 机构和管理			
13. 项目财务效益			
14. 项目经济效益和影响			
15. 社会和环境影响			
16. 项目可持续性			
项目总评			

注　1. 项目相关重要性分为：重要、次重要、不重要。

　　2. 评定等级分为：A—成功、B—基本成功、C—部分成功、D—不成功、E—失败。

项目的成功度从建设过程、经济效益、项目社会和环境影响以及持续能力等几个方面对工程的建设及投产运行情况进行分析总结。根据项目成功度的评价等级标准，由专家组对各项评价指标打分，结合各指标重要性，得到项目的综合成功度结果。

2. 项目后评价结论

根据前述各章的分析，给出新能源发电工程建设、运行各阶段总结与评价结论，以及效果、效益及影响结论，总结出新能源发电工程的定性总结论。

项目后评价结论应定性总结与定量总结相结合，并尽可能用实际数据来表述。后评价结论是对输变电工程投资、建设、运营的全面总结，应覆盖到后评价的各个方面。但同时要注意，后评价结论是提纲挈领的总结性章节，应高度概括，归纳要点，突出重点。

3. 主要经验及存在的问题

根据项目后评价结论，总结输变电工程建设运行的主要经验及存在的问题。主要从两个方面来总结：一是"反馈"，总结输变电工程本身重要的收获和教训，为输变电工程未来运营提供参考、借鉴；二是"前馈"，总结可供其他项目借鉴的经验、教训，特别是可供项目投资方及项目法人单位在项目前期决策、施工建设、生产管理等各环节中可借鉴的经验、教训，为今后建设同类项目提供经验，为决策和新项目服务。

第九节　对策建议

一、评价目的

项目后评价的目的是对已完成的项目的目的、执行过程、效益、作用和影响所进行的系统、客观的分析，通过项目活动实践的检查总结，确定项目预期的目标是否达到，项目是否合理有效，项目的主要效益指标是否实现，通过分析评价找出成功失败的原因，总结经验教训，通过及时有效的信息反馈，为未来新项目的决策和提高完善投资决策管理水平提出建议，同时也为后评价项目实施运营中出现的问题提供改进意见，从而达到提高投资效益的目的。

二、评价内容与要点

根据项目的问题、评价结论和经验教训，以具体问题（经验/教训）提出建议的三段论模式，提出针对性强、实用性强的对应建议措施。后评价的建议应以项目问题的诊断和综合分析为基础，实事求是，可操作性要强。建议措施的主要服务对象是项目投资方和项目法人单位，必要时也可将国家相关主管部门作为建议措施的服务对象。

1. 对国家、行业及地方政府的宏观建议

针对国家、行业及地方政府的宏观建议：一是开展政策研究。深入探讨项目存在的问题，研究有关政策，对有关行业发展的政府主管部门和国家政策方面提出适合完善和改进的方向性建议。二是提炼问题，推进实施。按照"容易实施""可操作"的原则，提出与之适配的宏观建议与对策。

2. 对企业及项目的微观建议

针对企业及项目的微观建议：一是对投资主体及项目法人提出具体的对策建议；二是由项目的评价效果和存在的问题引申提出。

对策建议的语言及表述应注意遣词精练，达意准确。对策建议的语言不出现空洞之词，尽量使用句法结构简单的短句，便于理解。慎用长句，以免读后不易迅速抓住其要旨。陈述要有一定的连贯性，力求衔接紧凑、逻辑性强。不同部分应当详略得当，表述应做到言简意赅。此外，表述要具备独立性。

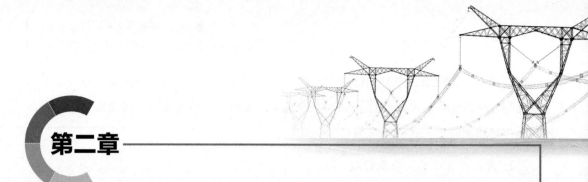

第二章

单项风力发电工程后评价实用案例

为了更好地使电力工程后评价专业人士开展单项新能源发电工程后评价，本章选取典型的单项风力发电工程开展案例分析。对照第一篇第二章后评价常用方法和本篇第一章新能源发电工程后评价内容介绍，按照评价抓核心、抓重点的原则，围绕项目概况、项目实施过程评价、项目生产运营评价、项目经济效益评价、项目环境效益评价、项目社会效益评价、项目可持续性评价、项目后评价结论和对策建议等九个部分，深入浅出地介绍了典型单项风力发电工程的具体评价内容和评价指标，形成单项风力发电工程后评价报告基本模板，以供读者共飨。

第一节　项目概况

一、项目情况简述

××风力发电有限责任公司投资建设了××风电场51MW二期项目。××风电场一期、二期均位于××，该地位于中国最强劲的西风带内，地势平坦、交通便利，有电网接入条件，适于发展风电。为了促进中国绿色能源发展，开发所在区域内丰富的风能资源，变资源优势为经济优势，××公司在××集团公司和××市人民政府的大力支持下，于××年底开始规划建设××风电场项目，计划建设××万kW，目前建设完成两期102MW装机，已建成风电场运行、赢利情况良好。

1. 项目业主

××风电场二期51MW项目业主为××有限公司，该公司由××有限公司和××有限公司合资组建，一期按7∶3比例提供资本金组建，于××年××月××日在××市××注册，注册资本金××亿元，二期按3∶1追加资本金××亿元。

2. 项目名称、地点

××风电场一期51MW项目，××风电场二期51MW项目。风电场位于××，海拔1500m。

3. 项目性质

××风电场二期51MW项目为扩建项目。

4. 项目主要技术特点

××井风电场二期51MW项目风机为60台G52-850风机，一期4条35kV进线、二期4条35kV进线。二期箱式变压器30台ZGS-ZF-900/35、30台ZGS-ZF-900/35，箱式变压器防震、防爆，可用高燃点油、消除火灾隐患，结构合理、体积小、安全可靠、结构紧凑，有较强的过载能力，工艺特殊，有良好的防腐能力。

二、项目建设规模与主要建设内容

××风电场二期51MW项目计划装机51MW，实际装机51MW。风场安装G52型风机60台，配套箱式变压器60台，场内35kV线路4条，110kV升压变电站与风电场一、二期工程共用。

三、项目建设里程碑

××年××月××日××风电场二期51MW项目签订测风协议，××年××月由××设计研究所完成可行性研究设计，××年××月××日××发展改革委给予项目批复，××年××月××日开工建设，于××年××月××日完成风机主设备吊装，首台风机于××年××月××日并网，××年××月××日二期项目全部设备经联合调试运行，全部并网发电移交生产。

四、项目总投资

××风电场二期51MW项目批复总投资××万元，执行概算××万元，实际总投资××万元。

五、项目运行及效益状况

××风电场二期51MW项目升压站于××年××月××日并网，截至××年××

月××日安全运行841天；首台风机于××年××月××日并网发电，到××年××月××日累计发电31155万kWh，××年为建设期没有利润，××年利润××万元。该项目于××年××月××日注册CDM成功，××年后将有CDM收入。

第二节　项目实施过程评价

一、项目前期决策评价

1. 决策和实施过程合规性

项目开发与前期工作部门利用一期项目测风塔，并新竖立测风塔，对项目施工地区进行了测风，利用测风数据进行了风电场风能资源评估。评估结果表明，该地区风能资源丰富、风向集中，有效风速小时数较多，没有破坏性风速，风的品质较好，风电场风功率密度5级，非常适宜进行大型风电场的开发建设。

项目前期工作部门委托××设计研究所，开展该项目可行性研究报告的起草和编制工作，形成初稿后由研究院进行了评估，根据评估意见进行了修改完善，形成了可行性研究报告和项目申请报告。公司向相关部门提交了可行性研究报告和项目申请报告进行立项申请，于××年××月××日得到了立项批复；据此就该项目涉及的环评、安评、地质、地灾、水土保持、土地、电网接入系统等审批事项，按县、市、省的顺序向相关部门逐级上报，并获得了相应的审批意见，于××年××月××日获得了××风电场二期项目核准证。项目前期决策与审批过程中涉及的相关文件见表3-2-1。

表3-2-1　项目决策、审批及支持性文件（按时间顺序排列）

时间	文件及文号	内容
××年××月	相关部门关于××风电场工程开展前期工作的批复	同意开展前期工作，待各项建设条件落实好后再次报批
××年××月	关于风场工程选址用地无压覆矿产资源证明	工程范围内不压覆已探明的矿产资源，亦无矿业权设置，东部与其他设置方案重叠部分未进行矿产勘查工作
××年××月	地质灾害危险性评估报告备案登记表	同意备案
××年××月	风电场工程用地调整土地利用总体规划方案和对规划实施的影响评价报告	项目建设与规划调整的可行性和必要性，土地规划调整方案，土地总体规划的实施情况及其影响评价
××年××月	选址意见	同意按照附图位置选址，并按照项目可行性研究报告所提要求实施

续表

时间	文件及文号	内容
××年××月	关于同意××风电场工程项目建设的证明	项目所占区域地下没有文物，同意该项目建设
××年××月	关于××风场工程调整土地利用总体规划	经地籍管理股、耕地保护股和执法监察股审查，同意其土地利用总体规划
××年××月	关于同意××风电场工程项目建设的证明	该区域没有军事设施，同意该工程建设
××年××月	关于××风场工程用地的初审意见	同意项目用地，通过初审，请省厅预审
××年××月	关于××风场工程调整土地利用总体规划	经地籍管理股、耕地保护股和执法监察股审查，同意其土地利用总体规划
××年××月	关于××风场工程场地地震动峰值加速度复核报告的评审意见	符合国家标准《工程场地地震安全性评价》（GB 17741—2005）的规定
××年××月	关于××风场工程水土保持方案的批复	基本同意方案报告书确定的水土流失防治责任范围、防治目标、防治措施布局及投资估算的编制方法和依据，基本同意水土流失预测和水土保持监测的内容及水土保持措施及其实施进度安排
××年××月	关于《××风场工程环境影响报告表》的批复	同意按照环境影响报告表中所列建设项目的地点、性质、规模、环境保护措施进行项目建设
××年××月	关于印发《××风场工程工程接入系统设计审查意见》的通知	同意设计推荐的接入系统方案二
××年××月	关于"可行性研究报告"的评估意见	修改后的可行性研究报告确定的建设规模、工程建设方案基本合理，估算投资可满足建设需要，项目建设可行
××年××月	固定资产投资项目核准证	项目符合《固定资产投资项目核准实施办法》的有关要求，予以核准

2．可行性研究评价

项目可行性研究报告由××设计研究所编制，于××年××月完成。可行性研究报告形成的要点如下：

（1）建设内容：××风电场二期项目建设规模为51MW，需安装单机容量为850kW风电机组60台。110kV升压变电站与风电场一、二期工程共用，将风电场升压站内二期所要建的主变压器容量由50MVA增至100MVA。每台风力发电机接一台900kVA升压变压器，将风机出口侧的690V电压升至35kV，经35kV电缆、架空线路，接入风电场110kV升压变电站，通过100MVA主变压器升压后，送入××电网。

（2）主要设备选型：综合考虑技术经济、交通运输和施工难度及供货难度，推荐单机容量为850kW、风轮直径为52m、轮毂高度为55m的××机型。

（3）厂址选择：风电场的中心地理地处山脊上，位于××县××二期风电场西北方向约××km，规划占地面积约××km²。

（4）运输条件：风电设备运输利用××县风电场一、二期工程的场外运输道路，利用原有乡间土路沿西北方向修筑本期风电场的施工检修道路。

（5）风能资源：该风电场的风能资源较为丰富，风向较为集中，有效风速时间长，风力破坏性小，适宜进行风力发电。

（6）工程地质：拟选风电场区地震设防烈度为7度，地下水位埋深大，山体基岩强度高，场地土类型为岩石，建筑场地类别为Ⅰ类，无难以克服的不良工程地质作用，属相对稳定地块，适宜风电场建设。

（7）投资估算：可行性研究报告中投资估算为××万元。

（8）资金来源：投资方××有限公司出资占70%，××有限公司出资占30%，其余资金由企业向银行等金融机构贷款。

（9）财务评价指标：测算上网电价（含税）0.6536元/kWh，项目投资内部收益率6.69%，资本金内部收益率8.00%，投资回收期10.1年，项目投资财务净现值（I_c=5%）××万元，资本金财务净现值（I_c=8%）××万元，总投资收益率4.77%，资本金净利润11.12%。

（10）目标：总装机容量为51MW，共装设60台单机容量为850kW的风力发电机组，按此计算每年可向电网提供10472.31万kWh的绿色电能。

可行性报告得出的分析结论为：××风电场二期项目风能资源丰富，上网条件较好，交通运输满足推荐机组的要求，地质条件稳定，具有良好的风电场综合建设条件。风电场建设具有良好的社会、环境等综合效益。

该项目可行性研究报告形式规范、内容全面、依据的政策法规、标准明确，数据计算依据比较清楚。同时，也存在一定问题，具体包括：

1）可行性研究报告中概算数据和所提供的计算依据不符。

2）执行概算、财务决算依据的可行性研究报告数据不一致。

二、项目实施准备评价

1. 项目招标评价

××风电场二期项目的招投标管理主要由新能源公司的工程部负责，项目责任单位和新能源公司的其他相关部门参与。项目主要设备包括风机和塔筒，由新能源公司工程部委托有关公司代理。责任单位和代理公司组织编写了招标文件，确定了招标方案及评标方法，代理公司发布招标公告，在招标管理处的监督下进行了招标、投标、开标及评标，为此，设立了由业主、特邀专家及代理机构组成评标领导小组其负责中标单位的确定，还设立了由评标专家库中随机抽取的专家和一位招标单位成员组成评标委员会，其职能是负责对技术、商务进行综合评价，编写综合评标报告，向招标人推荐中标候选人。

项目招投标过程基本符合《中华人民共和国招标投标法》、国家七部委颁发的《评标委员会和评标方法暂行规定》中的相关规定。评标委员会成员依照招标投标法和有关规定，采取公开招标方式，按照招标文件规定的评标标准和方法，客观、公正地对投标文件提出评审意见，并在符合规定的网站发布公告，采用综合评分法和最低评标价法确定中标候选人。

2. 开工准备评价

正式施工前，项目部将施工单位的图纸需求计划发给设计院，安排专人常驻设计院协调设备厂家和设计院之间的资料传递工作。成立质量监督检查领导小组和达标创优组织机构，明确工程总体质量目标、各岗位安全责任及文明施工的要求。与施工单位签订施工（调试）安全协议书，对其施工人员进行专门的培训考核，办理工作票，向施工单位发送开工通告通知。

施工单位针对××风电场二期项目成立了专门的项目部，配备了相应人员，明确了各部门的职责分工，建立健全了相应的规章制度和管理办法。项目实行建设单位、监理单位、施工单位、监督单位"四条线"共同管理的工作程序和机制，项目所属单位在该管理机制中总揽全局，通过与监理单位、施工单位签订合同的方式和在工程竣工后向环保、安全、质量相关监督单位申请监检验收的方式，将项目的质量、安全、进度、投资目标控制相关各方的施工管理中，在保证各方各司其职的前提下，将其关系协调衔接起来。

3. 项目资金筹措情况

××风电场二期51MW项目批复总投资××万元，其中资本金××万元，银行贷款××万元。

4. 项目实施准备评价结论

项目实施准备充分，××有限公司与责任单位协作管理的工作机制符合项目建设的特点，相关管理制度健全，工作程序科学合理，各部门职责分工明确；初步设计编制规范，要点涵盖全面，相应变更依据可靠；项目招投标过程规范，程序合理，管理到位。

三、项目建设实施评价

（一）合同执行与管理评价

该项目实施期间建立合同管理台账，及时跟踪检查合同的执行情况。对工程建设项目有关的各类合同，从条款的拟定、协商、签署、执行情况的检查和分析等环节进行的科学管理工作，实现工程项目"三大控制"的任务要求，维护合同当事人双方的合法权益。会同监理单位通过有效的合同控制措施来完成工程项目的"三大控制"目标，达到了整个工程项目的要求。运用前后对比方法，对××风电场一期合同实施情况和××风电场二期合同实施情况进行对比（见表3-2-2），找出偏差。

表3-2-2　××风电场二期合同实施情况　　　　　单位：万元

标段划分	主要中标单位	合同金额	概算金额	效果（节省费用）	备注
主控楼、服务楼及升压站土建	××公司	××	××	90	施工合同
监理	××公司	××	××	8.15	施工合同
设计	××设计院	××	××	114	设计合同
风机基础	××公司	××	××	365.1	施工合同
风机吊装工程	××公司	××	××	328	施工合同
主变压器	××公司	××	××	182	设备合同
箱式变压器	××公司	××	××	486.13	设备合同
隔离开关、断路器	××公司	××	××	1.74	设备合同
开关柜	××公司	××	××	19.5	设备合同

大部分合同都是严格按照合同条款来执行，合同的执行过程中要填写风电项目参建单位合同执行评估表上报集团公司工程部。对于执行合同好的单位，进行奖励；对于执行不到位或者不执行合同的单位，根据相关合同条款进行惩处。

（二）投资控制评价

1. 投资完成情况

截至本次后评价时点，该项目已完成竣工决算审计报告。与可行性研究相比，××项目投资未超可行性研究值，投资完成情况控制较好，项目实际动态投资××万元，较可研节约××万元，节余率为17.37%。

××项目投资控制较好的原因：一是加强了招标管理工作，实际设备采购费用较可行性研究中计列费用大幅下降；二是加强了费用控制，节约了建设土地征用费；三是加强了资金结算管理和工程进度控制，节约了利息的支出。

2. 投资变动分析

××项目实际投资较可行性研究减少××万元，节余率17.37%。其中：发电设备及安装工程节约××万元，主要原因是加强了招投标及采购工作；建筑工程费节约××万元，项目建设用地费和建设单位管理费节约××万元，主要原因是加强了投资控制；与一期合用110kV升压站，节约××万元；利息支出节约××万元，加强了自有资金的筹措。

3. 单位投资分析

从单位千瓦动态投资来看，××项目单位千瓦动态投资××元，实际动态投资控制在可行性研究概算范围之内，较好实现了项目投资控制的目标要求。××风电项目单位造价较低，主要是项目装机容量大；送出线路国网出资；建设过程中加强进度管理、成本控制等措施，加快了施工进度，降低了资金的投入，降低了建设期贷款利息的支出；政府的大力支持降低了土地使用成本。

从风机主机、塔筒单位采购价格来看，××风电项目中的××风机实际风机采购价格较高，风机的单位千瓦造价分别为××元，其中，××风电项目××风机价格较高原因：该风机为直驱型，单机容量为850kW，××年时为新机型，中标价格为××/kW，合同价格为××/kW。

从项目的建安工程费及其他费用单位千瓦造价来看，××项目建筑工程、安装工程、其他费用较低，分别为××、××、××元/kW；设备购置费为××元/kW。建安工程费及其他费用单位千瓦造价较低主要因为属于多期建设项目，因此共用建筑工程不需新建。

（三）工程建设与进度评价

1. 工程总体实施进度评价

根据项目工程的建设规模和建设条件，以及当地气候条件和风电机组设备的供货进度，可行性研究报告中计划项目的建设工期为1年，实际建设工期为7个月零7天，工程提前完工。负责单位董事会会议纪要中具体制定了该项目工程计划控制节点的完成时间，主要节点完成情况见表3-2-3。

表3-2-3　工程主要节点完成情况

序号	名称	计划开始时间	实际开始时间	计划时长（天）	实际时长（天）	备注
1	开工	××	××	1		准时
2	道路施工	××	××	80	100	阻工严重
3	风机基础开挖	××	××	70	72	合理组织
4	风机垫层施工	××	××	80	80	合理组织
5	风机钢筋施工	××	××	90	80	
6	风机基础浇筑	××	××	103	88	
7	风机吊装	××	××	81	96	设备未按时到货
8	升压站设备基础	××	××	30	30	
9	升压站一次设备安装	××	××	40	40	
10	升压站二次设备安装	××	××	30	30	
11	110kV侧完善	××	××	20	20	
12	二期系统调试	××	××	10	10	
13	升压站质量监督检查	××	××	2	2	
14	升压站反送电	××	××	1	1	组织合理
15	35kV线路基础	××	××	92	92	如期完成
16	35kV线路双回路完成	××	××	51	51	
17	35kV首条线路带电	××	××	1	1	
18	35kV线路全部带电	××	××	1	1	
19	风电机组调试	××	××	116	116	
20	风电机组并网发电	××	××	78	73	
21	240h试运	××	××	10	10	
22	完工	××	××			

从表3-2-3可以看出，道路施工、风机基础开挖和风机吊装的工期超过了计划工期，并没有影响总工期，其余节点均提前或按时完工，整体工程提前完工。其中，道路施工延期的原因是：××风电场二期的道路经过一个私人承包的树林，因赔偿问题未洽商好，造成阻工近2个月，虽然加班加点赶工期，仍然推迟了道路施工的完工时间；风机吊装未按期开工主要原因是设备未按时到货。该工程进度计划指标汇总见表3-2-4。

表3-2-4　项目进度计划指标汇总表

序号	评价指标	基础数据		指标值
1	一级进度计划完成率	按进度计划完成的节点数量	9	76.33%
		进度计划节点数量	12	

工程一级进度计划完成率为75.0%，进度计划延误的节点主要为下达核准文件时间、初设评审时间、工程开工时间、线路4标段竣工时间和工程投产时间。

按三级控制原则，××公司依据集团公司制定的节点工期制订了一期工程施工组织计划，编制了二级网络图，各施工单位依据二级网络图编制三级网络图。严格执行合同有关规定，从施工单位进场、上报施工组织设计等各个方面严格按照节点工期要求进行，从而达到进度控制工作成效。

2. 施工进度控制措施评价

为确保施工进度，各施工单位及时编制了进度控制措施，按照动态管理的原则实施进度控制。

（1）组织措施评价：

1）选用管理经验丰富的领导班组成员、装备精良的施工机械、精炼优秀的施工管理人员、久经沙场的施工队伍、训练有素和善打攻坚硬仗的施工人员，确保工程按时圆满完成。

施工外协管理工作由项目经理亲自挂帅，继续发扬以往工程中积累的施工经验，建立专门组织机构，由专人负责青苗赔偿工作，建立沿线政府及有关部门负责人名册。计划施工的地段应提前联系，让群众提前做好准备，同时组织专人负责解决各类实际的施工中的纠纷。

2）施工前，积极预测影响工程进度的各种不利因素，采取措施加以控制；具体实施过程中，妥善处理协调好工程投资与施工进度计划、地方关系与进度、施工与设计、施工与物资设备供应和其他有关工作的关系。

3）施工中灵活安排施工作业时间，避免与地方有关部门发生直接利害冲突，妥善处理工程中出现的各类问题，将外界不利影响降至最低。

4）运输不便利的地区应采取机动三轮车的方式，提前按照图纸和作业指导书确定的材料使用量安排运输，有效避免停工待料的情况发生。对特别困难区段，派专人提前进行实地调查，确定具体运输路线。针对每基基础和塔位性质、地貌的不同情况，制定针对性的具体的施工方法，减少因施工方法不当而引起的返工。

5）基础工程安排施工时，充分考虑工程量的大小和作业的能力，根据具体情况安排进场人员和机械的数量。施工进度计划确定后项目部要严格执行，实际进度与计划进度不符时，要及时反馈给现场施工负责人员，随时调整，保障后续工序不受影响，确保整个工期按时竣工。

6）网络图中，总时差为零的线路为关键路线，其工序为关键工序，在实施过程中要加强控制，保证其按期完成。对于其他有时差的工序，在其允许的机动时间范围内可做适当调整，可以使其断续施工，并调剂出一部分资源以供急需，使资源更趋均衡。

7）重点跨越施工，实行"三专措施"，即提前编制专项措施、专人负责联系、专项资金负责赔付。

8）所有工程都以周、月和季为周期，进行进度、资源计划的对比调整，如果差异太大，原有目标已不能实现，就要进行目标维护，形成新的控制目标，并调整人员、材料、机具等资源来满足本工程的进度目标。

9）施工现场执行网络计划管理，及时反馈现场施工进度，保证工程按期施工。

（2）技术措施评价：

1）抓好工程前期准备工作，做到组织、技术、资金、材料、机具供应"五落实"，从各方面保障工程顺利进行。开展达标竞赛和技术革新活动，人人献计献策，采取先进施工技术，提高施工效率。

2）技术、安全人员经常深入现场指导施工、解决工程实际困难，以加快进度。

3）制订培训计划，在各工序开工前进行各项技术、安全培训工作，提高职业技术素质和技术技能。

4）耐张塔基础逐基确定内角侧基础高于外交侧基础的数值，在施工中专人负责检测，确保耐张塔架线后不向内角倾斜。

5）对特殊跨越提前制定周密的施工方案，派专人提前与被跨越单位联系，协商解决，妥善处理工程中可能出现的问题。

6）跨越施工根据实际情况尽量采用带电跨越施工、林区搭设跨越架等有效的措施。施工过程中严把质量、安全关，避免因返工造成的延误工期和经济损失。

（3）管理措施评价：

1）进度计划信息管理保障。进度计划信息管理保障要遵守信息提供及时、准确、畅通，信息处理准确、快速、到位的原则。

2）计划跟踪和工程进度动态管理。施工进度计划确定后，施工项目部严格执行，如果实际进度与计划进度不符时，要及时进行调整。项目部指派专人负责本工程计划、统计和信息处理工作，进行计划跟踪，及时发现差异，定期进行计划更新，建立有效的信息网，为各级领导的正确决策提供准确、及时的信息保障。

3）随时掌握施工进度，施工场地准备、质量、安全等情况，并及时汇报给业主和监理。

从进度组织措施、技术措施和管理措施三方面来看，各施工单位能够按照施工组织设计中的进度保障措施执行，做到动态计划管理。

（四）设计变更评价

××项目××年共有××项发生设计变更，变更类型均属于一般设计变更。且从各份设计变更单来看，参建单位签章齐全。从所收集的工程资料来看，部分分项工程未履行必要的设计变更手续，建议对这些工程补充完善设计变更手续，以进一步提高设计变更管理的规范性水平。

归结该项目设计变更原因，导致项目设计变更的主要原因有设计考虑不周、生产施工要求、民事纠纷问题以及设计改进等。

从所统计的设计变更原因情况可以看出，由于设计改进和民事纠纷原因而发生的设计变更占主导，项目的设计变更详细统计情况见表3-2-5。

表3-2-5　设计变更统计表

序号	变更编号	主要变更内容	提出方	变更金额	变更类型	签章			
						施工单位	设计单位	监理单位	业主项目部
1	××	××	××设计院	××	一般设计变更	是	是	是	是
2	××	××	××设计院	××	一般设计变更	是	是	是	是

（五）质量控制评价

施工过程中，严格按照相关制度要求，从"人、机、料、法、环"五个方面进行管理，加强过程的监控，确定监理和施工单位的沟通渠道。委派专业工程师定期、不定期进入施工现场监督检查，及时处理施工中遇到的问题，在每一个质量控制过程结束后，督促施工单位施工人员、管理人员对其进行质量评定，以确保是否满足设计要求。定期开展安全活动，坚持每周一次安全例会，定期组织安全文明施工大检查，及时发现安全隐患，对发现的问题以"检查通报""整改通知单"或"罚款通知单方式"及时整改落实。

施工结束后，项目所属单位对工程质量进行预监检，并申请电力建设工程质量监督中心站、环境工程评估中心、安全监督管理局出具相应的监检报告、环评验收报告和安评验收报告，联合设计单位、施工单位、监理单位进行逐级检查验收。

通过对施工投入、施工和安装过程、产出品进行全过程控制，以及对参建单位的人员资质、材料和施工设备、机具、方案和方法，施工环境实施全面控制，并督促承包单位建立和完善自身质量体系，重权预控、自检、试验检查和监理旁站等手段，建立质量责任制，规定质量控制的工作职责、工作流程、方法和措施，以及控制标准，使本期工程的各分部工程、单位工程合格率100%。公司领导按时召集公司工程部、监理公司、各施工单位对检查组提出的限期整改项目进行逐条分析，确定了整改措施和时间，并要求各参建单位借此举一反三，对工程存在的其他质量问题进行全面检查并制订整改方案，并按要求进行封闭，以确保工程的施工质量。

项目共计63个单位工程，1780个分部分项工程，其中风电场风机发电机组单位工程60个，分部分项工程1682个，35kV线路单位工程1个，分部分项工程30个，110kV升压站土建单位工程1个，分部分项工程27个，110kV升压站电气单位工程1个，分部分项工程41个，均已验收完成。分部分项工程共检查1780个，合格项842个，优良项938个。工程合格率100%，优良率100%，达到了质量控制目标（合格率达到100%）。工程验收详见表3-2-6。

表3-2-6　工程质量验评表

序号	名称	单位工程验评等级	分项工程		分项工程验收率	备注
			应验收	已验收		
1	风电场风机发电机组工程	优良	1682	1682	100%	（1）该工程共计：单位工程63项、分项工程1780项。（2）检查项：1780项；合格项：842项；优良项：938项；工程优良率：100%；工程合格率：100%
2	35kV线路工程	优良	30	30	100%	
3	110kV升压站土建工程	优良	27	27	100%	
4	110kV升压站电气工程	优良	41	412	100%	

（六）安全控制评价

××风电场二期工程开工之初就把"安全第一、预防为主"方针贯穿于施工、配备安全设施、狠抓文明施工和试运全过程中，警钟长鸣，长抓不懈。该工程在实践中坚持采用以下举措：

（1）严格责任制管理，奖罚从重。结合实际修订完善多项制度，严格"两票三制"管理。重大操作均制订并严格落实切实可行的实施方案，杜绝误操作等不安全事件。针对人员少、新人多、生产基建交叉推进等实际，狠抓人员培训，逐步建立安全教育长效机制，不断提升全员安全意识和技术技能，提高安全文明水平。

（2）精心维护、防微杜渐，认真做好风电场的日常运行维护工作。电力生产的特点决定了风电机组必须安全稳定运行，因此做好机组日常运行维护工作保证机组的稳定运行是运行工作的重中之重，为此实际中加强管理，严肃值班纪律，提高监盘和巡检质量，确保及时发现设备缺陷避免事故扩大。截至××年××月底，××风电场共发现风力机缺陷432项和配电设备缺陷85项，保证了设备缺陷及时得到消除。

（3）定期召开建设项目安全工作会议，对安全工作进行宣传，布置相关工作，落实防护措施，总结安全工作经验，公司经理同单位行政一把手签订安全生产责任状。

建设单位、施工单位和监理单位树立了"安全第一，预防为主"的思想，加强危险源管理、风险管理和事故预防，建立健全了安全保障体系和各项规章制度，并严格按照相应规章制度对施工安全实行事前、事中和事后全过程的控制，保证了安全控制目标的实现。项目建设过程中未发生人身伤亡事故及重大机械、设备、火灾、交通事故及坍塌事故。

（七）工程监理评价

项目监理单位制定了监理工作制度、工作流程、监理大纲、规划和实施细则，制定了质量、安全、进度、投资等控制措施以及合同和信息管理等管理文件，有明确的监理工作目标，能够按照"守法、诚信、公正、科学"的原则开展工作。协调各参建单位之间的工作关系，对工程建设的投资、建设工期、工程质量、职业健康安全和环境进行适时控制和管理。

工程施工期间，负责组织召开现场协调会（23次），组织施工图技术交底（3次），审查施工单位质量管理体系（2分），管理人员及上岗人员资质以及特殊工种上岗资质（39分）的登记和审核；签发监理工程师通知单（10份）并督促施工企业及时整改，使得项目管理形成闭环。监理过程中落实了开工申请制度、材料检验制度、分部分项工程质量验收评定制度和施工过程旁站监理、巡视检验、跟踪检测、平行检测等监理制度，通过工地例会、设计交底会议、专题协调会、监理工作会及时解决了监理过程中发现的问题，采用监理工作日记、监理月报、监理工作总结的方式对监理工作进行了及时总结。

通过实行事前审核、事中巡视检查整改、事后验收的程序化管理，使工程质量能够处于受控状态，工程提前完工，投资控制在概算以内。监理月报、监理工作总结齐全，监理人员和设施基本满足工程要求。

全体监理人员在建立工作的全工程中，严格贯彻执行"强制性条文"，对在工程建设的各工序，特别是对隐蔽工程的安全施工、工程质量控制中严格执行性条文做了明确规定。本着"守法诚信、公正科学、精诚服务、顾客至上"的质量方针，较好地履行了"监理合同"和"工程建设监理规范"的要求，开展"四控两管一协调"工作，积极顺应了"小业主、大监理"的管理模式，监理人员配置齐全、监理工作及时到位，以质量为基础，达标创优为中心，以较好的监理服务质量为达标投产做出了贡献。

（八）项目试生产和竣工验收评价

项目建设单位专门为××风电场二期工程成立了竣工验收小组，竣工验收符合风力发电场基本建设工程启动及竣工验收堆积的要求。××风电场二期项目工程在××集团公司的认真指导下，在建设、监理、设计、施工单位的共同努力下，使得该项工程按时完成，工程建设合格率达100%、优良品率达到95%、电气监测仪表投入率100%、保护投入率100%；圆满完成了财务决算、竣工结算和环境保护竣工验收，工业卫生和劳动保护竣工验收，竣工验收组织与验收日期见上面的工程总结，项目档案具有系统性、使用便捷性。相关资料待完工后由施工单位给监理单位，待监理单位审核后再移交风电场备案。项目建设单位根据国家和上级相关文件及工程实际情况，编制了《工程技术档案管理标准》作为工程管理档案的标准及规范。该风电建设项目完工后，对整套机组进行试运行，该工程质量优良，安全及各项经济技术指标均达到较高水平。

项目建设期间制定了档案管理制度，同时设置了兼职管理员，档案归档和整体工作参照档案工作行业标准《国家重大建设项目文件归档要求与档案整理规范》。其中，关于文件材料的归档范围与档案保管期限，建设单位依照《国家重大建设项目文件归档范围和保管期限表》制定。

（九）项目建设实施评价结论

通过对××风电场二期项目的实施过程后评价，可总结得出该工程项目管理的经验教训：

（1）合理分配资源、制订好项目的整体计划；

（2）项目开工前要合理地安排好工期计划，并及时制订短期计划；

（3）要协调好各个施工单位之间的关系，不至于因某一方面而延误了工程进程，对将要发生的工作做提前的通知，如遇到人员不到位后还有其他的调配措施；

（4）要协调好和政府之间的关系：工程建设中遇到了很多项目发展的刚性问题，如自然保护区问题、项目环评问题、电力接入系统、土地预审问题、个别涉农补偿干扰施工等，都给项目进展造成了很大影响。可在当地政府的大力支持下，通过多种渠道，多种手段、千方百计，攻克了上述难题，为以后的风电项目发展创造了良好的环境。

第三节　项目生产运营评价

一、项目生产运行评价

（一）项目技术水平

××风电场二期工程项目根据风能资源评价、当地地理及气候条件，采用850kW级的××低温型风电机组，并配套建设110kV送出线路、35kV集电线路、升压站内变电设备。该机型技术成熟可靠，并有多台成功运行的经验。

（二）项目技术方案

××风电场二期工程项目的技术方案主要包括以下8个方面。

1. 风能资源评估

通过××气象站长期观测数据，与一座40m测风塔（0014号测风塔）和一座70m测风塔（0060号测风塔）的现场测量数据进行整理分析。总体评估该项目的风能资源品质。

2. 风力发电机组选型和布置

综合考虑现阶段风机制造水平，结合当地的风况特征及项目的实际运输和安装条件，确定选型和布置G58-55m风电机组11台、G58-65m风电机组12台、G52-55m风电机组32台、G52-65m风电机组5台。

3. 电气系统

××风电场二期规模为51MW，结合风电场周边电网现状、发展规划，以及风电场一、二期送出方案，提出以下系统接入方案：

××风电场二期工程增设一台100MVA主变压器，替代原定的二期50MVA主变压器建设方案，两期风电场共用一台主变压器；风电场本期风机经机端出口变压器（机组主变压器额定电压取0.69/35kV）升压至35kV后分3组接入该主变压器低压侧；风电场内新建35kV出线3回，各风机按容量平均分组"T"接在3回线路上。风电场升压站增加一回110kV出线，可在风电场升压站出口段的同塔双回线路另一侧挂线，将110kV母线完善为单母线分段接线，分段开关设在两主变压器之间，分段开关常开运行。新出的1回110kV线路接至××220kV变电站110kV侧，新建线路长度约40km，导线型号选××。

4. 施工组织设计

根据风电场建设投资大、工期紧、高空作业多、建设地点分散、施工场地移动频繁及质量要求高等诸多特点，遵循施工工艺要求和施工规范，保证合理工期，采用优选法及运筹学，施工总布置按以下基本原则进行：路通为先，架空线跟进；分区划片，合理交叉；以点带面、由近及远；质量第一、安全至上；节能环保、创新增效；高效快速、易于拆除。

5. 消防设计

风电场地处山脉交接地带，风电场位置地势比较平坦开阔，呈丘状连绵起伏，高程在1400~1525m之间，山丘多呈浑圆状，坡度较缓。升压站址区为海拔较高的山体，目前无地下水，不具备在站内打深井的可能，在雨水季节，地势低洼地段地表或覆盖层中有暂时存水，时间相对较短，水量小。

因一期自备水箱设计时已考虑到本期用水的需要，本期利用已有的生活给水系统可满足升压站的生活用水要求。本期同一期，不设室内外水消防系统。在新增的电子设备及表盘等场所设置手提式、推车式干粉灭火器。

6. 土建工程

根据《风电场工程等级划分及设计安全标准》FD002的相关标准，该工程项目等别为Ⅱ等，工程规模为大（2）型。根据该工程地质勘查资料，拟选的××风电场二期工程场址无难以克服的不良工程地质作用，属相对稳定地块，适宜风电场建设。

工程方案合理、可靠，具有可操作性，在最大限度地利用一期设备和资源的条件下，体现了少投资、多办事的原则。该工程技术较先进，技术指标达到设计要求。

（三）项目运行效果评价

项目设计年发电量为10472万kWh，售电10189万kWh，年等效利用小时为2124h；由于××年初机组处于调试和××年非年终数据，故以××年实际运行为例，该年实际发电11783万kWh，售电11634万kWh，年风机利用小时为2310h；分别为可行性研究的104.09%、108.80%和105.08%，实际运行总体情况符合可行性研究预期。该项目投运至今的上网电量统计情况详见表3-2-7。

表3-2-7　××风电场上网电量统计

年份	年计划上网电量（万kWh）	实际上网电量（万kWh）	完成情况
××年	9954	9982	100.2%
××年	10521	11634	110.58%
××年	11033	8705	78.90%

根据风力发电运行特点，从"风、机、电、控、网"五个系统对项目生产运行分别进行评价。

1. 风资源系统

从××年投产以来，70m高程风速变化情况风表3-2-8，可研预期风速与实际风速比较见表3-2-9。此期间各时段的发电量分别是：10508万kWh、11783万kWh和8864万kWh，等效利用系数均超过95%，虽然风力资源并未达到预期，但能够满足发电需求。

表3-2-8　××风电场二期风速逐月平均统计值　　　　单位：m/s

项目	1月	2月	3月	4月	5月	6月	7月	8月	9月	10月	11月	12月	上半年平均	下半年平均	年平均
××年	8.73	6.65	9.00	7.87	8.95	6.15	5.04	5.31	5.52	6.99	6.23	8.04	7.89	6.19	7.02
××年	7.03	9.21	7.56	8.47	6.61	6.26	5.45	5.15	6.87	8.82	9.06	7.09	7.52	7.07	7.28
××年	8.09	8.70	7.63	8.92	7.23	6.72	5.56	5.44	6.38	—	—	—	7.88	—	7.19

表3-2-9　××风电场二期预测风速与实际风速统计　　　　单位：m/s

项目	预测值	实际值	差异
××年	7.40	7.02	−5.14%
××年	7.40	7.28	−1.62%
××年	7.40	7.19	−2.84%

2. 风力发电机系统

从适用性方面看，运行初期机组由于不适应冬季低温环境，出现机舱和齿轮油温度低、液压站无法建压、暖风机持续加热、风机导线过热等多种故障，为此，运维人员进行风机低温加热系统改造。改造后，基本适应了冬季低温环境。

从可靠性方面看，运行以来，风机的可用率统计见表3-2-10，该工程设备停机统计见表3-2-11。

表3-2-10　××风电场二期可利用率统计

项目	计划可用率	实际可用率	完成情况
××年	95.00%	96.74%	+1.74%
××年	96.50%	98.05%	+1.55%
××年	97.00%	94.95%	-2.05%

表3-2-11　××风电场二期设备停机统计表

年份	月份	停机小时（h）
××年	1~12月	6699.60
××年	1~12月	6449.60
××年	1~9月	5674.89

上述统计表明：虽然机组运行还存在各种故障，但故障没有影响设备能力的发挥，均在允许范围内。结合前述各时段发电量完成情况看，设备可靠性符合可行性研究预期。综合分析，风力发电机运行状况符合可行性研究要求。

3. 厂区内电力输送设施系统

厂区内电力输送设施系统主要包括电缆、母线开关和变压器，设备在运行中状态稳定，确保了发电、输电的需要。

4. 自动控制系统

自动控制系统较为先进，机组运行比较稳定，自动控制系统能够满足生产需要。

5. 电量消纳

电网系统的理想状态是实现产销平衡，就项目目前的运行状况及上网电量来看，项目和电网需求基本匹配。

综上所述，就目前而言，项目运行过程反映出的总体情况符合预期，符合可行性研究报告的相关要求，项目在以后的运行过程中还会不断完善。

由此可见，项目的技术水平较高，达到了国内同期先进水平；项目的技术方案合理、先进，适用性强；项目的运行效果良好，达到了可行性研究目标，为国内同类型项目提供了经验。

二、项目运营管理评价

1. 管理体制与组织结构

××风电场二期项目是××有限公司控股建设的项目，其管理体制为：××有限公司作为股东依法行使所有者权利，按照公司法的要求建立并完善了公司治理结构。公司经营管理采用直线职能制结构，实行总经理负责制，××风电场二期项目的运营是在一期已投产运营，后续风电场建设项目启动实施中的基础上进行的，××有限公司根据集团公司的管理要求及时调整组织机构，构建了目前由财务部、工程建设部、综合事务部、安监部5个职能部门组成的公司架构。

2. 人力资源情况

公司目前有职工64人，其中总经理、副总经理各1人，财务部3人，工程建设部6人，综合事务部3人，安监部3人，运行维护部47人。从学历结构看，研究生学历2人，大学本科学历31人，大学专科学历27人，中专4人；从性别结构看，男员工63人，女员工1人；从职称结构看，工程师4人，助理工程师4人，会计师、初级会计师、经济师各1人。

公司人员配备较为齐全，部门设置合理，学历水平相对较高，相应专业与其所在部门匹配，专业技术职务结构合理，虽然出现性别比例失调问题，但考虑到风电企业的特殊性，该项不合理之处可以理解。总之，公司的人力资源配置较为科学合理，其职工规模与结构能够满足公司正常运营的需要。

3. 规章制度建设

公司建立了涵盖其行政后勤、生产运行、安全监察、质量控制、人力资源管理、财务管理、物资管理等多个方面的管理制度体系，其中总体介绍公司的综合说明类规定11项，有关公司管理类制度2项，综合管理类制度10项，人力资源类规定6项，财务类管理方法9项，物资类管理规定6项，运行维护类制度47项，合同类管理制度仅《合同管理办法》1项。

公司运营期间管理制度体系健全，相关部分管理方法明确，保证措施得当，为公司的日常管理构建了完善的制度体系，为××风电场的正常运营提供了制度保障。

4. 安全生产管理

公司根据项目运营期间的实际情况，建立健全了安全管理体系，围绕安全生产目标，严格落实安全生产责任制；做好重大危险源评估和应急预案演练；严格贯彻两票三制、交接班制度、防误闭锁装置管理制度、倒闸操作管理制度、运行分析制度、消防安全管理制度、安全工具管理制度、调度自动化管理制度、二次系统安全防范管理制度等。运营期间配备的人员均具有风电场运行值班三年以上经验、特种作业证、入网操作证和调度系统运行值班合格证、风力发电机组厂家的许可证书等规范齐全。

运营期间的安全管理体系健全，安全保证措施得当，执行到位，自投产运行以来未发生人身和其他不安全事件。

由此可见，项目责任单位运营机构健全，管理体制和机构设置符合管理现代化要求；人力资源配置科学合理，达到了可行性研究报告的要求，满足了生产经营实际需要；安全管理体系健全，执行到位，保证了公司的正常运营。

第四节　项目经济效益评价

一、资金来源及使用情况

采用"有无对比法"进行财务后评价，即将项目运营之后的实际基础数据与无规划期项目进行投入产出经济效益的分析，并对财务评价指标进行计算、比较。

××风电场二期51MW项目批复总投资××万元，执行概算××万元，实际总投资××万元。××风电场二期51MW项目批复总投资××万元，其中资本金××万元，××有限公司出资占70%，××公司出资占30%，银行贷款××万元。实际执行中，××有限公司及××公司各出资本金××万元和××万元，××有限公司过桥垫资××万元，委托贷款××万元，款项于××年到齐；应付未付款××万元；资金占用××万元，项目实际投入资金××亿元。

工程建设期为12个月，投产期为8个月，财务评价计算期21年。

二、财务、盈利能力及敏感性分析

项目主要指标原始数据详见表3-2-12。

表3-2-12 主要指标数据表

项目	数据	项目	数据
机组容量	51MW	所得税	33%
平均风速（m/s）	6.9	增值税率	17%
电气系数（%）	97	基准收益率	12%
年利用小时（3~25m/s，h）	2186	福利费率	15%
可利用电率（%）	99	折旧还贷率	100%
大修理费（万元）	××	固定资产形成率	7%
平均材料费（万元）	××	城市维护建设税	3%
其他费用（万元）	××	教育费附加	3%
定员（人）	64	折旧年限	15
工资（万/人）	××	残值率	5%

项目的流动资金除企业自有部分外，流动资金借贷部分的利息全面计入项目的财务费用中，计算利率为5.31%。

根据国家财税政策和风电场建设项目特点、贷款指标、各项费率及成本指标考虑，计算得到该项目的财务指标如表3-2-13所示。

表3-2-13 ××风电场二期建设项目经济效益指标表

指标	数值
静态投资（万元）	××
建设期利息（万元）	××
资本金内部收益率（%）	9.71
全部投资净现值（万元）	××
投资回收期（年）	9.6
投资利润率（%）	8.39
年平均利润总额（万元）	××
上网电价（不含税，元/MWh）	615.22

从表3-2-13可以看出，全部投资税后收益率为8.81%，超过基准值（8%）；资本财务内部收益率为9.71%，也超过了资本金基准内部收益率（8%），说明××风电场二期建设项目财务效益良好。项目投资回收期为9.6年，低于可行性研究报告中的10.1年，说明项目的偿债能力比较强。

该项目在锁定投资方内部收益率的基础上分别对投资、发电小时数在±5%范围内变化时相应的电价变化进行分析。通过进行敏感性分析后可以看出，该工程电价在

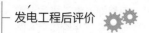

586.7~647.1元/MWh之间的变化，发电小时数变化最敏感，其次是投资。

三、总结分析

通过财务评价指标可以看出，按投资方内部收益率8.71%测算上网电价为615.22元/MWh（不含税），各项经济指标均能满足财务评价的要求，而且该项目能申请CDM项目，财务盈利能力和清偿能力较好。

根据××市经济发展战略发布局及远景规划，在××地区开发电源点对××电力发展和经济发展都有着积极的意义。同时，××风力发电工程的建设满足××市的供电负荷需求。从经济效益来看，该工程各项效益指标在一定程度上均能满足要求。

第五节　项目环境效益评价

1. 大气环境影响

项目建设期对大气环境的影响主要是二次扬尘，项目施工期间采取有效措施防治：对施工场地进行洒水、喷淋，大风时加大洒水量及洒水次数；料场堆放物料采用篷布遮盖、围挡；车辆驶出装、卸场地时经过轮胎清洗水池将轮胎清洗干净，减少汽车行驶扬尘；对建筑垃圾及弃土及时处理清运，防止扬尘污染。采取一系列措施之后，建设期二次扬尘未对大气环境造成影响。

项目运营期对大气无不利影响。该项目是风力发电项目，风力发电清洁生产水平较高，运营过程中不产生二氧化氮、二氧化硫等有害气体和有害废料。

2. 噪声影响

项目施工期间的噪声主要为施工机械设备运行噪声及少量爆破噪声。施工作业在昼间进行，施工机械采用减震降噪措施后对居民区影响较小；爆破采用小剂量爆破，爆破噪声较小、次数较少，且距离居民区较远、影响较小。项目施工期间满足《建筑施工场界噪声限值》（GB 12523）中相应标准。

3. 生态环境影响

项目的建设对生态环境造成的影响很小。施工占地为灌草地，对林地生态系统无影响，对草地生态系统有一定的影响，但在项目完工后实施了树、灌、草（主要采用当地物种）相结合的植被绿化措施，使草地生态系统得到了恢复；项目建设过程中，涉及的施工区域覆盖的面积虽大，但每个具体施工点占地面积却很小，破坏植被面积较小，不影响动物主要栖息地的林地，不切断动物迁徙通道，且施工区域内无重点保护动物，施工过程没有引起区域生态系统结构和功能的改变，没有对生态环境造成破坏性影响。

项目的运营对区域内生态环境没有造成不利影响。项目运营期风电机组设备呈现点状分布，不影响生态系统原有的结构和功能；集电线路采用架空方式，对地下动物的活动基本没有影响；工程区不在候鸟迁徙路线上，对候鸟迁徙无影响。

4. 水环境影响

项目建设期及运营期仅产生少量生活废水，不会对当地水环境造成污染。

5. 总体评价

综上所述，项目建设及运营期间，相关建设单位严格遵守国家环保标准，制定了科学、可行的环境保护措施，对项目建设及运营期产生的环境问题积极预防、修复，未对环境造成不可修复的影响，项目未对环境造成不良影响。

第六节　项目社会效益评价

项目产生的社会效益主要体现在以下几个方面：

（1）优化发电结构，促进风电产业发展。目前我国占主导地位的发电方式是火力发电，火力发电在当今能源发展趋于绿色、低碳的大环境下面临了很大的发展压力。利用可再生能源发电是电力行业持续发展的必然趋势。风能是容易取得的可再生资源，当前风力发电技术也较为完善。该项目充分利用当地的风能资源，建成了60台总装机容量为51MW的风电机组，为该地区实现千万千瓦级风电目标做出了贡献，同时增加了地区能源供给，调整了当前火力发电占主导地位的发电结构，优化了地区电网电源结构。

项目建设及运营过程中涉及风电机组的设计、机组的制造、风电场建设、电力传输并网、设备的维护等多项风电产业技术，其有利于风电产业技术的进步和创新，促进风电产业的进一步发展，拉动上下游企业的营业效益，同时也能为其他风力发电项目提供成功经验，为风电产业增加成功范本。

（2）节省自然资源，减少环境污染。项目充分利用风能资源，清洁生产程度高，运行过程中不产生有害气体与颗粒。与占主导地位的火力发电方式相比，以每千瓦时消耗350g标准燃煤为例，该项目每年可节约标准煤3.66万t，节水6.49万t；每年可减少二氧化碳排放量约11.79万t，二氧化硫排放量约83.97t，烟尘排放量约22.28t，氮氧化物排放量约188.3t，既节省了不可再生资源的消耗，又减少了污染气体的排放，改善了大气环境。

（3）增加区域经济实力，带动区域经济发展。项目所属区域地形以山地为主，附近居民多从事农牧业，发展相对落后。项目充分利用当地丰富的风能资源，建设成了环保型的能源基础产业，在一定程度上增加了发电收入和地方税收，促进了上下游相关产业的发展，扩大了就业途径，增加了就业岗位，为当地经济发展注入了新活力，保障了该地区的用电需求，在一定程度上提高了当地居民的生活水平和生活质量。

（4）提升区位优势，促进其他产业发展。项目的投产运营使区域的影响力和辐射力得到提升，基础设施得到改善，使区域内贫瘠的土地得以充分利用，实现了土地的增值，有利于吸引更多的资金、技术和人才聚集，从而促进更多行业（如房地产、生产性服务、金融等）的发展。同时，××地区自然环境优美，是著名的旅游景点，风电场的建设投产更有利于进一步丰富其旅游资源，吸引更多的游客，促进旅游业的发展。

由此可见，项目社会效益显著，优化了发电结构，带动了风电产业上下游企业的发展；节约了不可再生资源的消耗，减少了污染气体的排放，改善了大气环境；增加了就业机会，改善了当地居民的生活质量；提升了区位优势，促进了当地的经济发展。

第七节　项目可持续性评价

一、外部因素对项目持续能力的影响评价

1. 国家政策的可持续性

《可再生能源法》规定国家实行可再生能源发电全额保障性收购制度，鼓励、支持可再生能源并网发电；同时，《风力发电科技发展"十二五"专项规划》《"十二五"国家战略性新兴产业发展规划》和《可再生能源发展"十二五"规划》配合相关政策，风电后续预期并网装机规模仍将持续扩大。国家持续给予风电企业一系列税收优惠及价格补贴政策，以促进风电行业发展。由此可见，国家制定的相关政策有利于项目的可持续发展。但该项目对国家政策依赖性较强，当国家政策发生变化时，项目缺乏抵御内、外部风险的能力，项目的不确定性较大。

2. 资源与市场的可持续性

风能是可再生资源，项目所在地风力资源丰富，资源能满足项目可持续发展要求。

项目年均上网电量超出可行性研究报告预测水平，缓解区域内用电紧张状况；五大电力公司对风电产业持续加大投入，风电市场竞争日趋激烈；CDM机制前景目前亦尚不明朗。因此，市场因素将会对项目的可持续性产生较大影响。

×ד电场二期项目符合当前经济发展形势，当地风能资源丰富，项目总体收益高于风力发电行业平均水平，有利于项目和公司的可持续发展；但其对国家政策依赖性较强，机组未来运行盈利能力存在一定潜在制约，国内外风电市场不确定性较大，可持续性受到影响。

二、内部因素对项目持续能力的影响评价

1. 设备运行的可持续性

项目投运后年均上网电量达11025.82万kWh，机组年均等效运行小时数达2186h，风机利用率在95%左右；机组运行存在故障问题，但故障未影响设备能力发挥，在允许范围之内，设备具有可靠性。

但由于风机技术壁垒的原因，风机运行维护人员对设备、技术不够熟悉，机组配件购买难，价格高昂，机组保质期满后，机组运行维护存在隐患，对设备运行的可持续性有不利影响。

2. 收益的可持续性

经本次后评价测算，相关财务指标计算结果为：项目投资回收期9.6年，项目投资内部收益率9.71%，项目投资财务净现值××万元。上述财务指标高于风力发电行业财务基本收益率，处于行业先进水平，保证了项目的可持续性，同时有利于公司的可持续性发展。

第八节　项目后评价结论

一、项目成功度评价

通过对×ד电场二期工程建设、运行情况的分析研究，并结合该项目的实际建设条件和经营管理特点，有关专家对各项评价指标的相关重要性和等级进行了评定，综合各专家意见，评价结果见表3-2-14。

表3-2-14　项目成功度评价表

序号	评定项目指标	项目相关重要性	评定等级
1	宏观目标和产业政策	重要	A
2	决策及其程序	重要	A
3	布局与规模	重要	A
4	项目目标及市场	重要	A
5	设计与技术装备水平	重要	A
6	资源和建设条件	重要	A
7	资金来源和融资	重要	A
8	项目安全及其控制	重要	A
9	项目进度及其控制	次重要	A
10	项目质量及其控制	重要	A
11	项目投资及其控制	重要	A
12	项目经营	重要	B
13	机构和管理	次重要	B
14	项目财务效益	重要	A
15	项目经济效益和影响	重要	A
16	社会和环境影响	重要	A
17	项目可持续性	重要	A
项目总评			A

注 1.项目相关重要性分为：重要、次重要、不重要。

2.评定等级分为：A—成功、B—部分成功、C—不成功、D—失败。

（1）成功：项目在产出、成本和时间进度上实现了项目原定的大部分目标，按投入成本计算，项目获得了重大的经济效益；对社会发展有良好的影响。标准为（A）。

（2）部分成功：项目在产出、成本和时间进度上实现了项目原定的一部分目标，项目获投资超支过多或时间进度延误过长；按成本计算，项目获得了部分经济效益；项目对社会发展的作用和影响是积极的。标准为（B）。

（3）不成功：项目在产出、成本和时间进度上只能实现原定的少部分目标；按成本计算，项目效益很小或难以确定；项目对社会发展没有或只有极小的积极作用和影响。标准为（C）。

（4）失败：项目原定的各项目标基本上都没有实现；项目效益为零或负值，对社会发展的作用和影响是消极的或有害的，或项目被撤销、终止等。标准为（D）。

工程建设实现预期目标，绩效良好，项目决策正确；实施过程和运行管理规范有效；工期、质量和投资控制得力；工程技术水平达到同类工程先进水平，质量优良，运行性能良好，社会效益显著；项目具有继续发挥其功能、效果、效益的持续能力。总体来说，工程是成功的。

二、项目后评价结论

××风电场二期项目建设合法合规，工期控制得力，工程质量控制显著，安全文明生产局面良好，工程项目管理规范有效，工程建设资金筹措有方，投资控制效果明显，项目运营状况良好，主要技术经济指标先进，项目可持续性好，环保措施落实到位，污染控制有效，工程投运后发挥出可观的经济效益和社会效益。

三、主要经验及存在的问题

1. 主要经验

（1）部分新能源生产运营中心已取得场站调动权限，优化了运行方式，提高设备维护水平。××风电场接入得××新能源生产运营中心，已取得电网公司的调度权，已实现监视控制、发电运行、电网调度业务沟通协调等职责。

××风电项目在××地区成立了区域维检中心，全面负责该区域新能源场站的维检工作，真正意义上实现了集团公司关于新能源场站区域集中生产运营管理的要求。

（2）积极对接当地政府，争取优惠政策。××风电场建设单位积极对接当地政府，获取地方政府的政策支持，以划拨的方式取得项目用地，节约了项目投资。

（3）完善管理，优化工程设计，加强了项目投资控制。各项目严格按照集团公司和地方公司招标管理办法，组织专家对初步设计方案进行审查，优化设计，从而降低工程造价。

风电通过加强招标管理工作，实际设备采购费用比可研中计列费用大幅降低；加强费用控制，节约了建设土地征用费和建设单位管理费用；加强了工程进度控制和资金结算管理，节约了建设期利息。项目建设期间，财务部门加强资金管理，节约了资金使用成本。

2. 存在的问题

（1）项目所在区域存在可以预期的电量消纳和送出的问题，当前项目所在地区电网限电弃光严重，部分投运项目盈利受到严重影响。××省风资源较好，近几年随着新能源的快速发展，电力装机严重过剩，电力存在巨大富余。当地消纳能力有限，电网建设滞后，电网送出工程建设跟不上电源建设的速度，产生"窝电"现象。当地电网调峰能力不足，当新能源出力变化超过电网调峰能力时，不可避免会对新能源发电能力进行限制。

部分弃风地区在不落实保障性收购政策情况下，要求项目开展电量交易降低上网结算电价。不但弃风情况没有根本的改善，利用小时数没有大幅提高的同时由于交易电价较低，导致项目营业收入明显减少。

（2）新能源电价国家补贴到位普遍滞后，落实困难。目前项目均存在一定程度的电价补贴滞后。项目补贴收入虽然已经确认但尚未全部到账，对项目资金产生影响，存在一定的经营风险。电价补贴滞后一年对项目资本金内部收益率的影响幅度经过测算在5%左右，影响较大。

（3）项目需要交纳土地使用税，增加了项目成本。根据××年××月××日修订的《中华人民共和国城镇土地使用税暂行条例》，土地使用税为地方税种，由县以上地方税务机关批准。本次后评价项目已明确征收土地使用税。土地使用税的征收增加了项目的成本，降低了项目的财务内部收益率。

（4）项目实际风资源情况低于可研预期。本次后评价项目的实际年平均风速均小于可行性研究值，考虑可行性研究与实际风机轮毂高度不一致因素，实测风速与可行性研究预期风速差异仍较大，项目前期可行性研究对风资源预测普遍过于乐观。××风电场二期工程未严格按设计规范及集团有关规定进行测风，降低了可行性研究风资源预测的准确度和严肃性。

第九节　对策建议

（1）加强对"弃风"问题的研究，后续项目投资决策充分考虑弃风影响。加强对"弃风"问题的研究，合理安排运行方式和检修时机，避免在风资源较好时停用发电设备，努力减少电量损失。后续项目要组织设计单位重点研究项目所在区域的弃风弃光趋势，并在年平均发电量计算中充分考虑。可行性研究报告审查单位也要将弃风趋势作为审查重点之一。

（2）努力争取电价补贴早日到位，在后续项目决策过程中还要充分考虑电费补贴拖欠的影响。加强补贴回收与电费结算，实现"颗粒归仓"，积极与各级发改委对接，及时掌握可再生能源补贴发放情况，做好各项准备工作，减少企业损失。按时组织销售电量校核、电费和补贴结算及回收工作，避免电费拖欠。在后续项目决策过程中，还要充分考虑电费补贴拖欠的影响。

（3）加强土地使用税研究，合理降低税费。由于土地使用税为地方税种，税率各省市差异较大。建议：一是项目前期核实拟选站址是否位于城镇或工矿区，并尽量避开，如无法避开，应与当地政府在开发协议中锁定优惠的土地使用税缴纳标准；二是各相关单位加强对当地土地使用税政策的研究，在占地面积、适用税率等级等方面争取有利条件，合理降低税费；三是项目可行性研究阶段充分考虑土地使用税，并足额纳入经济评价测算。

国家能源局《关于减轻可再生能源领域涉企税费负担的通知》中指出：进一步规范相关税费的征收，准确核定并调减耕地占用税收标准，规范土地使用税的征收范围。建议项目单位持续跟踪相关土地政策，积极主动对接当地政府，尽量减少或避免土地使用税的征收。

（4）高度重视资源评估，加强风资源预测、微观选址和机组选型工作。风电项目应严格按设计规范进行测风。建议相关单位加强风电项目风资源预测、微观选址和机组选型工作，确保风电场发电能力。项目投产后，应继续坚持实测数据，分析实测数据与可行性研究预测数据存在差异的原因，提高后续项目可行性研究风资源预测的准确度。

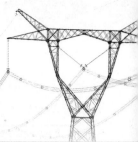

附录1

火力发电工程后评价参考指标集

一级目标	二级目标	三级目标	序号	评价指标	评价内容	计算方法
项目实施过程评价	前期决策评价	规划报告质量	1	规划一致率	反映规划建设规模及投资与可行性研究的一致性程度	规划一致率=0.4×（1-|可行性研究建设规模-规划建设规模|/规划建设规模）×100%+0.6×（1-|可行性研究建设投资-规划建设投资|/规划建设投资）×100%
		可行性研究报告质量	2	可行性研究一致率	反映可行性研究建设规模及主要技术方案与初设批复的一致性程度	可行性研究一致率=0.4×（1-|初设批复建设规模-可行性研究建设规模|/可行性研究建设规模）×100%+0.6×（1-|初设批复建设投资-可行性研究建设投资|/可行性研究建设投资）×100%
	施工建设评价	进度控制水平	3	一级进度计划完成率	反映项目整体进度计划完成情况	一级进度计划完成率=按进度计划完成的节点数/进度计划节点数×100%
			4	进度计划完成率	反映项目施工进度控制水平	完工时间偏差=实际完工时间-计划完工时间进度计划完成率=按进度计划完工（即完工时间偏差≤0）的子工程项目数/子工程项目总数×100%
		质量控制水平	5	一次验收合格率	反映项目质量控制水平	一次验收合格率=单位工程一次验收合格数量/全部单位工程数量×100%
	建设单位管理评价	开工条件落实率	6	开工条件落实率	反映开工手续是否完备	开工条件落实率=已落实开工条件数/总共需要落实开工条件数×100%
		合同签订规范性	7	合同范本应用率	反映合同签订的规范程度	合同范本应用率=范本合同数量/合同总数×100%
		投资控制水平	8	投资节余率	反映项目投资控制水平	投资节余率=（批准概算-竣工决算）/批准概算×100%
		采购招标规范性	9	采购招标规范性	反映采购招投工作的规范程度	招标范围、招标方式、招标组织形式、招标流程和评标方法任何一项不满足有关招投标管理规定，扣20分
项目生产运营评价	项目运行效果评价	技术水平	10	锅炉热效率	反映锅炉热量传递的效果	锅炉热效率=锅炉蒸发量×（蒸汽焓-给水焓）/燃料消耗量×燃料低位发热量×100%
			11	锅炉最大连续出力	反映锅炉长期连续运行时所能达到的最大蒸发量	锅炉最大连续出力数值由锅炉厂提供

262

续表

一级目标	二级目标	三级目标	序号	评价指标	评价内容	计算方法
项目生产运营评价	项目运行效果评价	技术水平	12	汽轮机热耗率	监测汽轮机性能的重要手段	凝汽式机组（采用电动给水泵）毛热耗率=汽轮机进汽流量×（新蒸汽比焓－给水比焓）/发电机输出的电功率
			13	锅炉含氧量	用来判断炉内燃料燃烧是否充分	锅炉过量空气系数$\alpha \approx 21/(21-O_2)$
			14	空气预热器漏风率	反映锅炉漏风情况的重要指标	回转式空气预热器漏风率=漏入空气预热器烟气侧的空气质量/进入该烟道的烟气质量
		生产指标	15	发电标准煤耗	反映项目主要运行指标的目标实现情况	发电标准煤耗=一定时期内发电耗标准煤量/该段时间内的发电量
			16	供电标准煤耗		供电标准煤耗=一定时期内发电耗标准煤量/该段时间内的供电量
			17	等效可用系数		等效可用系数=（可用小时－降低出力等效小时）/报告期日历小时×100%
			18	综合厂用电率		综合厂用电率=（发电机有功电量－上网电量）/发电机有功电量
			19	锅炉补水率		锅炉补水率=当日锅炉运行时间补水量/锅炉及管网总水量
	项目经营管理评价	管理规范性	20	制度执行率	反映项目经营管理的规范性	制度执行率=已落实制度数量/已制定制度数量×100%
项目经济效益评价	项目财务效益评价	盈利能力	21	财务内部收益率	反映项目全寿命周期的盈利能力	$\sum\limits_{t=1}^{n}(CI-CO)t(1+FIRR)^{-t}=0$ 式中：CI——项目各年现金流入量；CO——项目各年现金流出量；n——项目计算期；$FIRR$——财务内部收益率
			22	财务净现值		$FNPV=\sum\limits_{t=1}^{n}CF_t(1+i)^{-t}$ 式中：CF——各期的净现金流量；n——项目计算期；i——基准收益率；$FNPV$—财务净现值
			23	项目投资回收期		$P_t=T-1+\dfrac{\left|\sum\limits_{t=1}^{T-1}(CI-CO)_i\right|}{(CI-CO)_T}$ 式中：CI——项目各年现金流入量；CO——项目各年现金流出量；T——各年累计净现金流量首次为正或零的年数；P——投资回收期
			24	总投资收益率		总投资收益率=运营期平均息税前利润/项目总投资
			25	项目资本金净利润率		资本金净利润率=运营期平均净利润/项目资本金

续表

一级目标	二级目标	三级目标	序号	评价指标	评价内容	计算方法
项目经济效益评价	项目财务效益评价	偿债能力	26	利息备付率	反映项目的偿债能力	利息备付率=息税前利润/计入总成本的应计利息
			27	偿债备付率		偿债备付率=（息税前利润+折旧+摊销－企业所得税）/应还本付息金额
	项目国民经济评价	经济费用效益	28	经济内部收益率	反映项目对国民经济的净贡献	$\sum_{t=1}^{n}(B-C)_t(1+EIRR)^{-t}=0$ 式中：B——经济效益流量；C——经济费用流量；n——项目计算期；$EIRR$——经济内部收益率
			29	经济净现值		$ENPV=\sum_{t=1}^{n}(B-C)_t(1+i_t)^{-t}$ 式中：B——经济效益流量；C——经济费用流量；n——项目计算期；i——社会折现率；$ENPV$——经济净现值
			30	经济效益费用比		$RBC=\sum_{t=1}^{n}B_t(1+i_t)^{-t}/\sum_{t=1}^{n}C_t(1+i_t)^{-t}$ 式中：B——第t期经济效益流量；C——第t期经济费用流量；t——项目计算期；i——社会折现率；RBC—经济效益费用比
项目环境效益评价	环保效果评价	运营期大气环境	31	工业废气排放量	反映工程项目工业废气排放实际测量值是否满足标准值	工业（锅炉）废气排放量数值经锅炉CEMS系统实测得出
		运营期水环境	32	工业废水排放量	反映工程项目工业废水排放实际测量值是否满足标准值	工业废水排放量数值经电厂废水排放检测设备实测得出
		运营期声环境	33	噪声	反映工程项目各敏感点噪声（昼间夜间）实际测量值是否满足标准值	噪声标准偏差=0.5×（昼间噪声标准值－噪声工程值）+ 0.5×（夜间噪声标准值－噪声工程值）

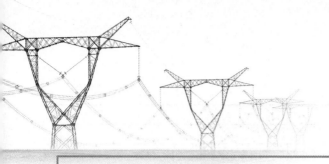

附录2

火力发电工程后评价收资清单

提资部门	文件
计划发展相关部门	
1	规划报告及其附表
2	规划编制委托书或中标通知书
3	规划编制单位资质证书
4	规划编制及审查具体开展情况（编制过程、审核意见等）
5	初步可行性研究报告及其批复
6	可行性研究报告及其批复
7	可行性研究编制委托书或中标通知书
8	可行性研究编制单位资质证书
9	可行性研究调整及其批复
10	可行性研究报告评审意见
11	可行性研究评审单位资质证书
12	项目核准（或批复）发文
13	建设用地预审意见
14	环境影响报告书/表
15	环评批复文件
16	水保批复文件
17	选址意见书
18	各类专题研究立项申请书
19	项目投资计划发文及附表（跨年项目提供各年投资计划）
20	工程前期大事记、协调工作及相关会议纪要等
21	项目立项发文，调整、增补发文及附表
22	项目建设资金落实证明文件或配套资金承诺函
23	项目社会稳定风险分析报告
24	地区控制性规划文件
25	节能评估报告
26	工程新闻报道资料
27	统计年鉴
28	获得的荣誉及奖项

续表

提资部门	文件
工程建设相关部门	
29	设计、施工、监理、主要设备材料招投标有关文件（招标方式，招标、开标、评标、定标过程有关文件资料，评标报告，中标人的投标文件，中标通知书等）
30	勘测设计、施工、监理及其他服务合同
31	物资采购合同（若无法提供合同原件请提供合同数量及总金额）
32	合同变更单
33	项目开工报告、分部分项工程各类开工报审表
34	施工许可证、建设工程规划许可证
35	初步设计委托书或中标通知书
36	初步设计单位资质证书
37	项目初步设计文件（终板）
38	项目批复初步设计概算书
39	项目初步设计评审意见
40	项目初步设计批复文件
41	施工图设计委托书或中标通知书
42	施工图设计单位资质证书
43	项目施工图设计文件（终版）
44	项目施设预算书
45	施工图设计会审及设计交底会议纪要
46	施工图交付记录
47	项目施工图设计批复文件
48	设计总结
49	设计变更资料，设计变更单及导致投资额的变化金额
50	工程里程碑进度计划或一级网络计划
51	施工组织设计报告、施工方案、创优实施细则
52	施工总结
53	监理规划、监理实施细则、监理月报
54	监理工作总结
55	设备监造合同
56	设备监造总结
57	建设单位总结
58	项目建设过程各类会议纪要等相关文件
59	分部试运与整套启动验收报告
60	启动调试阶段的总结报告
61	达标投产验收申请和批复报告
62	环境、水保专项验收报告及批复文件
63	水土、环境监测相关资料
64	工程结算报告及附表

提资部门	文件
65	工程结算审核报告及审核明细表
66	消防、工业卫生、档案等各类专项验收相关文件
67	试运行总结报告
68	主要设备性能考核试验报告
69	各类专题研究结题验收材料，包含工作报告、技术报告、科研成果，如论文、专利等
70	竣工验收报告
71	项目各类获奖文件、报奖申报材料
72	主要设备材料的采购台账（含设备材料名称、数量、金额等）和招标材料
生产运行相关部门	
73	职工创新项目相关资料
74	培训记录、月度总结等相关资料
75	生产运行管理制度体系
76	运行单位组织机构与人员统计分析
77	投产后运行情况和记录
78	投产后大小修及技改安排情况
79	投产后事故情况及原因分析
80	相关年份电量及电价完成情况、主要运行成本、会计报表、财务分析报告、技术经济指标、大修费、材料费、燃料价格等及变化情况
81	并网协议
82	现场考察环保设施的运行状况，收集监测数据
财务相关部门	
83	项目财务竣工决算报告及其附表
84	合同支付台账
85	项目建设期、运营期纳税情况
86	项目运行单位资产负债表、利润表和成本快报表
87	项目运行单位折旧政策表
88	项目融资情况详表及还款计划
89	主营业务收入、主营业务成本、售电收入、销售成本（材料费用、修理费用、年工资、职工福利费、其他费用、机组年利用小时数）、上网电量、平均上网电价（含税，投运期和运行期）、平均燃煤价格等财务评价所需各项基础数据及实际的现金流量表
90	项目运行单位执行的税率政策
经营管理相关部门	
91	管理机构设置资料
92	管理规章制度
93	项目制度、政策执行的过程资料
94	重要的图片、资料：地理位置示意图，现场拍照、存档照片等
95	项目法人单位关于本次后评价项目的自评估报告

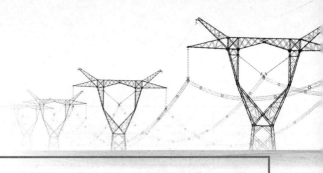

附录3

火力发电工程后评价报告大纲

一、项目概况

对火力发电项目的基本情况做简要介绍，包括项目情况简述、项目建设必要性、项目建设里程碑、项目总投资、项目运行效益现状，突出反映项目的特点。

（一）项目情况简述

项目建设地点（附项目总平面布置图）、项目业主单位、项目参建单位。

（二）项目建设必要性

阐述项目建设对国家产业发展及先进技术应用产生的影响项目建设对项目所在区域的经济发展、电力供应形势和对当地电网运行质量的相关影响，从电力输送、燃料供给、建设用地等方面阐述项目建设的必要性。

（三）项目建设里程碑

项目启动前期工作时间、完成可行性研究的时间、项目可行性研究获得批复时间（核准或备案时间）、初步设计批复时间、开工时间、整体竣工投产时间。

（四）项目总投资

项目可行性研究批复投资、初步设计批复投资、竣工决（结）算投资。

（五）项目运行效益现状

项目运行现状，包括项目投产运行后的机组供电煤耗、厂用电率、节能减排效果、安全生产总体情况等。

二、项目实施过程评价

（一）项目前期决策评价

对项目前期决策阶段的主要内容进行回顾与总结，包括可行性研究阶段评价、核准或批准评价。评价可行性研究报告质量深度、项目评审意见的客观性和决策的科学性，评价项目核准需要提交的相关材料是否齐全，审批流程是否符合相关规定。

（二）勘察设计评价

对项目勘察设计工作进行评价，按照满足开工条件要求，包括勘察设计单位评价、初步设计评价、施工图设计评价及设计工作总体评价。评价勘察设计单位的选定方式和程序以及其能力、资信等情况是否符合有关要求，初步设计文件的内容深度是否符合相关规定，并对初步设计的特点进行评价，施工图设计是否按初步设计原则及方案进行设计，施工图纸是否按计划交付，内容深度是否符合相关规定要求，设计变更程序是否符合相关规定，综合评价设计工作总体情况。

（三）施工建设评价

对项目施工建设情况进行评价，包括施工进度控制评价、施工质量控制评价、安全文明施工评价及项目施工建设综合评价。评价工程施工进度控制工作是否符合相关规定，工程建设进度目标是否完成，施工质量控制措施是否完善，安全文明施工控制措施是否完善，对项目施工建设水平、施工单位获奖情况等做出总体评价。

（四）启动调试评价

对项目启动调试情况进行评价，包括启动调试过程评价、启动调试问题及解决情况、启动调试总体评价。评价是否按《火力发电厂基本建设工程启动及竣工验收》规程规定，成立启动验收委员会和审定启动调试方案，启动调试中问题的消除情况，并分析问题产生的原因，对启动调试方案及调试结果做出总体评价。

（五）项目监理评价

对项目监理工作进行评价，包括前期准备和监理执行评价及监理效果的总体评价。评价监理准备工作与监理工作执行情况，监理工作效果。

（六）建设单位管理评价

对建设单位管理情况进行评价，包括开工准备评价、采购招投标评价、合同执行评价、试运行评价、竣工验收评价、项目投资控制评价及建设单位管理总体评价。评判项目是否满足开工条件，招标过程是否符合相关规定，合同订立流程是否符合相关规定以及执行情况，生产准备是否满足试运行要求，竣工验收是否符合《火力发电厂基本建设工程启动及竣工验收规程》的要求，资本金比例是否符合相关规定和资本金制度执行情况，以及项目建设各方造价管理、项目建设各阶段的造价节余情况，总体评价建设单位管理水平。

三、项目生产运营评价

（一）项目运营和检修评价

简述项目运行规程的建立和执行情况，评价项目的安全生产情况和设备运行情况，对项目检修过程中各项制度、规定和程序的制定，管理的科学性和有效性，对检修人员的培训，备品备件的管理，检修过程技术监督等项目检修管理和执行效果做出评价。

（二）项目技术水平评价

评价项目所采用的主要设备在发电运行中的技术性能和技术水平，评价项目所采用主要设备、材料的经济性能。从技术的经济性、主要设备材料的国产化水平以及其对资源和能源（节能减排）的合理利用情况等方面进行评价。

（三）项目生产指标评价

根据不同的项目类型选取相应指标进行对比和分析评价，采用项目生产指标对比评价，主要对项目实际完成的生产指标与设计值进行对比。采用横向对比法对生产技术指标与国内同类型电厂的指标水平进行比较分析，通过对标结果对生产指标做出综合评价。

四、项目经济效益评价

（一）项目财务评价

根据项目实际发生的财务数据测算财务效益指标，评价火电项目的盈利能力和偿债能力。通过与可研阶段相应指标进行对比，分析项目财务效益现状并说明效益偏差的主要原因。进行敏感性分析，选取参数主要为发电小时数、燃料价、电价、热价。综合评价项目的盈利能力、偿债能力和财务生存能力。

（二）项目国民经济评价

从国家和社会整体角度考察项目的效益和费用，分析计算项目对国民经济的净贡献，评价项目的经济合理性，为投资决策提供宏观依据。一般只对具有重大影响的火力发电工程开展具体的国民经济评价。

五、项目环境效益评价

具体分析火力发电项目所在地环境现状、环境容量指标、项目现存问题及达标情况。主要从废气（硫化物、氮氧化物、灰尘排放物浓度）治理、废水治理、噪声治理、灰渣和脱硫石膏的处置和综合利用、水土保持等方面进行评价。

六、项目社会效益评价

通过总结火力发电工程各阶段经验、成果及社会反馈，从区域经济社会发展、产业技术进步、利益相关方的效益和对项目所在地社会环境与社会条件的影响等方面综合评价项目的社会效益。

七、项目可持续性评价

根据火力发电项目现状，结合国家的政策、资源条件和市场环境对项目的可持续性进行分析，预测产品的市场竞争力，从项目内部因素和外部条件等方面评价整个项目的持续发展能力。对于现厂址规划区域内预留有扩建条件的项目，分析项目扩建的必要性，评价后续扩建对项目可持续性的影响。

八、项目后评价结论

归纳和总结火电项目后评价结论和主要经验教训，并从项目整体的角度分析项目目标的实现程度，定性总结项目的成功度。

九、对策建议

根据火电项目后评价过程中发现的问题，以及国家或行业政策等外部环境变化，提出合理、科学和有效的建议和措施。

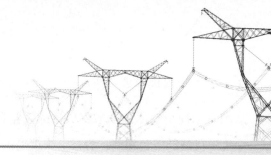

附录4

新能源发电工程后评价参考指标集

一级目标	二级目标	三级目标	序号	评价指标	评价内容	计算方法
项目实施过程评价	项目前期决策评价	规划报告质量	1	规划一致率	反映规划建设规模及投资与可行性研究的一致性程度	规划一致率＝0.4×（1-|可行性研究建设规模-规划建设规模|/规划建设规模）×100%+0.6×（1-|可行性研究建设投资-规划建设投资|/规划建设投资）×100%
		可行性研究报告质量	2	可行性研究一致率	反映可行性研究建设规模及主要技术方案与初设批复的一致性程度	可行性研究一致率＝0.4×（1-|初设批复建设规模-可行性研究建设规模|/可行性研究建设规模）×100%+0.6×（1-|初设批复建设投资-可行性研究建设投资|/可行性研究建设投资）×100%
	项目实施准备评价	开工条件落实率	3	开工条件落实率	反映开工手续是否完备	开工条件落实率＝已落实开工条件数/总共需要落实开工条件数×100%
		采购招标规范性	4	采购招标规范性	反映采购招投工作规范程度	招标范围、招标方式、招标组织形式、招标流程和评标方法任何一项不满足有关招投标管理规定，扣20分
	项目建设实施评价	进度控制水平	5	一级进度计划完成率	反映项目整体进度计划完成情况	一级进度计划完成率=按进度计划完成的节点数/进度计划节点数×100%
			6	进度计划完成率	反映项目施工进度控制水平	完工时间偏差＝实际完工时间-计划完工时间 进度计划完成率=按进度计划完工（即完工时间偏差≤0）的子工程项目数/子工程项目总数×100%
		投资控制水平	7	投资节余率	反映项目投资控制水平	投资节余率＝（批准概算-竣工决算）/批准概算×100%
		质量控制水平	8	一次验收合格率	反映项目质量控制水平	一次验收合格率=单位工程一次验收合格数量/全部单位工程数量×100%
项目实施效果评价	项目运行效果评价	运行水平	9	厂用电率	反映项目发电设备的耗电情况 反映项目的整体耗电情况	厂用电率=发电生产过程中设备设施消耗的电量/发电量×100%

一级目标	二级目标	三级目标	序号	评价指标	评价内容	计算方法
项目实施效果评价	项目运行效果评价	运行水平	10	综合厂用电率	反映项目发电设备的耗电情况 反映项目的整体耗电情况	综合厂用电率=（发电量–上网电量）/发电量×100%
			11	设备正常运行率	反映项目设备的正常运行情况	设备正常运行率=设备的正常运行时间/总运行时间×100%
			12	利用小时数	反映发电设备生产能力利用程度及其水平	利用小时数=发电量/装机容量
			13	风电机组可利用率	反映项目投运为提高所在区域供电可靠做出的贡献	可利用率=[1–（A–B）/（8760–B）]×100% 式中：8760——全年小时数；A——故障停机小时数；B——非投标人责任的停机小时数
			14	风电机组容量系数	反映项目为降低所在区域线损做出的贡献	容量系数=总发电量/运行小时数×装机容量×100%
	项目经营管理评价	管理规范性	15	制度执行率	反映项目经营管理的规范性	制度执行率=已落实制度数量/已制定制度数量×100%
项目经济效益评价	项目财务效益评价	盈利能力	16	财务内部收益率	反映项目全寿命周期的盈利能力	$\sum\limits_{t=1}^{n}(CI-CO)_t(1+FIRR)^{-t}=0$ 式中：CI——项目各年现金流入量；CO——项目各年现金流出量；n——项目计算期；$FIRR$——财务内部收益率
			17	财务净现值		$FNPV=\sum\limits_{t=1}^{n}CF_t(1+i)^{-t}$ 式中：CF——各期的净现金流量；n——项目计算期；i——基准收益率；$FNPV$——财务净现值
			18	项目投资回收期		$P_t=T-1+\dfrac{\left\lvert\sum\limits_{i=1}^{T-1}(CI-CO)_i\right\rvert}{(CI-CO)_T}$ 式中：CI——项目各年现金流入量；CO——项目各年现金流出量；T——各年累计净现金流量首次为正或零的年数；P——投资回收期
			19	总投资收益率		总投资收益率=运营期平均息税前利润/项目总投资
			20	项目资本金净利润率		资本金净利润率=运营期平均净利润/项目资本金

续表

一级目标	二级目标	三级目标	序号	评价指标	评价内容	计算方法
项目经济效益评价	项目财务效益评价	偿债能力	21	利息备付率	反映项目的偿债能力	利息备付率=息税前利润/计入总成本的应计利息
			22	偿债备付率		偿债备付率=（息税前利润+折旧+摊销–企业所得税）/应还本付息金额
		真正价值	23	EVA指标	反映项目真正创造的价值	经济增加值=税后净营业利润–调整后资本×平均资本成本率
项目环境效益评价	环保效果评价	运营期电磁环境	24	工频电场	反映工程项目各敏感点工频电场实际测量值是否满足标准值	工频电场标准偏差=工频电场标准值–工频电场工程值
			25	工频磁场	反映工程项目各敏感点工频磁场实际测量值是否满足标准值	工频磁场标准偏差=工频磁场标准值–工频磁场工程值
		运营期声环境	26	噪声	反映工程项目各敏感点噪声（昼间、夜间）实际测量值是否满足标准值	噪声标准偏差=0.5×（昼间噪声标准值–噪声工程值）+0.5×（夜间噪声标准值–噪声工程值）

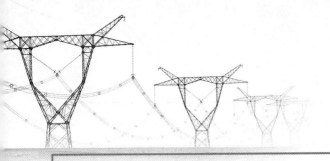

附录5

新能源发电工程后评价收资清单

提资部门	文件
规划计划相关部门	
1	规划报告及其附表
2	规划编制委托书或中标通知书
3	规划编制单位资质证书
4	规划编制及审查具体开展情况（编制过程、审核意见等）
5	项目投产前后地理接线图
6	可行性研究报告及其批复
7	可行性研究编制委托书或中标通知书
8	可行性研究编制单位资质证书
9	可行性研究调整及其批复
10	可行性研究报告评审意见
11	可研评审单位资质证书
12	项目核准（或批复）发文
13	建设用地预审意见
14	环境影响报告书/表
15	环评批复文件
16	水保批复文件
17	选址意见书
18	各类专题研究立项申请书
19	项目投资计划发文及附表（跨年项目提供各年投资计划）
20	工程前期大事记、协调工作及相关会议纪要，含站址、路径比选过程资料、会议纪要等
21	项目立项发文，调整、增补发文及附表
22	项目建设资金落实证明文件或配套资金承诺函
23	项目社会稳定风险分析报告
24	地区控制性规划文件
25	节能评估报告

续表

提资部门	文件
26	工程新闻报道资料
27	统计年鉴
工程建设相关部门	
28	设计、施工、监理、主要设备材料招投标有关文件（招标方式，招标、开标、评标、定标过程有关文件资料，评标报告，中标人的投标文件，中标通知书等）
29	勘测设计、施工、监理及其他服务合同
30	物资采购合同（若无法提供合同原件请提供合同数量及总金额）
31	合同变更单
32	项目开工报告、分部分项工程各类开工报审表
33	施工许可证、建设工程规划许可证
34	初步设计委托书或中标通知书
35	初步设计单位资质证书
36	项目初步设计文件（终板）
37	项目批复初设概算书
38	项目初步设计评审意见
39	项目初步设计批复文件
40	施工图设计委托书或中标通知书
41	施工图设计单位资质证书
42	项目施工图设计文件（终版）
43	项目设施预算书
44	施工图设计会审及设计交底会议纪要
45	施工图交付记录
46	项目施工图设计批复文件
47	设计总结
48	设计变更单
49	工程里程碑进度计划或一级网络计划
50	施工组织设计报告、施工方案、创优实施细则
51	施工总结
52	监理规划、监理实施细则、监理月报
53	监理工作总结
54	设备监造合同
55	设备监造总结
56	建设单位总结
57	项目建设过程各类会议纪要等相关文件

续表

提资部门	文件
58	分部试运与整套启动验收报告
59	启动调试阶段的总结报告
60	达标投产验收申请和批复报告
61	环境、水保专项验收报告及批复文件
62	水土、环境监测相关资料
63	工程结算报告及附表
64	工程结算审核报告及审核明细表
65	消防、工业卫生、档案等各类专项验收相关文件
66	各类专题研究结题验收材料，包含工作报告、技术报告、科研成果，如论文、专利等
67	竣工验收报告
68	项目各类获奖文件、报奖申报材料
69	主要设备材料的采购台账（含设备材料名称、数量、金额等）和招标材料
生产运行相关部门	
70	职工创新项目相关资料
71	培训记录、月度总结等相关资料
72	相关设备技改大修前评估报告或相关资料
73	新能源发电厂运行资料
市场营销相关部门	
74	地区供电量、供电负荷
财务相关部门	
75	项目财务竣工决算报告及其附表
76	合同支付台账
77	项目建设期、运营期纳税情况
78	项目运行单位资产负债表、利润表和成本快报表
79	项目运行单位折旧政策表
80	项目融资情况详表及还款计划
81	项目输入输出、上网下网电量详表
82	政府批复的售电价
83	项目运行单位执行的税率政策
经营管理相关部门	
84	管理机构设置资料
85	管理规章制度
86	项目制度、政策执行的过程资料
87	技术人员培训资料

附录6

单项新能源发电工程后评价报告大纲

一、项目概况

对单项风力/光伏发电工程的基本情况做简要介绍，包括项目情况简述、项目主要建设内容、项目建设里程碑、项目总投资、项目运行效益现状。

（一）项目情况简述

项目业主简介、项目名称与建设地点、项目性质及项目主要技术特点。

（二）项目建设规模与主要建设内容

项目本期/远期计划装机、实际装机规模、风机及配套箱式变压器/光伏组件及逆变器安装情况、场内电气接线情况以及其他需要特别说明的事项。

（三）项目建设里程碑

项目启动前期工作时间、完成可行性研究的时间、项目可行性研究获得批复时间（核准或备案时间）、开工时间、全部设备并网发电时间、整体竣工投产时间。

（四）项目总投资

项目可行性研究批复投资、执行概算情况、竣工决（结）算投资。

（五）项目运行效益现状

单项风力/光伏发电项目的运行现状，包括项目累计发电量、项目的等效利用小时数、弃风/弃光限电情况、CDM收入（如有）等。

二、项目实施评价

（一）项目前期决策评价

对单项风力/光伏发电工程前期决策阶段的主要内容进行回顾与总结，包括项目风能/光能资源评估结果、可行性研究报告的编制、评估或评审，项目决策程序。评价可行性研究报告质量、项目核准（或审批）程序的合法性、项目决策的科学性。

（二）项目实施准备评价

对项目实施准备工作进行评价，按照满足开工条件要求，从设计文件评审到正式开工的各项工作评价。项目实施准备工作评价主要包括：采购招标评价、开工准备评价（包括征地拆迁、图纸交付等）、资金筹措评价等。

（三）项目建设实施评价

对项目开工建设至工程投运阶段主要内容进行回顾与总结，包括合同执行与管理、项目投资管理、工程进度控制、项目设计变更管理、工程质量管理、工程安全控制、工程监理、设备分项和联合调试、工程试生产和竣工验收等，重点对投资、进度、质量、安全、变更以及竣工验收等重要评价点进行分析与评价。

三、项目生产运营评价

（一）项目生产运行评价

对项目的生产运行情况进行评价，包括项目技术水平评价、项目采用的主要技术方案评价及项目的运行效果评价。总结项目在设计阶段、实施阶段和运行阶段先进技术方案的应用情况，从风电机组可利用率及容量系数、风电机组功率曲线验证、光伏主要设备技术性能、光伏发电系统综合效率等角度全方位综合评价单项风力/光伏发电工程技术水平。根据典型风电/光伏项目选取年发电量、年上网电量、机组年利用小时数、系统运行可靠性、发电场用电率/站用电率等主要指标，对项目生产运行效果进行总结与评价。风电工程宜同时对其电网友好程度进行评价。

（二）项目运营管理评价

主要对项目生产经营阶段的运营管理进行评价。总结和评价管理体制与组织结构设

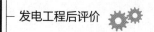

置情况、人资资源情况、规章制度建设及安全生产管理情况，重点对项目运营管理规范性方面进行评价。

四、项目经济效益评价

根据项目实际发生的财务数据测算财务效益指标，评价项目的盈利能力和偿债能力。评价内容主要包括成本费用测算、财务收益测算、财务指标计算与评价、敏感性分析及EVA指标评价等，通过与可研阶段相应指标进行对比，分析项目财务效益现状并说明效益偏差的主要原因。

五、项目环境效益评价

根据实际测量的项目环境敏感点数据，对照相应标准，综合评价风电场/光伏电站对生态环境的影响，风电场/光伏电站建设期及运行期噪声、植被、废水、电磁辐射等对环境的影响程度。对照环境影响报告书/表批复的环境保护措施，评价项目的环保措施落实情况。

六、项目社会效益评价

通过总结工程各阶段经验、成果及社会反馈，从区域经济社会发展、优化区域发电结构、节省区域自然资源与降低污染、利益相关方的效益和社会稳定风险等方面综合评价项目的社会效益。

七、项目可持续性评价

根据项目现状，结合国家的政策、资源条件和市场环境对项目的可持续性进行分析，预测项目的未来的弃风/弃光限电情况，从项目内部的主要设备运行及收益可持续性因素和外部的各类政策、市场预期可持续性因素两大方面评价项目整体的可持续发展能力。

八、项目后评价结论

归纳和总结单项风力/光伏发电工程后评价结论和主要经验教训，并从项目整体的角度分析项目目标的实现程度，定性总结项目的成功度。

九、对策建议

针对单项风力/光伏发电工程相关政策及具体问题，提出适合完善和改进的方向性建议和下一步可以采取的措施及主要工作考虑。

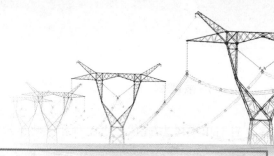

参考文献

[1] 张三力. 项目后评价. 北京：清华大学出版社，1998.

[2] 姜伟新，张三力. 投资项目后评价. 北京：中国石化出版社，2001.

[3] 陈晓剑，梁梁. 系统评价方法及应用. 北京：中国科学技术大学出版社，1993.

[4] 牛东晓，王伟军，周浩，等. 火力发电项目后评价方法及应用. 北京：中国计划出版社，2017.

[5] 杨旭中，杨庆学，张力. 火电工程项目后评价指南. 北京：中国电力出版社，2011.

[6] 黄琦. 火力发电厂建设项目后评价. 成都：西南交通大学出版社，2004.

[7] 陈坚红，盛德仁，李蔚，等. 火电厂工程多目标综合评价模型. 中国电机工程学报，0258-8013（2002）12-0152-04.

[8] 陈晓红，平恒，侯兵. 火电厂项目环境影响后评价的研究. 热力发电，1002-3364（2008）10-0001-05.

[9] 中国大唐集团公司. 中小型水电和风电项目后评价工作手册. 北京：中国电力出版社，2011.

[10] 杨永红，李献东. 风电项目后评价理论方法探讨. 华北电力大学学报（社会科学版），1008-2603（2008）03-0006-04.

[11] 宋玉萍，孟忠. 太阳能光伏电站项目的评价方法及实证研究. 华北电力技术，1003-9171（2011）01-0030-05.

[12] 中电联电力发展研究院. 输变电工程项目后评价. 北京：中国电力出版社，2017.

[13] 中电联电力发展研究院. 配电网工程项目后评价. 北京：中国电力出版社，2017.